U0350727

国家社会科学基金项目（12BMZ049）
江苏省非物质文化遗产研究基地资助项目

汉
族民间
服饰文化

梁惠娥　崔荣荣　贾蕾蕾　著

中国纺织出版社

内 容 提 要

服饰是文化最直接的一种载体，并且包涵物质文化、社会文化、精神文化三个层面。《汉族民间服饰文化》介绍了近代汉民族的民间特色服饰与服饰品，并结合时代背景对民间服饰艺术与文化给予一定的阐述。本书以近代汉族民间服饰品实物为研究对象，采用图文并茂的形式，从"物"到"非物"层层递进，涵盖汉族民间服饰的起源与历史、服饰形制、装饰艺术、民俗风情、服饰意蕴、汉民族地域特色服饰文化、服饰传承与创新等内容，以期探讨汉民族服饰发展变化的文化背景和内在规律；剖析首服、云肩、上衣下裳、肚兜胸衣、荷包腰袋、绣花金莲六大服饰品类，解读汉民族服饰的构成；依托实物资料，从造型艺术、色彩文化、装饰艺术、服饰技艺等方面阐述其艺术特征；以诞生、婚嫁、丧葬等礼仪服饰为抓手，从地域与民俗文化角度出发，了解其民俗风情；归纳民间服饰图案主题，传递多元的服饰情感意蕴；按地域分类，挖掘汉民族具有代表性的中原、江南、闽南、广西、贵州的服饰品类，剖析其独特的文化内涵；加强对汉民族服饰文化遗产的保护与传承……总之，展示深层服饰文化内涵，从而坚定文化自信，推动引导人们领略一个别样的汉民间服饰文化。

图书在版编目（CIP）数据

汉族民间服饰文化 / 梁惠娥，崔荣荣，贾蕾蕾著．— 北京：中国纺织出版社，2018.10

ISBN 978-7-5180-5011-6

Ⅰ．①汉… Ⅱ．①梁… ②崔… ③贾… Ⅲ．①汉族—民族服饰—服饰文化—研究—中国 Ⅳ．① TS941.742.811

中国版本图书馆 CIP 数据核字（2018）第 099611 号

策划编辑：魏　萌　　责任校对：王花妮　　责任印制：王艳丽

中国纺织出版社出版发行

地址：北京市朝阳区百子湾东里 A407 号楼　邮政编码：100124

销售电话：010-67004422　传真：010-87155801

http://www.c-textilep.com

E-mail: faxing@c-textilep.com

中国纺织出版社天猫旗舰店

官方微博 http://weibo.com/2119887771

北京华联印刷有限公司印刷　各地新华书店经销

2018 年 10 月第 1 版第 1 次印刷

开本：787×1092　1/16　印张：19

字数：260 千字　定价：98.00 元

每每见到彩裙袅娜、凤冠银钗加身的民族盛装女子总是惊羡有加，民族风情总是与服饰艺术紧紧相连，民族文化的外像往往体现于服饰的传播，从服饰可以反映与别人不同的爱好与性格，对于民族大概也是一样。汉族，也是如此，那些梳起发髻，穿上罗衫的女子让人印象深刻，其间传承文化的意义不容忽视。

有史以来，"衣、食、住、行"一向是人类的最基本的需要。不过，也许正是服饰太日常化、太生活化的缘故，人们大多都只是从实用的角度去看待服饰，将其作为一"用品"，常常忽略了服饰本身所具有的特定意义和文化内涵。作为一种综合性很强的文化现象，服饰是人类文化的显性表现，是一个民族最直观、最鲜明的文化标识，也是具有复杂内涵的文化载体。一个民族的服饰，涉及这个民族的起源、迁徙、信仰、图腾、主要生产方式、当地的气候特点、典型的民族精神以及工艺美术的水平。因此，它同时兼具物质性、社会性、精神性三个层面的文化属性。

汉族民间服饰的发展浸润着我国传统社会历史进程中的生存力与创造力，构建于人类创造的、适合自身发展需要的各种环境。古代各个时期的物质生活水平与同时期的服饰文化的繁荣和衰落具有密切的关系，中国古代封建社会最强盛的朝代——唐朝，从贞观之治到开元盛世，经济得到快速发展，物资充沛，人民生活富裕、安康，这为唐代服饰文化的繁荣打下了坚实的基础。明代中后期资本主义萌芽与服饰尚奢现象密不可分，清代康乾盛世与服饰的繁复精致有着必然联系。

服饰文化的核心是精神文化，一般包括哲学观念、宗教文化、伦理道德、审美艺术、民族情感、民俗信仰、服饰心理等诸多方面的内容，这些内容在人类的精神世界互相交融并从各自不同的层面和角度影响着服饰的审美观念和价值理念，可以说，服饰文化精神领域的内涵证明"人类人文文化的活字典"、中国古代"宽衣博袖"的服饰风格则是中国传统文化尤其是传统精神信仰在服饰上的物化表现，"文质彬彬"与"天人合一"的哲学审美思想一直是古代汉族社会的精神支柱。

联结物质文化和精神文化的纽带是社会文化。众所周知，服饰是生活中最常见的社会现象，具有重要的社会文化传播功能，封建社会等级森严的服饰形制、色彩制度就是封建统治者为了维护统治地位而人为设立的阶级产物。同样，现代社会的社会形态、政治经济水平等也决定了人们关于服饰的审美认知、消费能力、流行趋向等。

本书从汉族民间服饰的文化表征与社会现象，去观察、透析、探寻汉族民间服饰文化深邃的艺术内涵，以期能够比较全面地从人类文化遗产中去寻求服饰艺术创作与研究的灵感和借鉴。

此书撰写感谢2012年国家社会科学基金项目（12BMZ049）的资助；感谢江苏省非物质文化遗产研究基地、江南大学汉族服饰文化与数字创新实验室、江南大学民间服饰传习馆的大力支持；感谢我们这个团队十余年来的精诚合作！

梁惠娥

2018年1月

目录

第一章

悠远的汉族服饰渊源

我国传统的汉族服饰是现今世界上最为古老的民族服饰之一，有着悠久的历史，在数千年的发展中不断积累沉淀，广为民众穿着，在历史的传承与发展中，逐渐形成了自己民族文化背景和风貌，并在不断的民族融合中发展演变。

第一节　汉族的历史渊源

我国汉民族历史悠久、文化深厚，在漫漫历史长河中亦是历经众多的磨难和挫折才形成了伟大的汉族群体。长期以来，关于我国汉族起源，众说纷纭，各行各家也是各持己见，但总结下来主要有下面四种说法：政治历史学的秦汉说，民族历史学的滚雪球说，分子遗传学的来自非洲说，古人类学的蒙古利亚人种说。关于汉族起源，众说纷纭，相比之下则更趋向于民族历史学的滚雪球之说，在介绍完秦汉说、非洲说、蒙古利亚人种说之后，我们来详细阐释一下从民族历史学角度的滚雪球说。

一、秦汉说

历史学家范文澜在编撰的《中国通史简编》中提出汉民族的形成，在秦汉完成。范文澜此说在20世纪50～60年代引起热烈争论，与此同时中国古代史的分期同样也引起争论，被列为近代中国历史问题三大讨论的课题。这一讨论有浓厚的政治色彩，因此近年有的论者认为多余。

汉民族形成争论的政治背景是新中国成立初期历史学家在学术观点上的分歧，对以历史唯物主义观点写历史的著作难以接受，藉讨论抒发各自观点，打破学术上万马齐喑的尝试。老虎屁股也可以摸的。其次，是按照斯大林的民族定义，只有资产阶级民族；在资本主义社会之前，只有部族而没有民族。汉民族在秦时形成，则此时不是奴隶社会便是封建社会，何来民族之有？但范文澜确实又是按照斯大林规定的民族四大特征：共同语言、共同地域、共同经济生活、共同文化上的共同心理素质来建立自己的理论。[1]

范文澜认为"书同文"便是共同语言。秦汉起，表达语言的字体全国完全一致，语法结构亦然。秦始皇的宰相李斯作小篆，"罢其不与秦文合者""行同伦"是汉族民众共同的心理，指的是儒家思想的宗祖崇拜和孝道。秦时的"以吏为师"，并在汉时成立太学与郡学，讲授五经，从而成为全国的大小文化中心。汉族也具备"共同地域"这一特征，居民散布在长城之内的广大疆域。"车同轨"可以理解为"共同经济生活"和"经济的联系性"这两个特征。春秋已有驿站，汉时长江、黄河、淮水已经贯通，商贾通行，通都大邑出现，国内大小市场形成。范文澜根据上面的论据，得出：秦汉以来，汉族因特定的社会条件而形成了一个独具特色的民族，它的形成就是一个统一的民族，地域的辽阔与物产的丰富也决定不是资产阶级民族。资本主义还没形成足够的发展而四个特征就已经脱离初级阶段，在一定程度上变成了现实。[1]

二、区域进化多元一体化论——古人类学的蒙古利亚人种说

1984年，《考古》（第2期：245–263）发表韩康信、潘其风的一篇论文：《古代中国人种成分研究》。该文是经过当时考古研究所所长夏鼐等专家的审阅，在叙述当代中国考古研究的成果后得出的结论。虽然由于新出现的分子遗传学技术用于考古人类学，有的专家当年的论断已有所修改，但该文仍不失其科学价值。这是从体质人类学论证汉族来源的论文。

韩、潘二氏认为中国是蒙古人种发祥地的重要地区，绝大多数是蒙古人种主干下的各种类型。蒙古人种起源于东亚猿人。汉族来源的基本论点是多元一体化。甘肃史前期居民与现代华北居民有许多共同特点。半坡遗址居民多数与蒙古人种现代华南组和印度尼西亚组接近，少数同蒙古人种现代华北组接近。宝鸡遗址居民与现代南亚和东亚蒙古人种接近。仰韶组各文化遗址居民与甘肃史前期组更接近华北现代居民。大汶口文化（相当于传说的东夷地区）属蒙古人种系统，但属波利尼西亚分种，与仰韶期居民有显著差异。仰韶为华夏区。

韩、潘二氏的文章综合了当代诸家人类学研究成果，在分子遗传学方法出现之前，一致同意汉族是中国直立人的后代。魏敦瑞（1943年）研究周口

店北京猿人和山顶洞人化石，提出北京猿人进化为蒙古人种。山顶洞人的三个完整头骨分别代表：①蒙古人种兼有欧罗巴人种；②美拉尼亚种；③爱斯基摩人。但魏敦瑞（1938—1939年）又曾经说同一洞穴有欧罗巴种、蒙古人种和尼格罗种。

胡顿等认为上述三个头骨为高加索人种（白种）。李济（1957年）认为山顶洞人有尼格罗一澳大利亚种。吴新智（1960年）认为山顶洞人头骨在某种程度上代表的是与现代中国人、爱斯基摩人（因纽特人）和美洲印第安人比较接近的原始蒙古人种。斯图瓦特（1960年）则认为山顶洞人有澳大利亚人特征。而中国古人类学家颜訚将其归入南蒙古人种。

韩、潘二氏指出，中国人种分南北两支，蒙古人种在发展过程中已出现明显的异型，但相似点却又不可忽视。如果欧洲人的大鼻子是尼人后代的证明，那么，铲形门齿（大板牙）又是北京猿人一脉相传至现代中国人（汉族）的证明。而中国人绝大多数没有大鼻子。两氏指出，北方一支，内蒙古扎赉诺尔大部分头骨呈北亚和北极蒙古人混血种形态。吉林西团山石棺头骨，有东亚和北亚蒙古人种相混合特征，沈阳郑家洼子出土的残颅，有同样性状。大荔人为一具完整的早期智人头骨化石，年代为更新叶末期或晚更新世早期（过去归入猿人），与北京猿人一部分性状接近。许家窑人具有北京猿人与尼人的混合性质，是北京猿人向尼人过渡的类型。铲形门齿是从北京猿人到现在蒙古人种常见的遗传性状。山顶洞人更多地和现代亚洲北部和极区蒙古人种及美洲人种相似。南方一支马坝人比许家窑人接近或稍晚，是华南发现的早期智人类型。综观大荔人和马坝人的特点，有两点十分明显：第一是这一地区有猿人相似的特征，第二有蒙古人种形成阶段的初期形态。由此得出结论：蒙古人种起源于东亚猿人。我们在此也可以引申：汉族是东亚猿人的子孙，是大荔人和马坝人的后代，因为有许多共同的体质特征，有别于黄种人以外的属种。[2]

三、汉族来源于非洲说

此说由来已久。先是西方人类学家力主此说，近年国内有的权威学者也陆续接受此说。问题得回到北京猿人头骨的发掘和研究的历史上。1891年，一位荷兰军医在爪哇发现爪哇猿人，为广大学者不认同。1929年，在中国科学家裴文中主持下，发现了北京猿人第一个头盖骨。其后又陆续发现许多猿人化石、动物化石和用火遗址，经几位外国学者的研究，肯定这是早期人类的一种。当时学术界认为北京猿人是人类的起源，继而又认可爪哇猿人为人类的起源。对北京猿人作过全面研究的魏敦瑞（1873—1948，美籍德裔解剖学家和体质人类学家）在他的著作中一方面肯定北京猿人在人类发展序列中的地位，另一方面又说北京猿人被周围的人攻击灭绝了。北京猿人既然断子绝孙，汉族自然就不是北京猿人的后代。

那么现代人类的起源在哪里呢？西方学者说来自欧洲的尼安德特人。这是20万年前的欧洲人类。中国的黄皮肤，都是欧洲白皮肤的子孙。然而后来又有研究报告，尼人也绝灭了。汉族当然又不是尼人的子孙。

20世纪60年代，东非和西非相继发现比直立人（即猿人）更早的人科动物，而印度半岛又相继发现西瓦古猿和腊玛古猿，于是人类起源于非洲、亚洲之议又起。虽然中国相继发现240万年前的石器，号称170万年前的元谋猿人和60万年前的蓝田猿人，但国外学者大多沉默，反而怀疑北京猿人和元谋猿人用火之说相继出现。东非、南亚和中国是三角形的发源地的说法曲高和寡。

分子遗传学对于人类种族来源的研究，最先得到的结论是现代人类起源于非洲，意思是尼安德特人和北京猿人都已消亡。现代人类，无论是亚洲人，还是欧洲人，都是黑人的后代，在生命延续的过程中，一个变白，一个变黄，而亚洲人到了美洲又变成棕色。

分子生物学家R.L.卡恩（R.L.Cann）从145份不同种族的妇女胎盘和2株传代培养人体细胞中，提取细胞组织标本，集中分析其中的线粒体DNA（mtDNA）的异型（或译多态），发现这种线粒体DNA可以分为两支，有一支是从非洲祖先而来的个体，学术界称之为"非洲夏娃说"。非洲夏娃在10万～30万年前是所有现代人类的祖先，具有特殊类型的线粒体DNA，她的子孙中只有女子才能传递，把遗传密码带到世界各地。但卡恩的145份标本中，只有1例非洲女性。

现代中国人的祖先来自非洲，这一结论可能下得过早，就连报道分子遗传学的两位英国专家（威恩斯科特和希尔）也指出问题出在第11条染色体的异型（多态性）上，但只有5%的黑人与欧亚种族的异型相同。现代欧亚人种已失去（更有可能从未拥有过）次撒哈拉人种古老的球蛋白多态结构。这意味着现代欧亚人种的祖先，在离开非洲时，也许只有1000人左右，读者此时可以掩卷细想，这1000个非洲夏娃居然几万年之后便开枝散叶，到东亚大地生出"柳江人""资阳人""马坝人""河套人"和"山顶洞人"来吗？威恩斯科特等在《自然》(Nature)杂志发表的线粒体DNA检测的论文，根本没有中国人的标本。威氏等也承认所有非洲以外的人口，只有少数拥有共同的晕轮型，尽管非洲人绝对拥有其他人口不同的晕轮型。根据核DNA异型的遗传距离分析表明，欧亚种和非洲种有一个重大区别。

即使是在美国，也有不少人类学家不同意是由于这1000个非洲夏娃在"欧亚"各地"播种"而形成了欧洲人与亚洲人的观点。其中，沃尔波夫提出了自己的观点，他认为现代人类的起源来自于本地域，即现代非洲人最早是从现在的非洲开始出现的，现代欧洲人最早是从现在的欧洲开始出现的，现代亚洲人最早是从现代的亚洲开始出现的，形成了一种"区域起源说"。然而从另一种角度上说，一方面，人群之所以能够联结一起，是因为基因在流动；另一方面，人群之间相互的交流，基因才得以通过这种交流方式得以流动，二者是共生关系。另外，沃尔波夫发现在原始社会的头骨找不到和非洲人相似的部位，但是却找到了和尼人相似的大鼻子，并认为现代欧洲人是尼人的后代，尼人并没有绝种。

在"非洲夏娃说"与"区域进化说"出来之后，2001年12月，浙江大学生化专家邵靖宇刊印了《汉族祖源试说》，从汉语属于汉藏语系，试图说明汉族从中国西南部起源，汉族是非洲来的晚期智人的后代，又是170万年前元谋直立人的后代。邵先生注意到中国新石器时代的文化遗存，似乎忽略了中国各地的古人类学发现，所以只能提出一个假设，汉族来自西南，汉藏同源，出自中缅边界。因此汉族有"晚期智人"和直立人的族源。

说起汉族起源，不妨先说一下人种。据瑞典分类学家林奈（1707—1778）的分类，地球上的人种分为三种：黄色人种—蒙古人种；黑色人种—尼格罗人种（除黑人外又分棕色人种支和澳大利亚人种支）；白色人种—欧罗巴人种。蒙古人种除中国境内白色人种外的全部居民，还有印第安人、东亚人、中亚人、南亚人、西伯利亚人、马来人、印度尼西亚人等。下面笔者将介绍一篇考古人类学的著名论文，分析汉族是蒙古人种，来自中国的东南西北中。[3]

四、滚雪球说

徐杰舜在其所主编的《雪球——汉民族的人类学分析》（1999年）认为

汉族的形成是民族大融合的结果，形象地说是如同滚雪球一样，越滚越大。徐氏理论认为汉族的来源，为公元前21世纪左右的夏民族，为雪球形成的第一步。春秋时商、周、楚、越民族继起，出现多元化趋势。春秋战国时形成华夏民族，成为汉民族的前身。雪球在滚动中形成，在滚动中发展。汉民族的起源有主源和支源之分。主源有炎黄、东夷，支源有苗蛮、百越和戎狄。[4]他还把华夏族四周的东夷、西戎、南蛮、北狄移动了位置，东夷与华夏并列，南蛮一分为二，戎狄合二而一。

　　炎帝是太阳神又是农业之神，人身牛首。黄帝有四张脸，是以雷神崛起的中央天帝。炎帝氏族以牛为图腾，在陕西渭水流域发展起来。黄帝氏族以熊为图腾，东迁中原地区，在黄河以南发展起来，其后炎帝氏族与黄帝氏族结成部落联盟，称雄于中原，其后经过三次大战，黄帝部落战胜炎帝部落，成为联盟之首。炎黄是汉族主源之一的根据有二，一是汉族始源之一的夏族与黄帝部落有直接关系；二是汉族另一始源的周民族与渭水流域的炎、黄两部落都有族源关系。东夷分蚩尤、帝俊、莱夷、徐夷和淮夷五大部分，居山东、江苏、安徽一带。东夷在夏、商、周三代十分活跃。蚩尤部落和帝俊部落经过分化、瓦解、融合成为商部落。商民族成为华夏族的重要成员，随后又为周所灭，东夷集团在春秋之世卷入民族大融合之中。苗蛮别称南蛮，最早的活动区域西北达丹江流域，中部在长江流域中段，东曾经抵达淮河流域，聚集于洞庭湖和鄱阳湖之间。苗蛮集团在发展过程中，一部分分解为许多独立的民族，一部分融合到楚民族，成为汉族的支源。另外，徐氏考证汉族自称龙的传人，起源于百越人以龙为图腾。"越入断发文身，以象龙子"。百越活跃于长江下游的东南沿海一带，新石器遗址的河姆渡文化即其代表。从河姆渡文化开始，经马家浜文化、良渚文化，直到几何印纹陶文化，百越一直是南方土生土长的一个土著集团。戎狄是中原西部、北部的氏族，部落主要分成三大集团，即玁狁、鬼方、羌方。姜部落为周民族的族源，春秋之世，大部分戎狄通过被晋秦征服，成为华夏民族一部分。汉族形成后，白狄之后裔匈奴，历经五六百年历史，除北匈奴远遁外，南匈奴全部被魏晋南北朝的民族大同化洪流吞没，成为汉族的一部分。[5]

　　汉族形成的过程并不是一蹴即至的，他先经历了夏、商、周、楚、越等族群从部落发展到民族的过程，然后经过夏、商、周、楚、越等族和部分蛮、夷、戎、狄等融合称为新的华夏民族，最后于汉时形成，汉族的形成经过漫长而多变的三个历史阶段。华夏民族在大融合中铸成——作为历史上发生的东西，民族与其他事物一样，也是不断发展着，变化着的。从部落发展成民族的夏、商、周、楚、越诸族作为原生民族，在周王朝的统治下继续发展变化着。[5]

西周是一个多民族的国家。《左传》昭公九年周大夫詹桓伯说："我自夏以后稷，魏、骀（邰）、芮、歧、毕，吾西土也；及武王克商，蒲姑、商奄，吾东土也，巴、濮、楚、邓，吾南土也，肃慎、燕、亳、吾北土也。"可见在西周时期就形成了夏、商、周三族居于黄河流域，楚、越两族居长江流域，蛮、夷、戎、狄居四方的民族分布格局。从春秋到战国，是一段大动荡、大分化的历史时期，中国不仅从奴隶社会转化为封建社会，与此同时民族关系也发生了很大的变化及发展，这时期的夏、商、周、楚、越等族群互通有无、相互交流、相互往来、相互吸收，族群发展的总体方向开始相互融合。

春秋时期是汉族第一次进行的民族大融合，早期的融合过程在夏、商、周三族之间进行，还扩张到部分蛮、夷、戎、狄之间。这些不同的民族、文化等交融在一起，迸发了非常的活力。使得社会经济得到快速发展，同时也加速了该时期的民族大融合，一个集合了夏、商、周、楚、越，和蛮、夷、戎、狄等文化的华夏民族诞生了。在华夏民族诞生之后，在地域上、社会上、文化上其与周边少数民族的民族界限也更加清晰。在地域上形成了"内诸夏而外夷狄"的观念，民族界限明确。而"尊王攘夷"的观念也正是华夏民族形成后民族自我意识的集中反映。

关于华夏民族这一称呼，在先秦时期的典籍中多定义成："夏"或者"诸夏"，又定义成为"华"或"诸华"。到了春秋时期，孔子则视"夏"与"华"为同义词，所谓"裔不谋夏，夷不乱华"。[6]《左传》襄公二十六年说："楚失华夏"，这便是"华夏"一词的最早出处。从这之后，"华夏"就成为春秋时以夏、商、周这三个族群和夷为主干，加上部分蛮、戎、狄为枝叶而交融形成的新民族族称。

春秋时期，社会动荡，特别是诸侯争霸，使得刚在大融合的熔炉中铸成的华夏民族形成了许多不同的支系。此时的民族融合的程度更深，范围更广，速度更快。

继夏、商、周、楚、越族诸族升腾跌宕此起彼覆上演了中国的古代民族形成与发展史的第一幕后，从春秋到战国的民族大融合又一次在历史的舞台中上演了民族大融合浩浩荡荡的第二幕。在这一历史时期中，一个崭新的民族——华夏民族经过长时间的发展，分别形成了东胜以齐为代表，西牛以秦为代表、南瞻以楚、北俱以赵、燕为代表的四大支系，为汉民族的形成奠定了基础，所以，我们认为华夏民族在大融合中铸成，是汉族形成的第二阶段。

汉族在"大一统"中形成——秦始皇经天纬地，扫六合，结束了几百年来战国诸侯纷争的局面，建立了一个"大一统"的封建专制国家——秦王朝。在这样的一个"大一统"局面里，华夏民族从分散逐渐走向了统一。封建的秦王朝出现之后，秦始皇为了维护国家统一与稳定华夏民族，采取了一系列措施，以实现与中央集权的"大一统"封建国家相适应。

秦王朝覆灭了，汉朝继之而起，并沿袭秦制，经过农民战争的洗礼，以及董仲舒思想的推崇，中央集权的"大一统"封建国家愈加强大，董仲舒说："'春秋'大一统者，天地之觉经，古今之通谊也。[7]""大一统"思想有力地推动了国家统一和民族的长期稳定。在"大一统"思想的指导下，汉武帝采取了一系列措施加强中央集权的封建国家，使华夏民族完成了向汉民族的发展和转化。

"汉族"族称的确定是华夏民族发展、转化为汉族的标志。华夏民族在秦王朝的统治下，曾以"秦人"这一称谓为其民族的族称，当时西域各国就有称华夏民族为"秦人"的习惯。但是昙花一现的秦王朝没有足够的能力让"秦人"这一称呼长期发展下去。随后从西汉到东汉前后统治长达四百多年的汉王朝，对整个华夏民族和周边都产生了巨大影响，为汉族族名的发展提供了更强有力的条件，周边国家开始称汉王朝的子民为"汉人"。另外，由于汉王朝国力强盛，出兵伐匈奴、平西羌、征朝鲜、服西南夷、收闽粤南粤，在汉朝强大的军事影响下，其他民族称汉朝的军队为"汉兵"，汉朝的使者为"汉使"。汉王朝与周边少数民族也进行了频繁的交往活动，如张骞通使西域以及著名的丝绸之路的形成，进而奠定了"汉"之名的深远影响。吕思勉说："汉族之名，起于刘邦称帝之后。[8]"吕振羽则说："华族自前汉的武帝宣帝以后，便开始叫汉族。[9]"可见汉族之名始称于汉王朝。且其稳定性也接受了历史的考验，自汉朝灭亡后，又经三国鼎立、五胡十六国的混战、南北朝的分裂，直至到了唐朝，才有部分地区将唐朝人称为"唐人"，在唐与其他少数民族进行交流的过程中依然被称为"汉人"，如唐朝与吐蕃的交往也被称为"蕃汉两家[10]"。唐朝之后亦是如此，《金史·卢彦伦传》称："契丹、汉人久为一家。[11]"西夏文汉语对照辞典《番汉合时掌中珠》中说：

"不学番语，则岂和番人之众，不会汉语，则岂入汉人之情。[12]" 元朝时期，先称南北两地的人为"南人"和"北人"，后又将南北两地人统称为"汉人"。清朝初年也将明朝人称作"汉人"，直至近代，在太平天国末期侍王李世贤《致各国领事书》中出现了"汉族"这个词，也是对于"汉族"族称的最早记载。此后也有辛亥革命时期的"汉、满、蒙、回、藏五族共和"之说，而今的"汉族"族称也更加稳定。由此可见，虽然"汉族"族称起源于汉王朝，但在历史的发展过程中早已与朝号无关，也一定程度上表明了汉族族称的历史源头和发展过程。

从华夏民族向汉族发育、转化的过程中，华夏民族的铸成由春秋战国时期的产生，之后形成"大一统"的指导思想，从此成为中国民族形成和发展史上最为宏伟、壮丽的一页篇章。

第二节　汉族服饰的起源

我国汉族服饰在几千年的历史沉淀中，通过不断演化与民族融合形成了具有民族特色的代表性服饰，它随着汉民族的历史发展而发展、变化而变化，同时也是中华民族整体服饰文化的一个缩影[13]。

一、我国汉族服饰的概念

关于汉族服饰的概念，国内有众多的观点，《由"唐装"所引发的对传统"汉服"特征及其恢复的思考》曾经对汉族服饰的概念有这样的说法，"汉服"又称"深衣"，是把身体层层包住的服装，这种服装体现了东方民族的含蓄和内敛。[14]也有人混淆了"汉服"与"唐装"的概念，认为"唐装"与"汉服"为同一服饰。北京服装学院的袁仄教授曾指出："'汉服'的概念并不确定。'汉服'并不是某朝某形制的服装。如果把'汉服'的概念理解为汉民族的服饰，那么'汉服'和'胡服'所指的概念处在同一个层次"。[15]就如西方国家把华夏之学称为"汉学"，但又不仅仅是指"汉朝之学"。

"汉服"为"汉民族传统服饰"（Chinese Hancosfame）的简称，有时也可指代中华民族的传统服饰，类似于"华服"和"国服"。"汉服"是在夏商周三代到明王朝的近四千年中，逐渐演化而形成的区别于其他各民族的、具有汉民族文化风格的服饰体系。"汉服"一词最早记载与《汉书》"后数来朝贺，乐汉衣服制度[16]"随着朝代的演进与文化的推广，我国汉民族服饰上与其他民族相互借鉴、交流、融合，是难以严格的区分到底哪种是汉族服饰，哪种是其他民族的服饰。因此，我国的汉族服饰又不单是指汉民族的服饰，而是以汉族为主，包括其他民族的整体华夏民族服饰的简称。

我国汉族服饰在长期的历史传承与发展过程中形成了鲜明的特色，既与世界上其他任何民族的传统服饰有着质的区别，又因独具特色的文化背景和民族基础而独树一帜，形成了具有独立性格的民族服饰体系。汉族服饰文化历史悠久，也是其他任何民族服饰都无法比拟的，其所应用地域之广，文化之深厚，并在历史的长河中历经挫折与磨难，不断创新与融合，从而形成了一个庞大的服饰体系。对于这个服饰体系，如若要深刻地去把握，不仅要从外在表象去把握，更要抓住其背后深厚的文化内涵的界定，汉服的划分标准可用以下内容进行解释："从炎黄开始，继宋到明，汉族（先秦时名为华夏族）使用的服饰形制为主，在这基础之上又有各种发展和演变从而形成的一个具有明显独特的视觉风格的一系列服饰的集合。[17]"

二、汉族服饰的历史起源

我国汉民族服饰与汉民族的起源一样，并非是一蹴而就的，它是一个不断发展的过程，很难完全明确地界定到底何时才能称之为我国汉族服饰。而且在每个时期我国汉族服饰呈现出的特征有所不同，每个时期人们所穿着的服饰也可以称之为我国汉族传统服饰。有一种说法是汉族服饰起源于汉朝，只有在汉族族称确定以后，其民众穿着的服饰才真正称之为汉族服饰，现在的许多民众更是将汉朝时期穿着的宽衣大袍作为我国传统汉族服饰的代表。这种说法是较为片面的。因为服饰起源讲究的是"源"与"流"的关系，若是抛开汉朝确定汉族族称之前的服饰，单独就汉朝时期的服饰作为汉族服饰的起始，这就抛弃了服饰起源的根本"源流"的所在。

也有一种说法是将我国汉族服饰起源与中华服饰起源说联系在一起，即汉族服饰的起源应追溯于上古时期，当时十分原始的生产力和生活条件，华夏民族的祖先只能利用自然界中有限的条件过着艰难的生活。火在当时并没有被人们发现，人们生吃动物肉、草木等结出的果实，身上只能以简单的树叶、草藤之物遮挡身体，《庄子》一书中说道："古者民不知衣服[18]"说的便是此况，然而这也成为"裳"这一人类社会最古老、最原始的服饰样式的前身和在此基础上演化了最初的服饰意识。《礼记·礼运篇》对先民的生存图景作了这样的描述："昔者先王未有宫室，冬则居营窟；未有火化，食草木之实、鸟兽之肉，饮其血，茹其毛；未有麻丝，衣其羽皮。[19]"《后汉书·舆服志》中对中国服饰的起源有过这样的阐述：上古穴居而野处，衣毛而冒皮，未有制度。后世圣人易之以丝麻，观翠翟之文，荣华之色，乃染帛以效之，始作五采见鸟兽，有冠角髳胡之制。[20]

在原始社会，人类为了生存，必须不断地适应自然、征服自然，不断地提高生产力以满足人类的物质需求。人们认识、改造自然的能力随着生产力的提高不断发展、增强，与此相对应的，华夏民族祖先们的生存境况也有了一定改善。物质上的需求得到满足之后，人类开始产生了精神方面的需求，而原始人对美的意识也相应地产生了。比如在原始社会，我们的祖先运用自己智慧的大脑通过锐利的石器和骨针把兽皮等穿戴用的东西用简单的穿刺缝纫把它们结合起来。新石器时代里，农耕业畜牧业与纺织技术被发现，麻纤维被人们加捻纺成麻缕然后纵横交错织成麻布，使得服饰史上真正的面料开始出现，改变了原始的兽皮裹衣，进步为麻布制衣、戴冠穿衣的文明生活阶段。

后来，服饰面料种类变多，更加舒适的蚕丝面料逐渐成为汉服的制作材料。相传蚕丝在服饰中使用最早的是黄帝的妻子嫘祖，传说中嫘祖一日遇到蚕神，并从蚕神那里习得了养蚕，同时蚕神赠与一些蚕丝给嫘祖，然后嫘祖用这些蚕丝做成了衣服。此后便不断普及，使得蚕丝服饰面料取而代之了先前人们所用的苎麻服饰面料。据考古报告记载，蚕丝早在氏族公社时代（距今7000多年前）就已经开始在使用了，西安半坡遗址出土的100余件陶器上都留有或者平纹，或者斜纹等很多形式的麻布或编织物的印痕。此外，浙江河姆渡遗址发现了6900年前有4条蚕纹的象牙盅及纺织工具，浙江吴兴钱山漾新石器遗址发现一批4700年前的丝织品。各种纺织纤维和面料的产生发展都为汉民族传统服饰的发展提供技术上的支持，而早期汉民族传统服饰的形式对整个华夏族的服饰文化产生了很大的影响。

中国传统服饰制度的启蒙时期是在夏、商两代，并在周代逐渐发展完善。服饰的视觉直观性使得当时的服饰制度在政治上把人区分成各个阶级分别用不同的颜色、纹样、材质来表示，服饰成为体现等级差异的手段。而此时也逐渐形成了"衣服所以表贵贱""施章乃服明上下"的观念，对于服饰的穿着有着严格的规定，《周礼》中就包含了一整套的服饰礼仪制度，上自天子朝臣，下至庶民百姓，在什么时间、什么地点、什么场合穿什么样的衣服、佩戴什么配饰，都有着严格的规定，不得逾越，统治者用明确的条文将服饰的穿戴搭配与社会阶级等同起来，此时的服饰就具备了鲜明的政治意义，后来的儒家学说认为这样的规定合乎礼仪，便将其发扬光大，这样对服饰等级的规定成为中国传统文化的重要内容。

"中国有礼仪之大，故称夏，有章服之美，谓之华。[21]" "华夏"这一称谓就源自这里。自先秦至今，服饰文化在中国的传统文化中占据着很大一部分比例，也是重要的研究部分，而汉族传统服饰为其中最具代表性的服饰之一，更是值得人们进行学习与研究。

第三节　　汉族服饰史略

中国服饰历史悠久、文化丰富，承载着几千年来中华民族各方面的变迁，同时也是人类文明史的一个侧影。中国的服饰起源最早可以追溯到远古时期，据考古发现，距今约18000年前的旧石器时代晚期到新石器时代初期的北京周口店山顶洞人已经使用骨针了，骨针的使用说明当时人们已能把兽皮缝制成蔽体的衣物。这些制衣工具的发明也将服饰推上了一个新的高度，使得人类拥有了更好的条件。之后，麻布作为布衣之祖出现，人类开始着麻布制的衣服。相传，在神农氏时代，人类便已会制造不同的服饰款式，也会依据不同的活动需求而着不同的服装，譬如参加祭天地、拜祖先等活动。"衣"除蔽体、保暖、遮羞等作用之外，还体现着鲜明的"礼"的色彩[22]。

一、中华原始服饰

人类大约在旧石器时代的中段开始利用兽皮来裹身御寒，那时候的兽皮未经人工裁剪缝拼，只是原状的兽皮。到旧石器时代的晚期，人类从智人阶段演进到现代人阶段，才创造出骨针来缝制兽皮的衣服，使之能较好地符合人体穿着的需要，这时人类已经利用植物纤维捻制绳索。直到新石器时代创造了纺纱织布的工具，利用植物纤维编织成衣料，才为制作成型的服装创造了条件。如前述，由于纺织品很难保存下来，对于最早的中华成型服装的形式，只能从原始的彩陶雕塑和彩绘纹样以及地画和岩画人物形象中去搜寻。图1-3-1是青海大通县上孙家寨出土马家窑类型的彩绘舞蹈纹彩陶盆。盆内壁画着3组由5人手拉手起舞的人纹，

▲ 图1-3-1　马家窑型舞蹈纹彩陶盆，青海大通县上孙家寨新石器遗址出土

舞者头上似裹巾布，身穿襦衣，臀后悬有饰巾，有人认为是悬挂一条兽尾，模仿被猎获的兽类形象庆祝丰收。[23]

远古时期的人类多穴居深山密林之中，过着非常原始的生活。据《礼记·礼运》记载："昔者，先王未有宫室，冬则居营窟，夏则居橧巢。未有火化，食草木之实，鸟兽之肉，饮其血茹其毛。未有麻丝，衣其羽皮。"当时，"先王"如此，"四夷"也是如此。据《礼记·王制》记载："东方日'夷'，被发文身；南方日'蛮'，雕题交趾；西方日'戎'，被发衣皮；北方日'狄'，衣羽毛，穴居。"这就是所谓"茹毛饮血，食草木之食，衣禽兽之皮"的原始人类。据《后汉书·舆服志》记载："上古衣毛而冒（帽）皮。"可知原始时期，因条件限制，人类以兽皮作为主要服装材料，系扎衣服也可能采用的是动物的韧带，因为当时亦没有绳线或者葛藤之类的植物。披着的兽皮四面露风，谈不上合体。

有关远古服饰的资料实物，最珍贵的要算北京周口店山顶洞遗址出土的一枚骨针及141件骨、贝、牙、石等制成的串饰品，以后各地又陆续大量发现。骨针的发现，说明我国在2万年前的旧石器时代，先民们已经能用兽皮等加工缝制衣服。服饰的形制又前进了一步。骨针使人们可以按照自己的身体，来缝制适合自己的服装，骨针缝出了一个以人类意志为主宰的服装天地。而串饰品的发现，或许是为了装饰，体现着人类的爱美之心，或许是为了象征渔猎的胜利或是宗教信仰。身穿兽皮制成的衣服，腰系绳带，颈戴用牙、石、贝等串起来的饰品，这就是原始的服饰。[24]

二、夏商周服饰

中国冠服制度的雏形约始于夏商时期。从河南安阳殷墓中出土的陶俑、玉俑来看，当时人们头戴帽，腰系带，衣有交领或对襟；贵族衣袖多为窄袖，常见衣襟、下摆和袖口有缘饰，衣身装饰以绣纹，从各种出土人物俑的衣着上可以明显看出其等级地位的不同。这些随葬的陶俑、玉俑，有的手戴桎梏，显然是奴隶或是被俘虏的人质；有的踞坐，身穿精美的花纹衣，头戴冠箍，这或是奴隶主本人，或是奴隶主身边的弄臣或是对亡国丧邦有所鉴

▲ 图1-3-2 玉人，殷墟出土

▲ 图1-3-3 玉人，殷墟出土

▲ 图1-3-4 商周时期笄的基本形式

▲ 图1-3-5 玉鹦鹉，殷墟出土

戒的古人，三者都可能代表酗酒不节、放纵享乐的想象。有的头戴高巾帽、身穿长袍并系蔽，如不是个小奴隶主，也应该是个地位较高的亲信，因为，古时把蔽膝等视为"权威"的象征，并用不同的质料和颜色来区分等级（图1-3-2、图1-3-3）。殷商时期人们的着衣习惯可大体分为三种：其一为袖窄且衣长不至足，颈后头发平齐或有加工成辫子而后在头顶上缠绕；其二为前部的衣长比较短，后面的裙长至齐足，穿戴蔽膝作为装饰，头上戴着尖角帽或围着裹巾；其三为服装的面料上搭配有不一样的纹饰，领部、袖间有勾边装饰，上衣长至膝部，头上戴有平箍帽子。

商代服饰已明显地出现了等级差别，它为周代服饰制度的完整形成奠定了基础。商代的发式多为系辫，辫长而盘于头上，或向后垂发。在头饰上笄的使用更为普及，采用玉、铜、骨、角等制成，其外形柄较为宽大，纹饰精美，与同期的铜器、陶器纹饰相仿（图1-3-4、图1-3-5）[25]。

我国的礼服制度自周朝开始渐趋完善。周朝统治者为维护统治，制定了严密的等级制度，以一套详尽的礼仪来规范社会，实行礼乐之教。服饰成为统治者立政基础之一，制定了从天子到庶民的一整套烦琐、复杂的衣冠服饰制度，规定非常严格。《周礼·春官》中的"司服掌王之吉凶衣服辨其名物，与其用事[26]"即在不同的仪式场合，穿戴不同的服饰。"王之吉服则衮冕，享先公飨射则鷩冕，祀四望山川则毳冕，祭社稷五祀则织绣冕，祭群小则玄冕[27]"（图1-3-6～图1-3-10），服饰制度的等级之森严也恰恰成为礼仪制度的具体体现。也是自周朝起，"垂衣裳治天下"的观念才真正意义上实现了。这时期的汉服基本上延续商朝汉服的形制，只是款式上比商代服饰略为宽松，显得更为飘逸。服装的领形已经出现了交领、矩领等样式，但仍以交领右衽为主。衣袖形制分大、小两种，多小袖，衣长至膝，服装不用纽扣，只在腰间用带系束，为更好的装饰和固定，常在带下配以"蔽膝"或挂玉制饰物。并且此时的冠帽已经逐渐发展完善，成为礼服的重要组成部分，并配有玉佩、发笄等物。而这一

▲ 图1-3-6 衮冕

▲ 图1-3-7 鷩冕

▲ 图1-3-8 毳冕

▲ 图1-3-9 绨冕

▲ 图1-3-10 玄冕

时期对于服饰用色也有着严格的规定，服饰色彩以青、赤、黄、白、黑等正色为贵，以正色相杂而生的间色为卑，通过服饰的色彩可以彰显穿着者的身份、阶级与地位，服装尤其朱、黄两色为主，其中天子服纯朱色（如《诗经·斯干》："朱芾斯皇，室家君王"[28]），王族用黄色，官员用赤色（图片来源[29]）。

三、春秋战国服饰

到春秋战国时期，各路诸侯为了扩大自己的利益，纷争不断，周王朝的统治也逐渐走向了衰落，纷争的诸侯为讲求实用不重视周礼，于是孔子哀鸣"礼崩乐坏"。各个诸侯国的经济、政治和思想文化方面都发生了重大变革，特别是中原一代较发达的地区涌现了一大批有才之士，他们在各学派坚持自己的理论，形成了百家争鸣的局面。这样的形式为文化思想的发展添注注入新的动力，其论著中有大量的篇幅涉及服装美学思想，使得这一时期的服饰制度有了重大突破。在西周之前主要服装款式是上衣下裳，到春秋战国，出现了一种新的服装款式——深衣，它是这一时期最具代表性也是对我国传统服饰制度产生了深远影响的汉服款式。"深衣，衣裳相连，被体深邃，故谓之深衣[30]。"它是中国最古典的一种服装制式，也是该时期最受欢迎的一种汉服样式，直筒式的长衫，交领右衽，分开裁但是上下缝合，衣、裳相缝合包住身子，腰间以带系束（图1-3-11、图1-3-12），并有

▲ 图1-3-11 彩绘木俑，战国楚墓出土

▲ 图1-3-12 彩绘女木俑，战国楚墓出土

曲裾与直裾之分。后来传世的汉族服饰在形制上基本来源于此。《礼记·深衣》记载："古者盖有制度，以应规矩，绳权衡，短毋见肤，长毋被土，续衽钩边，要缝半下。袼之高下，可以运肘。袂之长短，反诎之及肘。带，下毋厌髀，上毋厌胁，当无骨者"[31]。大意说古代时的深衣，都有一定的形制规范，它和圆规、曲尺、墨绳、称垂、衡杆要互相应合，最短不会露出体肤，最长不会盖住地面。与周朝不同的是，随着礼制的崩坏，服装色彩原有的尊卑秩序也受到了冲击，如齐国尚紫的风气就是对周代原有服饰制度的破坏。

四、秦汉服饰

秦汉是我国长期大一统的时代。公元前221年，秦始皇统一六国，成立了中国历史上第一个中央集权的多民族国家，成为中国历史上第一个幅员辽阔、民族众多的封建国家。秦王朝建立后嬴政就开始施行"书同文，车同轨，兼收六国车旗服饰"[32]等在制度上的一系列有利于统一的积极措施，创立了新的服饰制度。废除了原有的六种冕服，仅留下一种黑色的玄冕供祭祀时使用。汉朝在服饰制度上基本继续沿用秦朝。西汉时男女服装，仍沿袭战国深衣形式。不论单、棉多是上衣和下裳分裁合缝连为一体，里面都穿着中衣及内衣，它的领袖缘一起露在外面，成为固定样式的套装。下身穿着紧口大裤，形成了"褒衣大裙"的风格。足下为歧头履，腰间有束带。汉代的常服以穿着袍为主，多指衣长长过臀部。汉代的常服主要有如下几个特点：一是有里有面或絮棉麻，称为夹袍或棉袍；二是袖子大多是以小袖的形式存在；三是服装的制式多数采用大襟斜领，衣襟的开襟较低，内衣会在领口处看到；四是领口处、袖口处绣方格纹等纹样。袍服长短也并不相同，有的常服长至踝骨，穿着者以文官、长者居多；有的常服的长度只到膝下或膝上，穿着者群体主要是体力劳动者或者武将。袍最早在战国时期出现，常见于秦汉时期，男女均可穿着，庶人可穿白袍。先秦时期的裤只有裤管，上至小腿，下达脚踝，用绳带扎系于膝，也称"胫衣"，形制与后世套裤相似，也被称为"绔"或"袴"。西汉时期出现了开裆穷裤，较之胫衣，穷裤长度及股，连于腰间，两股之间裆部相连。合裆的裤被称作"裈"，这样可以与开裆裤区分。除了穷裤，汉代还出现了一种短裈，称为"犊鼻裈"。根据犊鼻裈的长短又分为两种形制：一种长度至膝，一种短小与现今的三角裤相似，后者多用于农夫仆役[33]。此外，汉末还流行一种两只裤管肥大的大口裤，为普通男女常服。

秦汉女子礼服，仍延续了旧制、尚深衣，遵从古礼。皇太后、太后和公卿夫人等的祭服（即谒庙服）、亲蚕服、朝见服和婚礼服的形制一般采用深衣制。《后汉书》记：贵妇入庙助蚕之服"皆深衣制"。

秦汉妇女深衣也是男女通用的服饰。普通妇女穿着到礼服有两种，曲裾深衣和直裾深衣。曲裾深衣的衣袖有宽、窄之别，通常在袖口处做镶边装饰。衣领为交领，若同时穿几件衣服，通常外层衣领领口低于内层领口，这样可以露出内衣，最多有三层以上，被称为"三重衣"。相比战国时期的曲裾深衣，这时的衣襟绕转层数有所增多，且下摆部分肥大呈喇叭状。凡是穿深衣的妇女，腰身都裹得很紧，衣襟角处用一根绸带系在腰部或臀部。衣上还绘有精美华丽的纹样，衣裾边装饰锦缎，随曲裾盘旋缠裹在身上，成为一种

▲图1-3-13　曲裾大袖

流动的装饰，具有含蓄、儒雅的特征（图1-3-13）。汉代女装的式样与男装差别不大，汉代的妇女日常穿襦裙，连体的深衣既是贵族的常服，也是百姓的礼服。汉服中的襦裙一种上襦下裙的搭配形式。上衣襦是一种长度到腰部的短衣，衣身比较窄并且较为合体，衣袖一般是宽袖。下裳裙是一种上窄下宽、长垂到地、不施边缘的"无缘裙"。《后汉书》记："常衣大练，裙不加缘。"此裙常以四幅素绢拼接缝制而成，并在裙腰两端缝有带子，以便系结。这就是上衣下裳，它和深衣的上下连属具有完全不同的结构。

　　秦汉民间的主要首服有巾帻，秦朝将幅巾颁赐武将，开始用它表示贵贱，与冠同时服用，但只限于军旅[34]。汉代冠和先秦的不同之处，是先秦男子直接把冠罩在发髻上。汉代到官员戴冠，要先以巾帻包头，而后加冠，并根据品级和职务的不同也有区别化。帻是包发巾的一种，其形似便帽，有两种基本形式：一种是帻顶上覆盖低平的"平巾帻"，又称"平上帻"，顶平、男子不分贵贱均戴之，较为常见；另一种是顶尖凸起，形式屋顶状"介帻"。多为文官所戴，身份显贵的官宦必须先戴上巾帻，然后才能加冠，平日闲居，也可单独戴帻。东汉后期，名士用幅巾来束首，不戴冠帽为雅，这种风气一直延续到魏晋南北朝时期。

　　秦汉时期的鞋履制度为祭服穿舄、朝服穿履、燕居穿屦、出门穿屐。履是单底的，舄是双底的，用黑色或红色的漆涂在鞋面上，鞋头的形状有方头的、圆头的和尖头的等。妇女出嫁穿着鞋面上绘有彩画，并系有五彩带子的木屐[35]。

五、魏晋南北朝汉族服饰

　　在中国历史中，魏晋南北朝是时局动荡、战乱频繁的一个时代。服饰虽基本承袭秦汉旧制度，但经历了三国鼎立、两晋王族之争与"五胡十六国"的战乱。中原人民迁居南方，成

千上万的少数民族入居中原，形成了胡汉杂居、南北交融的局面，思想文化发生了巨大的改变，服饰也有了新的改变。这时候人们大多穿着大袖宽衫。褒衣博带式的服饰样式受到人们的欢迎并流行于各个阶层中，上至王公贵族，下至平民百姓皆穿此样式的服装。特别是当时的文人为表达对现实政治不满的强烈态度，表现出不拘礼法、崇尚放达的形态，他们追求轻松、自然、随意的审美风尚，男子穿衣裳袒胸露背，衣服披肩，款式多样。《晋书·五行志》说："晋末皆冠小而衣裳博大，风流相仿，舆台成俗。"[36]《颜氏家训》里面也有"梁世士大夫均好褒衣博带，大冠高履[37]"的记载。与秦汉时期有区别的是魏晋南北朝时期的衫摒弃了"祛"，袖口渐渐变宽而最后成了敞袖式并不是原先的小袖。衫又演化呈单、夹两种形式，以纱、绢、布等面料为主要制作材料，流行白色，并以此为尚，甚至婚礼时服装也用白色，与秦汉时期的用色有很大的差异。《东宫旧事》记："太子纳妃，有白縠、白纱、白绢衫，并紫结缨。"当时规定宫中红色用作为朝服，紫色用作为常服。除大袖衫以外，男子大多穿着袍、襦、裤等服饰。同时这个时期也是中国服饰史上男子士儒最为风雅潇洒的一个时期，男子服饰流行高冠博带，飘逸的大袖衫，袒胸露臂，力求洒脱、自然的感觉。在魏晋时期，妇女的服装沿用了秦汉遗留的习俗，但在吸收传统上有所变化，并且借鉴了少数民族服装的特色，一般上身穿衫、袄、襦，下身穿裙子，风格有窄瘦和宽博的区别，衣身的部分修身合体，但袖口比较肥大，呈上敛下舒式。如南梁庾肩吾的《南苑还看人》诗云："细腰宜窄衣，长袂巧挟鬓。"与吴均《与柳恽相赠答》诗"纤腰曳广袖，丰额画长蛾"。下裙大多是当时流行的褶裥裙，长度可到地面，裙摆摇曳而舒展，并饰有飘带，层层叠叠，优雅、飘逸，展现出了女性独有的绰约多姿。《南苑逢美女》里的描述就有"风卷葡萄带，日照石榴裙"[38]和"轻衫见跳脱"的诗句，将女子美妙姿态表现得淋漓尽致。重视修饰，审美标准由质朴转向富丽，是这个时代重要的表现。妇女服式风格，有窄瘦与宽博到区别，加上首饰繁复华丽，体现了奢华靡丽的效果（图1-3-14）。此外，东晋南朝的下层妇女还经常穿着一种叫"绔（罗）"，"衤罗"字不见于书，又写作"襬"，《南史·王裕之传》中则说，王裕之"左右尝使二老妇女，带五条辫，著青龙"。绔罗是一种裙裤，是当时民间妇女的一种"时世装"，如孟晖所言："用今日的观点衡量，这种长裤实在是很典型的喇叭形裙裤。"[39]

▲ 图1-3-14　魏晋贵族女子着装

魏晋南北朝时期的冠帽颇具特点。统治阶级的冠冕制度，虽然承袭了汉代遗制，但形制却有一些演变。首先是小冠非常流行，上下兼用，南北通用。在小冠上加笼巾，便成"笼冠"。此时民间的首服主要有头巾和风帽。从文人儒生到普通男子都服头巾，主要有：诸葛巾、角巾、林宗巾、漉酒巾等；风帽也是这个时期男子的常用首服，庶民男子多服乌帽。此时期妇女也扎头巾，头发梳各式发髻（如灵蛇髻、飞天髻），又尚薄鬓和假髻。

这一时期的鞋履，与秦汉时大抵相同。足穿笏头履和高齿履，即一种漆画木屐，这在当时十分流行。但质料更加考究，有丝、棉、皮、麻等质地。颜色也有规定：士卒、百工用绿、青、白色，奴婢侍从用红、青色（图1-3-15）。该时期男女都可穿屐，区别在于屐的鞋头形状，男为方头女为圆头。

▲ 图1-3-15　"富且昌宜侯王夫延命长"织成履

六、隋唐五代十国汉族服饰

隋唐五代是中国封建社会大发展、大繁荣时期，这一时期南北统一、国运昌盛，各民族之间文化、贸易往来交流频繁，上至皇帝下至庶民，思想观念变得前所未有的开放，服式、服色、妆容等都呈现出绚丽多彩的面貌，它的服饰上承历代，下启后世，呈现出一派开放、繁荣景象。

这一时期的男子服饰与女子服饰相比虽样式单一，但在服饰的颜色使用上十分考究。男子常服为圆领袍衫，圆领、右衽，并在领、袖和衣服大襟处进行缘边处理。在朝堂之上，袍衫长度因官员的职位高低而有所不同，如文官衣长到足踝，武官衣长则短到膝下。袖子也分宽、窄两种，并且不断发展变化。在服饰颜色使用方面，隋唐初期"尚黄但不禁黄"，《唐会要》载："……黄为流外官及庶人之服。"[40] 这里所规定的是庶人用黄色和白色。但到了唐高祖武德初时，便规定唯天子服饰才可为黄色，"服黄有禁自此始"。黄色作为古代帝王专用的颜色对于华夏民族文化意识也产生了重要的影响。

这一时期的女子服饰则多彩多姿、形式多样，是中国服饰史上最绚丽的时期。女子的主要服饰样式有裙、衫、半臂等。上襦下裙是女子的主要搭配方式，但不同于先前的裙系于腰间，这时的裙腰被提至胸线处，用绸带系扎。这一时期女子的上襦很短，并由原先的交领上衣改为对襟的短衫，领口样式新颖，有圆领、方领等。到了盛唐时期，则出现袒领，类似时下的超低领，其样式在中国服饰演变过程中实属罕见，可想而知当时人们的思想是何等的开放。但并非所有女子均可穿这种半露胸的服装，只有有身份的人或歌女等才可穿，平民百姓是不被允许的。半臂是一种外罩短袖上衣，最先为宫女所服，后来传至民间，流行于初唐，唐中期逐渐减少，直到明朝逐渐消逝。此外，衫和裙也是当时较为流行的女子服饰，普通妇女以穿石榴红裙为尚，这种裙子一直流行到明清时期。众所周知，唐朝以女子丰腴为美，因此中唐以后女子服饰也渐变宽博。另外，唐时期有民间女子着胡服之现象，女着男装的情况

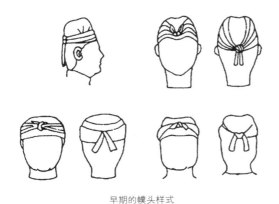

早期的幞头样式　　　　　　　　　　唐代帽身骨架实物，新疆吐鲁番阿斯塔那墓地出土

▲ 图1-3-16　幞头

也较为常见。

唐代首服和妆容十分丰富。男子首服最常用的为"幞头"，幞头的雏形出现在南北朝时期，初期是以一幅布巾包住头部，较为低矮。到唐代时，逐渐形成衬有固定帽身骨架和展角的帽子造型，广为流行（图1-3-16）。[41]女子的首服丰富而夺目。隋唐女子使用幂离帷帽，幂离在隋代已流行，可算是胡帽的一种，其形制应是一种衣帽相连，遮蔽全身，周围垂有网子的大斗篷。到唐高宗，幂离已逐渐被帷帽替代。帷帽在唐代的壁画雕塑中多有出现，如唐画《关山旅行图》中戴帷帽露面的女子。

在唐代，文武官员和庶民百姓大多都可穿靴子，只是靴子的样式稍微有所差别。一般妇女则多穿轻便的线鞋和蒲履，庶人妻女不能穿五色线靴和履。此外，五代南唐时期出现妇女缠足，弓鞋渐渐流行起来。

七、宋代汉族服饰

宋朝时期，农工商均得到快速的发展，国与国之间的交流日趋频繁。这一时期，中国对外贸易的不断进步对汉服的文化和传统产生了重要影响。对服饰来说，宋朝服饰传承了唐朝五代十国的服饰制度，同时又结合重文轻武的基本国策，在儒学复兴、理学构建和对外政策的妥协文化氛围下，人们的美学观念也发生了改变，服饰一改唐朝的华丽、开放，逐渐趋于理性、内敛、含蓄，世人普遍崇尚简朴，服饰拘谨保守，更加合乎礼仪制度，式样少，服饰色彩淡雅恬静，襦裙的裙腰回落至腰间。

这一时期，男子对常服以襕衫为尚。襕衫最初在唐朝得到采用，在宋朝发展至鼎盛。这种衣衫是一种圆领或者交领的无袖头长衫，下摆地方有一横襕，寓意"上衣下裳"之旧制。

宋朝女子的服饰大多沿袭了前制，以襦裙作为主要款式，但也有一些变化，出现了新的服饰样式，使宋朝女子的服饰款式也有了很大的丰富，主要有襦、袄、衫、褙子、半臂、背心、抹胸、裹肚、裙、裤等。面料有罗、纱、锦、绫、绢。其中褙子，又作"背子"，盛行于两宋时期，是在前代半臂服式基础上发展而来的，成为男女皆穿的服饰样式。其特点是直领对襟、长袖、腋下开衩，前襟不设襻纽，腋下和后背缀细带，只垂挂作装饰作用。袖子有宽窄两种样式，衣长或过膝或可齐裙或至足踝不一。不同阶层、不同场合的穿用有各种差异，所以褙子有长有短，长可至足，但平民百姓及下层劳动者的褙子比较短。这时襦裙仍是女子的主要服装样式，但也出现了长裤的样式。上穿抹胸、裹肚，外套褙子，不系结，下配开衩外裤，里面还穿着几层中裤，或系短裙、腰裙或长裙，成为当时女子时兴的穿着打扮，

▲ 图1-3-17 穿褙子的女人

表现出窄瘦、淡雅的服饰风格，与唐时相比更加质朴（图1-3-17）[42]。

宋代百姓的首服主要有幞头、巾，士大夫在交际时经常穿帽衫，即头戴乌纱帽，身着皂罗衫，文人、儒生则以裹巾为尚。幞头在五代时已经演变为一种冠，宋人又称幞头为"幞头帽子"，如宋吴自牧《梦粱录·卷一三》"诸货杂色"条有云："箍桶、修鞋、修幞头帽子……时时有盘街者，便可唤之。"宋代所佩戴的幞头会因所戴之人身份职业的不同而有很大差异，像使役等身份地位低下的百姓只能戴无脚的幞头。宋代戴巾风气普遍，巾的款式多样，最流行的巾式为东坡巾（又称乌角巾）。

宋代女鞋从形制看主要有凤鞋、平头鞋、弓鞋、靸鞋。凤鞋，一指凤头鞋，二指鞋子绣有凤凰图案。平头鞋指的是头部不高翘的鞋子，外出活动穿着较多，如王观《庆清朝慢》词云："结伴踏青去好，平头鞋子小双鸾"。弓鞋，多为缠足妇女所穿。宋代弓鞋多平底，鞋头也不似明清时尖锐；靸鞋，一般都用草葛之类编制而成，也有用布帛制作的。《南村辍耕录》云："西浙之人，以草履而无跟，名曰'靸鞋'，妇女非缠足者通曳之。……北方所说的靸鞋，则制以布，而多其系。"[43] 且庶人女子出嫁所穿袜子与鞋子的颜色必须与裳相同。

八、明代汉族服饰

在明代，主要的民服有袍、裙、短衣、褙子、比甲等。男子的主要服饰依然是袍服，只在服色上与之前服饰有所不同，即百姓穿着的袍衫之色不得使用玄色、紫色、绿色、柳黄、

姜黄和明黄等颜色。对于蓝色等其他颜色或是"杂色盘领衣"的使用则没有明确的限制。女子服装基本形制，大多模仿了唐宋。襦裙服式样式依然是明代女子常服，但服饰风格受到理学影响，已不如唐朝时期那样开放，服饰样式重回交领右衽、上衣下裙。同时，明代女子依然流行穿褙子。它作为女子常服之一用途十分广泛。比较流行的穿法为：上穿抹胸、衫、袍或袄，有时在上衣外加一件比甲。比甲是一种新的服式，它于明代中叶流行开来，形似褙子，但无袖，亦为对襟，类似之后的马甲，但比马甲长，下摆超过膝盖，所用质料以彩锦为多，有时还纳以絮棉，多在春秋之季穿用。唐朝常见的对襟半臂在明朝依然普遍，但也出现了交领长袄套长裙的服装样式。还有一种女式圆领袍，多为命妇所穿，但也有女子穿其下配长裙以作常服。汉族女装虽因时代变迁而改变，但在此后的几百年时间，总体而言，女子服装仍旧是上面短衣，下面百褶马面裙的服饰样式。明代还有一种帔子，名"霞帔"，多为贵妇以及上层社会的女性在结婚时使用，被称为"凤冠霞帔"。近代汉族民间女子服饰中的云肩与之形式相似，有很大的关联（图1-3-18）。

▲ 图1-3-18　明代着云肩妇女（《仇实父图》，四川省博物馆藏）

明代首服以巾、帽为主。百姓戴的头巾有四方巾、万字巾（上阔下狭，形如万字），隐士、道人戴的纯阳巾（顶部用帛折成约一寸宽的硬褶，折叠后像一排竹简的样子垂在脑后），皂隶公人等戴的皂隶巾，等等。明代最流行的是小帽，有六瓣、八瓣，又名"瓜拉帽"，就是后人所称的"瓜皮帽"。妇女的首服有冠（冠只能是官宦人家正室妇人所戴）、包头（即额帕，老少皆用）、髻（假髻的一种，依照质料的不同可分为和发髻、金丝狄髻、银丝狄髻和白狄髻，白狄髻多用于守丧时）、珠箍（额帕的一种，当时称为"头箍"，上缀金玉珠宝则谓之珠箍）、卧兔儿（一种用兽皮制成的暖额）。当时，歌妓或一般女性日常多将头发挽成一窝丝杭州攒，以表现轻松、随意的生活。

明代平民男子最常穿着的是一种长筒式履，名为"皮扎翁"，南方劳动者还多穿蒲鞋；女性多缠足，弓鞋分平底、高底两种，高底弓鞋显得脚小，此外，还常穿凤头鞋、云头鞋，如《金瓶梅》五十六回中吴月娘所穿的是"金红凤头高底鞋"；第十九回潘金莲穿的是"白绫高底羊皮金云头鞋"。此外，缠足妇女的相关足服还有睡鞋、袜。

九、清代汉族服饰

清代初期，清王朝统治者强行推行满族的服饰制度，颁布"剃发易服"的制度，各地反抗之举不断，为了缓和矛盾，又实行"十从十不从"，"十从"即男、生、阳、官、老、儒、娼、仕宦、国号、役税等遵从规定；"十不从"即女、死、阴、隶、少、释道、优伶、婚姻、官号、文字语言等可以不用遵从规定。这些制度的实施使得服饰出现了重大的变革，汉族男子剃发、着满族服饰，女子服制不变，依然是传统的上袄下裙式。呈现出满、汉两大服饰体系并存的现象。所以清代的服饰形制也最为庞杂和繁缛，服饰装饰在康雍乾时期逐渐繁复和精致，甚至出现了十八镶缏。

清代实行了上衣下裳的衣着形式，上衣包含了袍（袍又分为长袍和旗人之袍）、袄、褂、衫、背心或马甲，有单、夹、棉之分。下裳主要是裙与裤，还有很多精致、华丽的服饰品（图1-3-19）。《清稗类钞》载："同、光间，男女衣服务尚阔袖，袖广至一尺有馀。及经光绪甲午、庚子之役，外患迭乘，朝政变更，衣饰起居，因而皆改革旧制，短袍窄袖，好为武装，新奇自喜，自是而日益加甚矣。"[44]《点石斋画报》记录中国女性的传统服饰着装形象：上衣是宽大的长衫，长度过膝，下裳着裤子或者裙子，再加上一双秀气的小脚。其实在清朝很长一段时间里，在汉族，无论是官家眷属还是普通百姓，其服装均是长衣、宽边、大袖之形式。

康雍乾时期，社会安定，国家繁荣昌盛。物质上的富足使得民众开始追求新的生活方式，服饰风气渐趋奢华。达官显贵、富商大贾和市井民间皆"缨帽湘鞋，纱裙细裤"[45]。文学作品《红楼梦》中对人物的着装做了详细的描述，每个人的服饰风格均不相同，且服装造型随着季节、场合不同均有不同风格。贾宝玉"头上戴束发嵌宝紫金冠，齐眉勒着二龙抢珠金抹额，穿一件二色金百蝶穿花大红箭袖，束着五彩丝攒花结长穗宫绦，外罩石青起花八团倭缎排穗褂，登着青缎粉底小朝靴"。王熙凤"头上戴着金丝八宝攒珠髻，绾着朝阳五凤挂珠钗，项上戴着赤金盘螭璎珞圈，身上穿着缕金百蝶穿花大红缎窄裉袄，外罩五彩刻丝石青银鼠褂，下着翡翠撒花洋绉裙"[46]。

▲图1-3-19　清代女装

清代服装的形式与图案时常有变化改变，"衣则忽长忽短，绣则忽大忽小，冠则或低或昂，屐则忽锐忽广。造作者以新式诱人，游荡者以巧治成习。"[47]流行彩裙大袖，女衫身长至二尺八寸，袖宽一尺二寸，袖口处以锦绣镶绲。嘉庆年间，妇女衣饰上更加追求镶绲工艺的装饰，袖口趋大，且服装多缘饰，后发展到服饰边缘、饰物竞相追求精致、繁复之风，鼎盛阶段有"十八镶十八绲"之说，一直不停地追求堆砌。

清代汉族男子留辫，常戴小帽（瓜皮帽）；农民、商贩等劳动人民多戴毡帽；劳作时为挡日避风遮雨戴草帽；老年人、僧尼戴风帽（即观音兜）；妇女额头上所戴之物为包头和眉勒，北方多为"昭君套"（常以貂皮制）。

清代男子的足衣有靴、鞋、袜。依照清服制，"民间男子一律都穿尖头靴，靴子的材料有素缎和青布等"[48]。鞋子底有厚薄之分，多用缎、绒、布制作；劳动者亦着草鞋、蒲鞋、木屐（南方、山区多使用）。袜子分短筒袜和长筒袜。

清代汉族缠足的妇女穿弓鞋，大多是高底。弓鞋有云头图案和凤头图案等样式，且鞋头常缀有璎珞、铃铛等装饰。此外，清代妇女足衣还包括各种拖鞋、睡鞋、木屐。

[1] 范文澜. 中国通史简编 [M]. 石家庄市：河北教育出版社，2000.

[2] 中国史学会《中国历史学年鉴》编辑部. 史学情报 [M]. 北京：人民出版社，1984：64-65.

[3] 何兆雄. 源：历史从这里开始 [M]. 北京：海洋出版社，2003：57-65.

[4] 徐杰舜. 雪球——汉民族的人类学分析 [M]. 上海：上海人民出版社，1999：19.

[5] 徐杰舜. 中国汉族通史（第1卷　第5部分）[M]. 银川：宁夏人民出版社，2012.

[6] 左丘明. 春秋左传 [M]. 北京：西苑出版社，2016.

[7] 董仲舒. 春秋繁露 [M]. 陈蒲清，校注. 长沙：岳麓书社，1997.

[8] 吕思勉. 先秦史 [M]. 上海：上海古籍出版社，1982：22.

[9] 吕振羽. 中国民族简史 [M]. 北京：生活·读书·新知三联书店，1950：19.

[10] 端智嘉. 吐蕃传 [M]. 陈庆英，译. 西宁：青海民族出版社，1983.

[11] 脱脱，等撰. 金史 [M]. 北京：中华书局，1975.

[12] 骨勒茂才. 番汉合时掌中珠 [M]. 黄振华，等整理. 银川：宁夏人民出版社，1989.

[13] 李晰. 汉服论 [D]. 西安：西安美术学院，2010.

[14] 王海健. 由"唐装"所引发的对传统"汉服"特征及其恢复的思考 [J]. 辽宁教育行政学院学报，2009,08：154-155.

[15] 许海玉. 给"汉服"一个复兴的理由——对话北京服装学院教授袁仄 [J]. 中国制衣，2007,11：38-39.

[16] 班固. 汉书 [M]. 北京：中华书局，2016.

[17] 百度百科. 汉服 [EB/OL]. http://baike.baidu.com/view/4514.htm，2016.

[18] 张玉书. 佩文韵府 [M]. 上海：上海书店出版社，2015.

[19] 蒋鹏翔. 四部要藉选刊:阮刻礼记注疏 [M]. 杭州:浙江大学出版社,2015.

[20] 范晔,撰. 后汉书·舆服志 [M]. 北京:中华书局,1965.

[21] 杜预,孔颖达. 左传注疏 [M]. 上海:上海古籍出版社,2010.

[22] 王衍军. 中国民俗文化 [M]. 广州:暨南大学出版社,2011:104.

[23] 黄能馥,陈娟娟. 中国服饰史 [M]. 上海:上海人民出版社,2004:30.

[24] 黄金贵. 中国古代文化会要(上册)[M]. 杭州:西泠印社出版社,2007:275-276.

[25] 陆广厦,孙丽. 服装史 [M]. 北京:高等教育出版社,2003:4.

[26] 周公旦. 周礼 [M],刘波,王川,邓启铜,注释. 南京:南京大学出版社,2014.

[27] 王筠. 说文解字句读 [M]. 北京:中华书局,2016.

[28] 王秀梅. 诗经 [M]. 北京:中华书局,2015.

[29] 贾玺增. 中国服饰艺术史 [M]. 天津人民美术出版社,2009:16.

[30] 沈从文,张兆和. 沈从文全集(32卷):物质文化史·中国古代服饰研究 [M]. 太原:北岳文艺出版社,2002.

[31] 崔高维. 礼记 [M]. 沈阳:辽宁教育出版社,1997.

[32] 华梅. 中国服装史 [M]. 天津:天津人民美术出版社,1989:21.

[33] 齐涛. 服饰志 [M]. 济南:山东教育出版社,2007:19.

[34] 缪良云. 中国衣经 [M]. 上海:上海文化出版社,2000:28.

[35] 张朝阳,郑军. 中外服饰史 [M]. 北京:化学工业出版社,2009:26-30.

[36] 房玄龄,等. 晋书·五行志 [M]. 北京:中华书局,2000.

[37] 夏家善. 颜氏家训 [M]. 夏家善,夏春田,注释. 天津:天津古籍出版社,1995.

[38] 上疆村民. 宋词三百首全集 [M]. 南京:江苏凤凰美术出版社,2016.

[39] 孟晖. 潘金莲的发型 [M]. 南京:江苏人民出版社,2005:80.

[40] 欧阳修,宋祁,撰. 新唐书 [M]. 北京:中华书局,1975:529.

[41] 张朝阳,郑军. 中外服饰史 [M]. 北京:化学工业出版社,2009:54.

[42] 左娜. "汉服"的形制特征与审美意蕴研究 [D]. 济南:山东大学,2011(10).

[43] 陶宗仪. 史书会要 [M]. 北京:中华书局,1959.

[44] 徐珂. 清稗类钞 [M]. 北京:中华书局,2010.

[45]《博平县志》编委会. 博平县志 [M]. 其他信息不详.

[46] 曹雪芹. 红楼梦 [M]. 北京:中华书局,2005.

[47] 袁栋,撰. 书隐丛说 [M]. 袁栋上海:上海古籍出版社,1996.

[48] 李婕. 足下生辉:鞋子图话 [M]. 天津:百花文艺出版社,2004:18.

第二章

多姿的汉族服饰形制

第一节　流光玳瑁首服点染

服饰从头开始。

首服，是用于头部的服饰部件。中国古代冠帽始于先秦时期的头衣，即头上用品和饰物的总称。冠帽是我国古人使用的一种束发工具，同时处于礼仪和审美的需要，又是一种头上的装饰品，它被视为"礼教"文化的象征[1]188。自古以来，首服是人们服饰中重要的组成部分，经历了漫长的人类历史进程，客观上推动了首服的发展。

在中国的服饰史中，首服在整个服饰中具有的地位，是识别身份与社会品级地位的重要标志。自周朝开始，建立了完整的冠服制度。从冠上能够识别出帝王与诸侯、将军与士兵、文武百官、社会诸流的等级区别，然而普通老百姓则无资格佩戴。各种首服的戴法、佩戴者、佩戴场合等，都有严格的规定或俗成模式，以区别人们身份的高低、贵贱。这类等级体制，一直应用到我国封建社会，贯穿整个古代首服的发展史，并且首服的种类日渐复杂，式样愈加繁多，名称有数百种之多。

按照表现形式划分，将近现代汉民族服饰中的首服分为：帽、巾、眉勒、暖耳四大类。

一、帽

帽，亦作"冒"，又称"帽子"。

《后汉书·舆服志》记载："上古之人居而野处……观鸟兽有冠、角及种种胡须，就仿效之作冠冕发髻流苏，从而有了各种发饰。冠冕、巾帕。"在远古时期，中国古人"穴居而野处，衣毛而冒皮，未有制度。"随着社会的发展，礼仪与装饰的需求，古人根据自然界中鸟兽的头部造型加以模仿，改制成冠戴在头上，将鸟兽的须胡变化成缨，再用笄贯插在发上使之稳定。帽，需经剪裁缝制成一定形状，覆盖于人的头部。

帽类首服，其特征标志为扣戴遮覆。帽是服饰配件中一个重要组成部分，在服饰的发展变化中，帽子也是相应的发展变化着。初期，帽子主要起到了保暖或防护的功能，后来随着社会的发展，已成为人类文化、地位与身份的象征。如《礼记·冠义》中载："冠者，礼之始也。是故，古者圣王重冠。""冠而后服备，服备而后容体正、颜色齐、辞令顺。"说明冠帽则是礼仪的象征，戴冠的确是出于礼仪的需要。我国素有"礼仪之邦"美誉，古人更视

▲ 图2-1-1 棉风帽（摄于江南大学民间服饰传习馆）

棉风帽底色

黑色

▲ 图2-1-2 棉风帽色彩分析图

戴冠为神圣[1]。近代对于帽子等首服的佩戴已经没有以前那样重视，其象征等级的功能也已经逐渐退化，如棉风帽（图2-1-1～图2-1-4），除了保暖和保护功能外，它的装饰功能倒是大大增强了；特别是童帽，还富有极强的社会含义，寄托人们对美好未来的向往。

帽的分类有很多种方式，如从用途上分有风帽、凉帽、暖帽、雨帽等；从质料分有毡帽、纱帽、草帽、竹皮帽等；从形制分有大帽、小帽、方帽、圆帽、高筒帽、尖檐帽等；另外，从使用的场合、礼节以及品级，可分为礼帽、便帽、官帽等[2]。

按外观造型将汉民族服饰中帽类首服分为：半球形、直筒形和菱角形三种形式。

（1）半球形：帽体呈半球形，绝大部分帽体覆于人头部。中国古代帽类半球形首服又可分为"有帽裙"和"无帽裙"两种。有帽裙的帽类半球形首服，主要以风帽为主。帽裙，即帽后部所垂布帛，多作遮蔽风沙和保暖之用。无帽裙

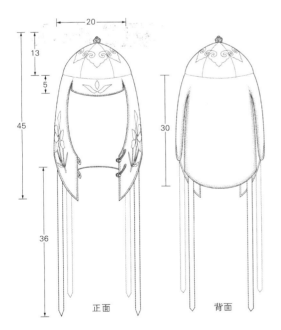

正面   背面

▲ 图2-1-3 棉风帽尺寸图（单位：厘米）

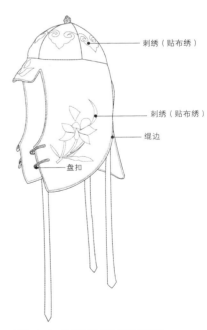

刺绣（贴布绣）

刺绣（贴布绣）

缇边

盘扣

▲ 图2-1-4 棉风帽线描及局部分析图

的帽类半球形首服，主要以五代以后幞头和明代乌纱帽为主。

（2）直筒形：所谓帽类直筒形首服，即帽体呈圆柱形戴于人首之上，其中主要包括武弁大冠、白纱帽、乌纱帽和宋明时期的各式巾帽。

（3）菱角形：所谓帽类菱角形首服，即帽体呈不规则多边形，如魏晋时期流行的白帢、颜帢、无颜帢等。

瓜皮帽、毡帽、风帽是民间常用的帽。瓜皮帽（图2-1-5～图2-1-8）沿袭明代的六合统一帽形制，明清男子所戴小帽，俗称小帽或者便帽，因其形状与西瓜皮相似故名，形状呈瓜菱形，圆顶，下承帽檐，绒线结顶，帽有软有硬，民国时期也较常见。毡帽（图2-1-9～图2-1-12）以毡做成的帽子，多为农民、小商小贩等下层常用，形制有圆有方，式样较为复杂。风帽又名风兜（图2-1-13[1]91～图2-1-15），俗称观音兜，一种遮风御寒的暖帽，半圆顶，两边有耳或者能够遮盖住除面部以外头部所有部位，有棉有夹，也有用呢料或者裘皮制作的，帽下有裙，戴时兜住两耳，披及肩背，是北方地区冬天主要的头部服饰品。

▲ 图2-1-5　瓜皮帽（摄于江南大学民间服饰传习馆）

瓜皮帽底色

黑色　　墨黑

▲ 图2-1-6　瓜皮帽色彩分析图

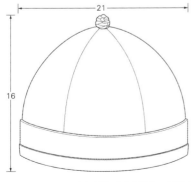

▲ 图2-1-7　瓜皮帽尺寸图（单位：厘米）

▲ 图2-1-8　瓜皮帽线描图

▲ 图2-1-9　毡帽（摄于江南大学民间服饰传习馆）

毡帽底色

枯黄　　驼色　　青灰色

▲ 图2-1-10　毡帽色彩分析图

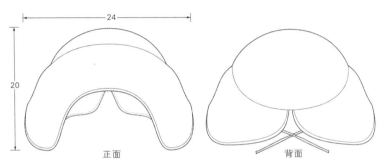

24

20

正面　　　　　　　　背面

▲ 图2-1-11　毡帽尺寸图（单位：厘米）

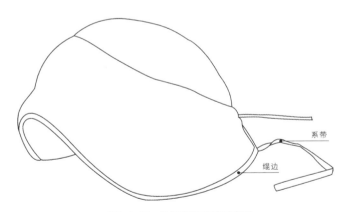

系带

绲边

▲ 图2-1-12　毡帽线描及局部分析图

▲ 图2-1-13　风帽

风帽底色

黑色

纹样配色

大红　洋红　水红　雪白　葱绿　松花绿　青色

▲ 图2-1-14　风帽色彩分析图

刺绣（打籽绣）
刺绣（平针绣）
刺绣（套针绣）
绲边

童帽是首服中最具有情趣文化的（图2-1-16～图2-1-26）。虎头帽（图2-1-16[1]90～图2-1-18）是最为常见的形式，其外观花样变化多端，细部刻画生动有趣，装饰讲究。虎头帽的外部造型不是具象的现实描摹，而是通过对具有灵性和神性的理想形象进行创造的。虎头帽是一种民间模仿动物形态而创造服饰品的习俗延续，是以情感为纽带，通过一定的艺术夸张，希望能让孩童健康、活泼地成长和对未来的祈盼，表现汉民族护生的民俗心理特征。造型稚拙，形象生动可爱，整个造型交织着情和爱。还有一种是以民间宗教内涵为祈佑工具的表现，在小帽上缀上很多的金属佛像，戴此帽就如同诸神在保护孩子，寓意非常直白（图2-1-19～图2-1-22）。

▲图2-1-16　童帽

童帽底色

雪青　　　　黑色

纹样配色

粉色　黄栌色　金色

▲图2-1-17　童帽色彩分析图

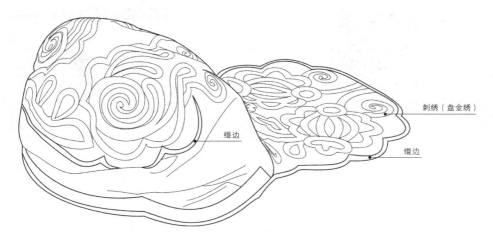

刺绣（盘金绣）

绲边

绲边

▲图2-1-18 童帽线描及局部分析图

▲图2-1-19 童帽（摄于江南大学民间服饰传习馆）

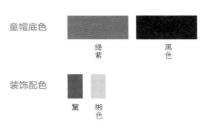

童帽底色

绛紫　　黑色

装饰配色

鳖　绯色

▲图2-1-20 童帽色彩分析图

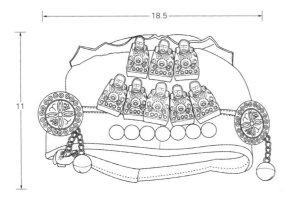

18.5

11

▲图2-1-21 童帽尺寸图（单位：厘米）

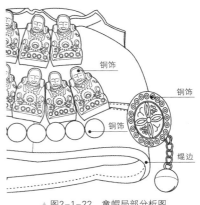

铜饰

铜饰

铜饰

绲边

▲图2-1-22 童帽局部分析图

▲ 图2-1-23　刺绣童帽（摄于江南大
学民间服饰传习馆）

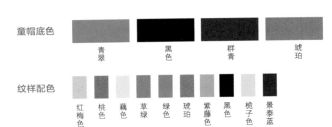

童帽底色

青翠　　黑色　　群青　　琥珀

纹样配色

红梅色　桃色　藕色　草绿　绿色　琥珀　紫藤色　黑色　桅子色　景泰蓝

▲ 图2-1-24　刺绣童帽色彩分析图

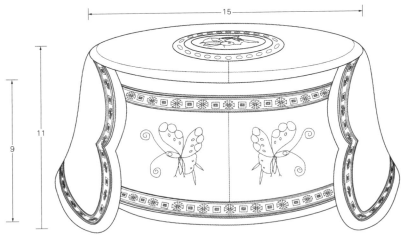

▲ 图2-1-25　刺绣童帽尺寸图（单位：厘米）

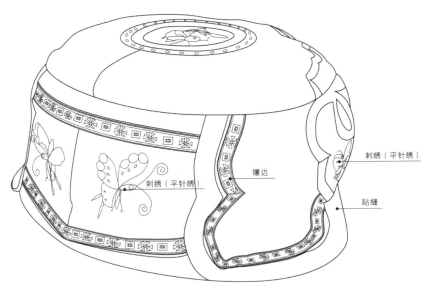

刺绣（平针绣）

镶边

刺绣（平针绣）

贴缝

▲ 图2-1-26　刺绣童帽线描及局部分析图

汉
族民间
服饰文化❀

二、巾

巾，包头之用。古时平民不戴冠，多是在发髻上覆以巾，在劳动生产之时又兼作擦汗之布，可谓一物两用。古书称为"士冠庶人巾"，指的就是百姓多以帛裹头，这是典型的百姓首服。巾通常以缣帛为之，古尺两尺两寸宽，又常称为"幅巾"。它的型不固定，而是以裹戴的方式不同而产生不同的样式。巾的造型随着历史的发展逐渐多样化，更具装饰性，为文人士大夫阶层所喜好，成为这一阶层的常服。平民往往也有特殊式样的巾式。

在古代，巾有多种形制，不仅有高低之分，还有前裹、后裹，上翻、下折等变化，构成了丰富的式样。按外观造型将巾类首服分为"纽髻式""韬发式"和"裹首式"三种形式。

所谓巾类纽髻式首服，是指用布帛扎系的方式固定发髻。

巾类韬发式首服，是指用布帛卷折成条状包裹发髻。其中形式又可分为两种。第一种，从前向后裹的帻；第二种，从由后抄前，系结于前额的"幞头"。

巾类裹首式首服，是指用布帛包蒙覆于首，于颅后系结的方式。其中，主要有幅巾、头巾和五代之前的幞头。

近代，包头成为在巾的基础上演变而来的特色首服。清代叶梦珠在其著作《阅世篇》中对包头作了这样的描述："今世所称包头，亦即古之缠头也。古或以锦为之。前朝冬用乌绫；夏用乌纱。每幅约阔二寸，长倍之……"。

江南地区的包头样式只要是三角包头，它的形式感和构图感都很独特，十分引人注目。平展时形似等腰梯形（图2-1-27 ~ 图2-1-30），短边一般为60 ~ 70厘米，长边一般为100 ~ 110厘米，宽25 ~ 28厘米。[3]斜边略带弧形。在上面的两端各连接一个宝剑头的带子，或者是有流苏的绳子，长度大约10厘米，目的是用来收缚顶端。而若将包头缚戴端正，则整个呈立体三角形，头后上方还有一小空心三角形，发髻由此露出；头巾的余下部分则在肩颈部垂挂下来，形成两只又长又尖的尾部开叉、互相交叠、形似燕尾的三角形拖角。所以称之为"三角包头"[3]。

▲ 图2-1-27　江南水乡包头（摄于江南大学民间服饰
　　传习馆）

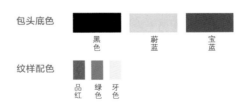

▲ 图2-1-28　江南水乡包头色彩分析图

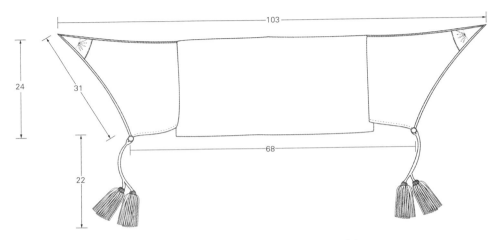

▲图2-1-29　江南水乡包头尺寸图（单位：厘米）

图 2-1-31[1]96 所示的惠安女包头，是一种在闽南妇女中流行的盖头巾，被文人称为"文公兜（斗）"。方志载"宋朱子主簿同安及守漳时，见妇女街中露面往来，示令出门须用花巾兜面，民遵公训，名曰文公兜……，一兜一展，防杜之意深矣。"现如今，惠安女服饰中的花色包头巾被称之为"文公帕"的活化石。这种包头巾向两侧延展，后呈三角形，通风透气还能防风防晒。同时，在包头上面戴上用细竹编成的金黄色斗笠一顶，本就不甚外漏的面容外又遮上了一层面纱，使得惠安女的古老习俗增添了几分神秘色彩（图2-1-32、图2-1-33）。

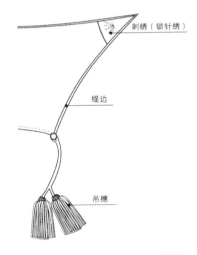

▲图2-1-30　江南水乡包头局部分析图

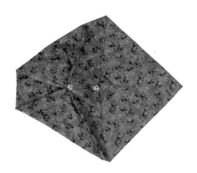

▲图2-1-31　惠安女包头

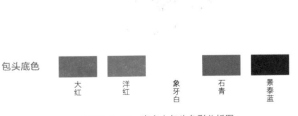

▲图2-1-32　惠安女包头色彩分析图

汉
族民间
服饰文化

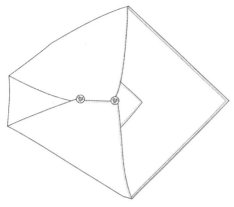

▲ 图2-1-33 惠安女包头线描图

▲ 图2-1-34 花开富贵新娘盖头（摄于江南大学民间服饰传习馆）

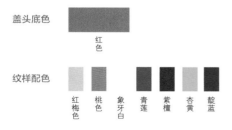

盖头底色
红色

纹样配色
红梅色　桃色　象牙白　青莲　紫檀　杏黄　靛蓝

▲ 图2-1-35 花开富贵新娘盖头色彩分析图

盖头是包头的特殊形式，是在婚礼上新娘使用的服饰品，具有传统民俗文化的典型代表意义，如图2-1-34～图2-1-37展示的是代表大富大贵含义的大红新娘盖头。

三、眉勒

眉勒，妇女额饰，是古代妇女重要的服饰品之一，也是主要的装饰部件。以金属、布帛或兽皮为之，一般多做成条状，戴时绕额一周，不施顶饰。早在商代时眉勒开始出现，盛行于明清时期，但在辛亥革命之后慢慢消失。眉勒由最初最简单的一条布帛发展到装饰烦琐复杂的装饰品，随着历史朝代的变更，眉勒的形制及名称也随之发展变化[4]。从广东佛山澜石东汉墓出土的歌女舞俑其额上围有的一条狭窄的帛巾，到唐代民间男女喜庆时多以红色布帛围勒于额，都可以证明眉勒古已有之[5]。眉勒由男女皆戴的首服发展为后来妇女专用的服饰品；早期称为"頮""半帻""抹额"……元代永乐宫纯阳殿壁画上所绘的妇女额间扎着布帛，系扎时先将布帛折成条状，由后绕前，于前额系结，可防止鬓发的松散和发髻的垂落，这样既整洁美观又提高了生产效率而受到士庶妇女的喜爱。明清至民国时期多称为"眉勒"。

北方豫西地区人们称眉勒为"捏子"，也称"帽帘"，满族人称"勒子"，用绸缎或布做成，呈鱼形。[4]老年妇女多用黑、蓝色。少妇多用艳丽色彩，并绣上花鸟等图案，戴在额头勒在头上，正面看像一只飞翔的小鸟，上缀有玉器等饰物。山东地区的头箍，也被

▲ 图2-1-36 花开富贵新娘盖头尺寸图（单位：厘米）

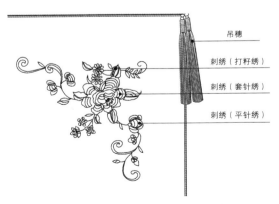

吊穗

刺绣（打籽绣）

刺绣（套针绣）

刺绣（平针绣）

▲ 图2-1-37 花开富贵新娘盖头局部分析图

称为"箍帽""勒子"，长岛县叫"茄子帽"。只有两尺宽，两片为箭形的叶子状，表面上有刺绣图案，两末端相连，后面设有两根带子，扎紧后系在头上。山西地区的眉勒形态多种多样，有些是相同宽度的带子；有些是在两端较窄、中间较宽；有些中间拼接，在狭窄处呈半月形或波浪起伏的形状，装饰色彩丰富，极具地方特色。在20世纪初，天津已婚妇女和老年女性在冬季经常佩戴"遮眉勒"，上面绣有传统图案，饰以珠宝、金银首饰，边缘镶着花边，非常精致，十分讲究，面料一般使用黑色的丝绒织物。

相对于北方地区的眉勒，江南一带眉勒较为素雅。江南妇女的眉勒称为"勒子"。主要是为适应稻作生产的需要而戴。苏州地区称"勒子"为"鬓角兜"，当地口语中所称"撑包"就是把用布帛由前额扎向脑后的眉勒。清李斗《扬州画舫录》："春秋多短衣，如翡翠织绒之属。冬多貂覆额，苏州勒子之属。"事实上，现在江南水乡的妇女们依然佩戴的"撑包"，其形制上与古代的"抹额"几乎一致，采用了两片形状如半月的黑色帽片连接而成。多用黑缎或黑平绒等作为帽片面子，红绒布作为里子，并夹入薄棉絮。勒子佩戴于头上，不仅能压住发际，其两侧还能护住耳朵，干净利索，既美观又实用。

根据江南大学民间服饰传习馆收藏的眉勒分析其形状有多种：有的是一条宽2～4厘米的带子；有的是中间宽两端窄的梭形；有些中间拼接，且狭窄处呈半月形或波浪状起伏形；宽处8～10厘米，窄处4～5厘米，长度可达46厘米左右，系带有12厘米长，缘饰是3道0.3厘米的细长绲边，使用时可将两耳遮住，具有保暖作用，又称为暖额（图2-1-38～图2-1-57）。

▲图2-1-38　眉勒（摄于江南大学民间服饰传习馆）

▲图2-1-39　眉勒色彩分析图

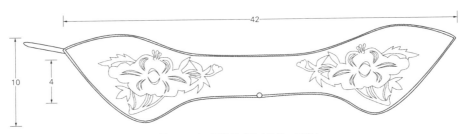

▲ 图2-1-40　眉勒尺寸图（单位：厘米）

绲边

刺绣（平针绣）

▲ 图2-1-41　眉勒局部分析图

　　眉勒多以布帛、锦缎、毡、金属、动物毛皮及丝绳做成。从眉勒的质料及装饰工艺可以准确地判断出穿戴者的富贵贫贱状况。富贵家的女性佩戴的眉勒质料多为上等的锦缎、丝绒及水獭、狐狸、貂等动物毛皮，以貂、狐之皮最为时尚[5]。《坚瓠集》引风俗记时事诗可以为证："满面胭脂粉黛奇，飘飘两鬓拂纱衣，裙镶五彩遮红袴，绰板脚跟著象棋，貂鼠围头镶锦袄，妙常巾带下垂尻，寒回犹著新皮袄，只欠一双野雉毛。"装饰工艺精致复杂，如黄金雕刻、镶嵌、钉各种珠宝玉石，不胜其烦；题材多由风景、人物、花鸟以及生活中常见的动植物联想组合而来；《红楼梦》中描绘的王熙凤，额头上围以"紫貂昭君套"，不仅保暖而且美观，刻画了一个美丽妖艳的富贵女子形象，彰显出王熙凤在贾府中显赫的地位。而普通人家女性所佩戴的眉勒无论质料、装饰工艺等都无法与之相比，相对比较朴素和简单（图2-1-42~图2-1-45）。

▲ 图2-1-42　眉勒（摄于江南大学民间服饰传习馆）

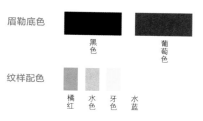

眉勒底色　黑色　葡萄色

纹样配色　橘红色　水色　牙色　水蓝

▲ 图2-1-43　眉勒色彩分析图

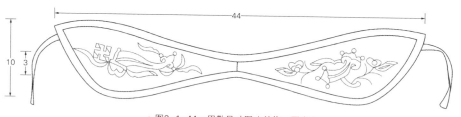

▲ 图2-1-44　眉勒尺寸图（单位：厘米）

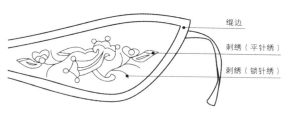

绲边
刺绣（平针绣）
刺绣（锁针绣）

▲ 图2-1-45　眉勒局部分析图

　　近代的眉勒大多数以刺绣为主要装饰手法，其纹样内容和构图形式从整体上看，与历代纹样是一脉相承的，充满了传统文化特征，近代眉勒的纹样构图内容主要是基于自然界中具象的植物、动物、云纹等图案。将这些图案组成在一起，共同抒发了一些传统吉祥富贵或飞黄腾达等极具特色的寓意和主题。例如，植物纹样中，草木花卉的纹样最为常见，其中以牡丹、石榴、荷花、松树、宝相、梅兰竹菊等传统纹样来象征美满吉祥的寓意，古代妇女通过刺绣图案来概括生活中各种事物，来寄托制作者的美好愿望。象征手法与刺绣工艺相结合，表现出其独特的图案内涵——有图必有意、有意必吉祥。此外，一些并非以吉祥意蕴为主题的花卉也是其中一个重要组成部分，如图2-1-46～图2-1-49所示。

　　汉语言的应用特点为谐音吉祥意义的表达，多运用于传统图案中。如图2-1-46眉勒中绣有梅花与喜鹊，梅谐音"眉"、喜鹊代"喜"，寓意"喜上眉梢"。

▲图2-1-46 眉勒（摄于江南大学民间服饰传习馆）

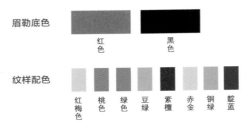

▲图2-1-47 眉勒色彩分析图

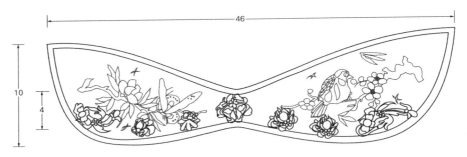

▲图2-1-48 眉勒尺寸图（单位：厘米）

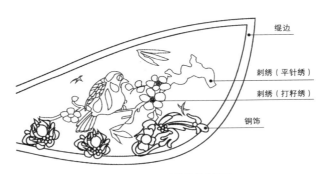

▲图2-1-49 眉勒局部分析图

　　图2-1-50～图2-1-53为山西传世品花卉眉勒，以低明度的蓝色为基调作为底色，上面花卉配中、高明度的桃色、藕色、赤金、牙色、豆绿、铜绿等，缒边为黑色绒布，充满了强烈的色彩对比，清新浓艳的装饰。

▲ 图2-1-50　眉勒（摄于江南大学民间服饰传习馆）

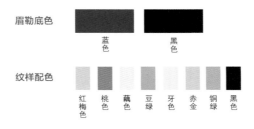

眉勒底色

　蓝　　　黑
　色　　　色

纹样配色

红梅色　桃色　藕色　豆绿　牙色　赤金　铜绿　黑色

▲ 图2-1-51　眉勒色彩分析图

▲ 图2-1-52　眉勒尺寸图（单位：厘米）

缲边
刺绣（套针绣）

刺绣（平针绣）

▲ 图2-1-53　眉勒局部分析图

　　牡丹是中国传统的名花，它的美丽迷人、雍容华贵、优雅，令人倾倒。如图2-1-54～图2-1-57所示眉勒中所绣的牡丹刺绣图案，民间牡丹图案纹造型是根据牡丹花的形态创造出来的一种装饰纹样。牡丹花形丰满、雍容华贵、优雅，向来享有"国色天香——牡丹"的美誉，此眉勒中的牡丹花纹从气质上给人以富贵、优雅之感，隐喻生产者期待过上富裕幸福的生活。

▲图2-1-54　眉勒（摄于江南大学民间服饰传习馆）

眉勒底色
黑色

纹样配色
红梅色　桃色　雪白　水色　牙色　水蓝

▲图2-1-55　眉勒色彩分析图

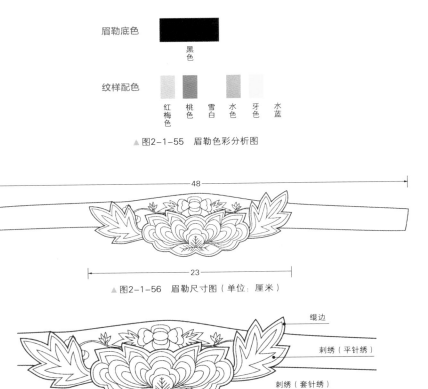

48

7.5

23

▲图2-1-56　眉勒尺寸图（单位：厘米）

绲边

刺绣（平针绣）

刺绣（套针绣）

▲图2-1-57　眉勒局部分析图

　　暖耳，又称耳暖、耳衣、耳套。暖耳的用途是防寒、护耳，也被称之为护耳，同样是我国传统民间服饰品之一，其反映了服饰审美文化中的"真、善、美"思想。唐代称其为"耳衣"，明代称为"暖耳"。暖耳的形制具有多样性，大多是圆形状套在耳朵上，其中有桃、荷花、金鱼和蝴蝶等形状。桃形暖耳是最为常见的，许多男子与女子佩戴，其余形状的，如荷花形、金鱼形和蝴蝶形多为年轻女子所佩戴。据《明史·舆服志》载，明代万历以前，百官于十一月皆戴暖耳，后流行于民间。这是一种用黑色的绸缎制作成一个暖耳，大约有两寸宽，两旁垂上长方形的貂皮袞，这种暖耳只能为官员所佩戴，民间禁止佩戴。清代流行的暖耳则为民间御寒护耳所制，北方地区较为常见，主要用于女子佩戴，分为两层，外层绣有花卉图案，内层为耳朵形状的窄边，戴时将内层耳朵形状的窄边套于耳轮上，即可挡风保暖。其形状大多为桃形，用彩色丝绸精心制作而成，将吉祥图案绣在上面，絮上薄棉，或者有的在外边缘部位镶上裘皮，更为华丽美观（图2-1-58～图2-1-69）。

如图2-1-58所示刺绣暖耳，以低明度黑作为底色，配上中明度与高明度的白色、粉红色、翠绿色、粉绿色等花卉作为辅助色，边缘处绣上高明度黄色的"实狗牙"边儿，强烈的色彩对比，清新浓艳的装饰。暖耳的颜色多为原色，颜色的匹配达到强烈的对比效果，力求统一和谐，体现了我国传统服饰的色彩文化，大胆的色彩，喜庆吉祥的色彩情调，艳丽明快的色彩形式，独具东方特色。

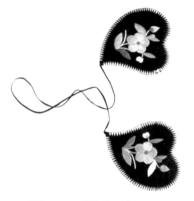

暖耳底色

黑
色

纹样配色

象牙白　水红　青翠　褐色　水蓝　青白

▲ 图2-1-58　刺绣暖耳（摄于江南大学民间服饰传
习馆）

▲ 图2-1-59　暖耳色彩分析图

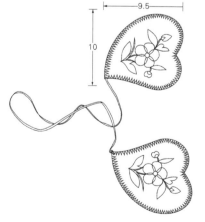

9.5

10

▲ 图2-1-60　刺绣暖耳尺寸图（单位：厘米）

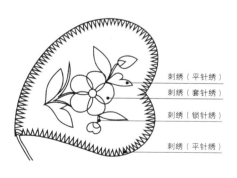

刺绣（平针绣）
刺绣（套针绣）
刺绣（锁针绣）
刺绣（平针绣）

▲ 图2-1-61　暖耳局部分析图

▲ 图2-1-62 刺绣暖耳（摄于江南大学民间服饰传习馆）

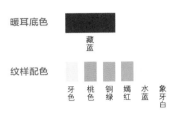

暖耳底色

藏蓝

纹样配色

牙色　桃色　铜绿　嫣红　水蓝　象牙白

▲ 图2-1-63 刺绣暖耳色彩分析图

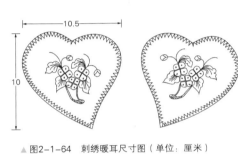

▲ 图2-1-64 刺绣暖耳尺寸图（单位：厘米）

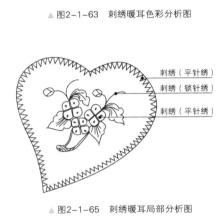

刺绣（平针绣）
刺绣（锁针绣）
刺绣（平针绣）

▲ 图2-1-65 刺绣暖耳局部分析图

▲ 图2-1-66 刺绣暖耳（摄于江南大学民间服饰传习馆）

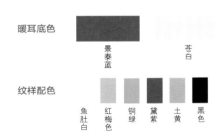

暖耳底色

景泰蓝　　　　　　苍白

纹样配色

鱼肚白　红梅色　铜绿　黛紫　土黄　黑色

▲ 图2-1-67 刺绣暖耳色彩分析图

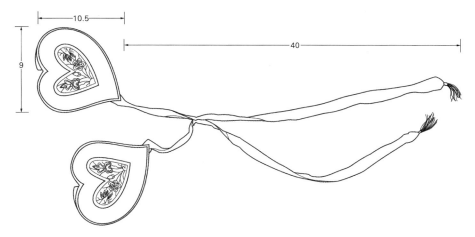

▲ 图2-1-68 刺绣暖耳尺寸图（单位：厘米）

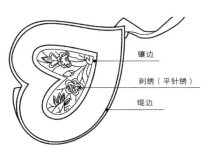

镶边

刺绣（平针绣）

绲边

▲ 图2-1-69 刺绣暖耳局部分析图

　　俗语说"五里不同风，十里不同俗"，不同地区由于不同的生活方式导致产生不同的文
化，因此创造了不同的民族，因受到不同民族信仰和民俗习惯的影响，暖耳呈现不同的地域
形式。在冬季，由于南方地区比北方地区暖和，所以南方佩戴暖耳的人比较少，而北方冬天
寒冷，人们为了预防严寒，在出门时大多佩戴暖耳。如山东地区将暖耳称为耳圈或耳捂等，
多用深蓝色的丝绸作面料，并且絮上少许棉花，边缘用兔毛作为装饰，中间系上一根绳，挂
于耳上，用来预防严寒。河南地区称暖耳为耳套或耳护等。耳套分两种，一为"耳按儿"，
俗称"耳掩儿"。以耳朵为模型制作，软布为材料，其耳暖的外边缘接缝处镶上兔毛，富裕
的人家大多以缎帛作为面料，并将吉祥图案与诗词格言绣于耳暖上，戴时罩于耳上。另一种
则是直接套于耳朵上，也称为"耳衣"，是耳朵大小的圆圈，用兔毛或羊毛制作成的，两个
耳暖之间由一条细线相连接，不佩戴时将其戴于胸前或系于衣扣上，这类耳暖大多由农民和
流动小商贩所佩戴。

云肩，一种自隋唐至民国多为妇女所用、作为肩领部装饰的女红艺术品，披覆在肩部前后左右，常采用云纹、如意等装饰形式，并施以多彩刺绣制作而成，如云霞在身，故称之"云肩"[6]18。云肩在汉民族服饰文化中，是一种独特的服饰款式，有内涵丰富的装饰图案，艺术语言具有符号性，文化底蕴哲理深邃；云肩，又是汉民族吸纳外来服饰文化，融会贯通，升华入化为自己的民族服饰结晶。

云肩的产生和发展经历了一个漫长的历史过程，形成了其纷繁多样的艺术形态。云肩的发展是在五代十国时期。由隋唐时期敦煌壁画观音服饰形象中的四合如意形云肩到五代十国时期，已经深入民间。后来云肩的基本雏形就是由这种四合如意形云肩发展而来。宋代沿袭了唐代的披帛和帔子，在《事物纪原》有记载："唐制，士庶女子室搭披帛，出嫁披帔子，以别出处之意。"而帔子从功能角度来看，已成为单纯的服饰装饰品，为出嫁新娘必不可少之物。后来发展为霞帔，其作为官方贵族阶层礼服上的装饰，并在明代时形成定制；另一方面则演变为民间穿戴的云肩形式。云肩发展至清代中后期时，其装饰审美意义大于实际作用，是婚嫁时成为青年妇女不可或缺的衣饰品。尤其是中层社会以上的妇女所穿戴的云肩形制复杂，层次、立体感强，手工装饰精湛，是一种民间艺术珍品。

云肩的功用性和审美价值，促进了云肩形制和实际制作手法的创新，形制不再拘泥于四合如意式，在原有的基础上出现了多层叠加式如意云肩、柳叶形、花瓣式或者直接连在一起的披挂式云肩，装饰手法和工艺也更加繁复精美。中国传统云肩在图案的运用上均采用了对称与均衡的形式美法则，对称即左、右量的相同，使人产生一种稳定、安静之感[7]。其十分讲究装饰之美，通过图案的精心设计，拼、镶、绣的工艺润色，装饰物件的点缀，使简洁的平面结构与丰富的装饰美结合的天衣无缝，既有视觉冲击力，又显得委婉。因而云肩造型与图案的研究，是云肩文化研究中不可或缺的一部分。

一、云肩造型

云肩造型艺术不单单体现在平面上的结构与装饰，从二维平面向纵向延伸，其层次结构与组成方数等要素都有一定的讲究，显示出丰富的艺术底蕴[6]37。下文以云肩的基本构造为起点，对云肩的形制进行分析。

云肩轮廓简单，结构变化多样，具有巧妙的技法和丰富的层次。因此按照不同标准，云肩可以划分为不同的类型，江南大学民间服饰传习馆中收藏了清末民国时期我国民间各色云肩二百余件，从中可将云肩按形制层次划分为单片式、层叠式、连缀式、混合式四大类。

单片式云肩（图2-2-1～图2-2-8），又称为一片式云肩，是最简洁的云肩形式，其基本造型来源年代久远。在单片式云肩中，儿童围涎所占比重较大，其造型简洁，功能性较强。图2-2-1所示为经典的单层四合如意云肩。弯曲起伏的如意云

▲ 图2-2-1　蓝地绣花草鸟兽单片式圆领云肩
（摄于江南大学民间服饰传习馆）

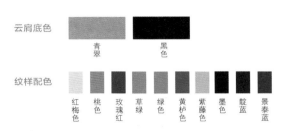

▲ 图2-2-2　蓝地绣花草鸟兽单片式圆领云肩色彩分析图

▲ 图2-2-3　蓝地绣花草鸟兽单片式圆领云肩尺寸图（单位：厘米）

第二章　多姿的汉族服饰形制

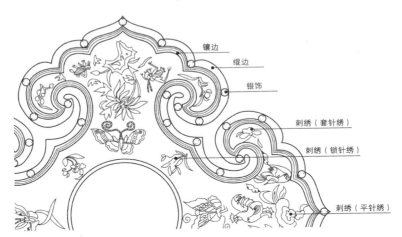

镶边
绲边
银饰
刺绣（套针绣）
刺绣（锁针绣）
刺绣（平针绣）

▲ 图2-2-4　蓝地绣花草鸟兽单片式圆领云肩局部分析图

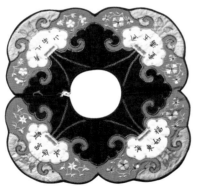

▲ 图2-2-5　单片式四方如意形小云肩
（摄于江南大学民间服饰传习馆）

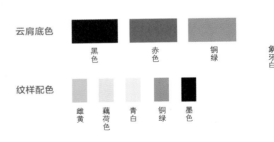

云肩底色

黑色　　赤色　　铜绿　　象牙白

纹样配色

雌黄　藕荷色　青白　铜绿　墨色

▲ 图2-2-6　单片式四方如意形小云肩色彩分析图

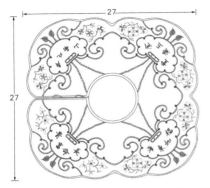

27

27

▲ 图2-2-7　单片式四方如意形小云肩尺寸图（单位：厘米）

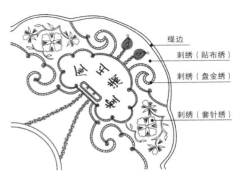

绲边
刺绣（贴布绣）
刺绣（盘金绣）
刺绣（套针绣）

▲ 图2-2-8　单片式四方如意形小云肩局部分析图

汉
族民间
服饰文化

纹头构成其内部结构，四合如意式由如意云纹头前后对合而成，且这种款式存在多种形制，如单片式采用完全对称的结构，如意云纹头简洁明了。

层叠式结构云肩，是在单层绣片基础上按照一定的比例和规则有序叠加的复合式云肩（图2-2-9～图2-2-16）。具体来说，就是由两个或两个以上的单片式结构的云肩按照一定的次序叠加而成，与一片式云肩相比较更加丰厚，具有层次感，视觉效果也更加强烈[2]。据统计，传世云肩实物中叠加层数有两层到三层不等，云肩纹之间出现高低有序的排列顺序，形成一定的节奏感和和谐的韵律美。

▲ 图2-2-9　层叠式四合如意形云肩
（摄于江南大学民间服饰传习馆）

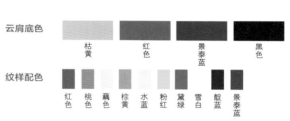

云肩底色

枯黄　红色　景泰蓝　黑色

纹样配色

红色　桃色　藕色　棕黄　水蓝　粉红　黛绿　靛蓝　景泰蓝

▲ 图2-2-10　层叠式四合如意形云肩色彩分析图

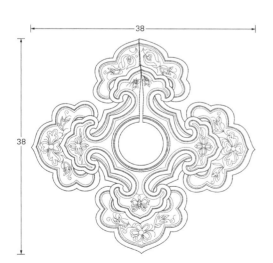

▲ 图2-2-11　层叠式四合如意形云肩尺寸图（单位：厘米）

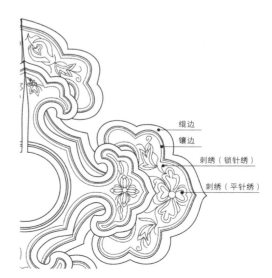

绲边
镶边
刺绣（锁针绣）
刺绣（平针绣）

▲ 图2-2-12　层叠式四合如意形云肩局部分析图

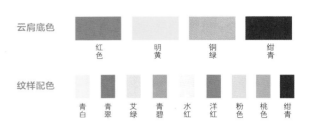

云肩底色

红色　　明黄　　铜绿　　绀青

纹样配色

青白　青翠　艾绿　青碧　水红　洋红　粉色　桃色　绀青

▲ 图2-2-13　四层四合如意形云肩

▲ 图2-2-14　四层四合如意形云肩色彩分析图

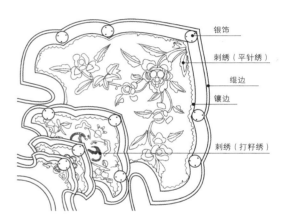

银饰

刺绣（平针绣）

绲边

镶边

刺绣（打籽绣）

▲ 图2-2-15　四层四合如意形云肩线描图

▲ 图2-2-16　四层四合如意形云肩局部分析图

　　云肩的主要形制是四合如意形，整体为四片四层如意形层层叠加，并相对称均衡连接，用不同的色彩搭配与工艺缘饰形成渐进的层次。如图2-2-13[6]135所示四层四合如意形云肩，整体有一定的结构层次感和立体感，四片四层相对称均衡连接，并以不同的色彩及工艺缘饰形成渐进的层次。四层如意形层层叠加，其装饰主要是刺绣、缘饰绲边和金属装饰片。刺绣工艺以平针绣为主，有少量打籽绣；题材以植物花卉为主；富有特色的是以镀铜金属饰品装饰。

　　连缀式云肩占云肩总体比例较大。从整体上看，将完整的如意云纹头用解构的手法进行处理（图2-2-17～图2-2-24），这种结构使得不同绣片之间留出的空隙可以填充其他形式的图案。连缀式云肩以颈部为中心，一般由云纹形、如意形等小绣片相互连接组成四组、六组、八组大的绣片，呈现出向外发射状。绣片与绣片之间大小的穿插、长短的对比和色彩的变化，给人带来意想不到的灵动之美。

▲ 图2-2-17 贴片平针绣连缀式四合如意形云肩（摄于江南大学民间服饰传习馆）

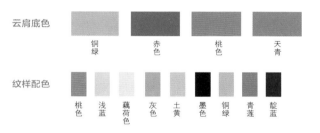

▲ 图2-2-18 贴片平针绣连缀式四合如意形云肩色彩分析图

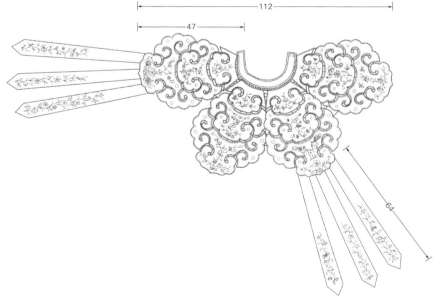

▲ 图2-2-19 贴片平针绣连缀式四合如意形云肩尺寸图（单位：厘米）

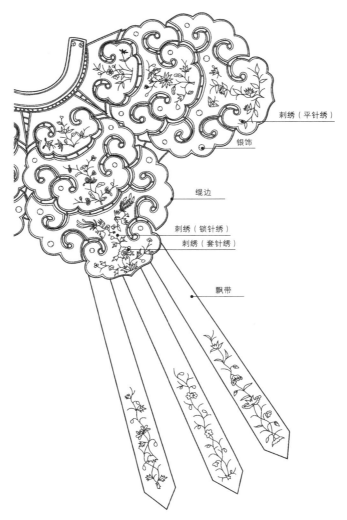

刺绣（平针绣）

银饰

绲边

刺绣（锁针绣）
刺绣（套针绣）

飘带

▲ 图2-2-20　贴片平针绣连缀式四合如意形云肩局部分析图

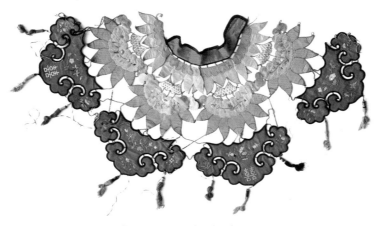

▲ 图2-2-21　四层连缀式花卉纹样云肩

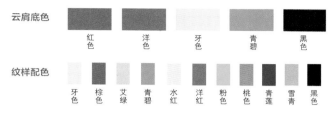

云肩底色 红色 洋色 牙色 青碧 黑色

纹样配色 牙色 棕色 艾绿 青碧 水红 洋红 粉色 桃色 青莲 雪青 黑色

▲ 图2-2-22 四层连缀式花卉纹样云肩色彩分析图

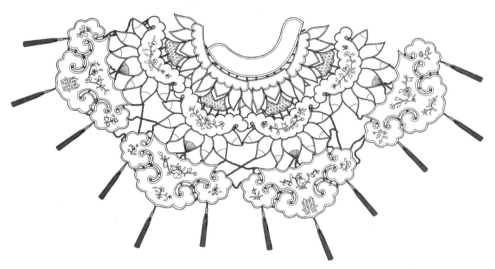

▲ 图2-2-23 四层连缀式花卉纹样云肩线描图

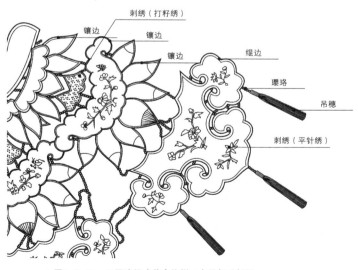

刺绣（打籽绣）

镶边

镶边

镶边

绲边

璎珞

吊穗

刺绣（平针绣）

▲ 图2-2-24 四层连缀式花卉纹样云肩局部分析图

图2-2-21[1]123所示四层连缀式花卉纹样云肩，整体具有一定的层次结构感与立体感。其装饰的主要形式为刺绣工艺、缘饰绲边和连接用的珠饰。刺绣以平针绣为主，也有打籽绣、盘金绣，题材多为代表美好生活题材的花卉果实；所有如意外缘镶有贴边或者细条绲边，内缘有细条机织花边，装饰和色彩对比丰富，点、线面的穿插自然和谐，整体效果华丽、繁复、精致。

混合式云肩是将不同的云肩造型艺术元素与前三种层次形式混合搭配而成的一种云肩结构。最常见为连缀式的四合如意与柳叶式的混搭（图2-2-25~图2-2-32）。从整体上看，混合式云肩装饰丰富、构图紧凑、色彩绚丽，给人视觉上以协调和节奏感，更显华丽隆重之感。云肩穿在人身上，层层叠叠，好似古代佛塔的缩影，配上云肩上所绣生动、鲜艳的花卉图案和劳动场景，恰似融合了大自然，这与古代"天人合一"的哲学内涵一脉相承。

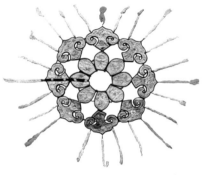

▲ 图2-2-25 柳叶如意混合式云肩
（摄于江南大学民间服饰传习馆）

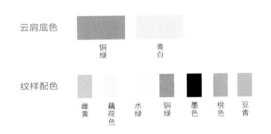

▲ 图2-2-26 柳叶如意混合式云肩色彩分析图

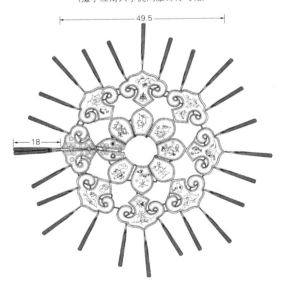

▲ 图2-2-27 柳叶如意混合式云肩尺寸图（单位：厘米）

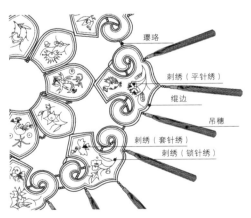

▲ 图2-2-28 柳叶如意混合式云肩局部分析图

▲ 图2-2-29　小柳叶大如意混合式云肩（摄于江南大学民间服饰传习馆）

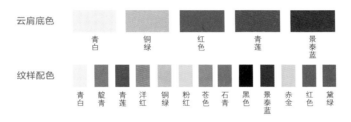

云肩底色

青白　　铜绿　　红色　　青莲　　景泰蓝

纹样配色

青白　靛青　青莲　洋红　铜绿　粉红　苍色　石青　黑色　景泰蓝　赤金　红色　黛绿

▲ 图2-2-30　小柳叶大如意混合式云肩色彩分析图

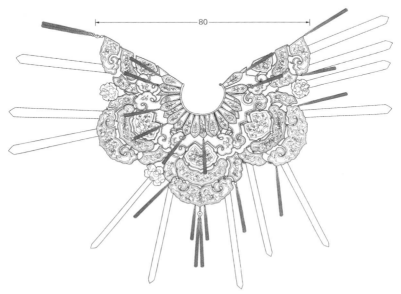

▲ 图2-2-31　小柳叶大如意混合式云肩尺寸图（单位：厘米）

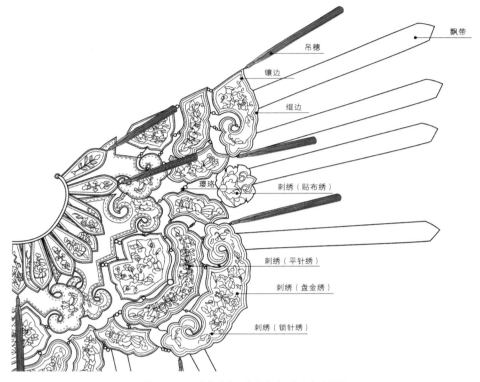

飘带

吊穗

镶边

绲边

璎珞　　刺绣（贴布绣）

刺绣（平针绣）

刺绣（盘金绣）

刺绣（锁针绣）

▲ 图2-2-32　小柳叶大如意混合式云肩局部分析图

（二）云肩平面结构

平面结构是云肩在平面二维空间中的表现形式，其中包括平面轮廓形态和内部结构设计两个方面。平面轮廓形态与内部结构是相辅相成的，什么样的平面形态由什么样的内部结构决定，什么样的内部结构就会衍生出什么样的轮廓形态。

1. 云肩平面轮廓形态

云肩平面轮廓形态，即云肩在平面上所呈现的形状，一般为正方形、圆形等几何形态，同时包含花瓣、蝙蝠、蝴蝶、虎形等仿生形态。单片、层叠、连缀、混合四大层次结构同各种平面轮廓形态相互渗透结合，构成了云肩造型艺术纷繁多样的面貌。

圆形云肩是外轮廓较为简单的一种造型，多表现为单片式圆形云肩，在领部或边缘周围装饰简单纹样或花边（图2-2-33[6]91～图2-2-36）；柳叶式云肩，其中柳叶绣片有六、十二、二十方不等，每个绣片上绣上相对应的十二节气花卉，或各类人物、动物图案。如图2-2-37～图2-2-40所示，柳叶形云肩是模仿自然界植物叶子的形态而创造的，为单层多叶片相连缀结构；是以12片柳叶形态组成，整体形制呈现中心对称；整个云肩内容丰实、结构紧凑、色调协调统一、比例和谐舒畅、视觉平衡。

▲ 图2-2-33 单片式圆形云肩

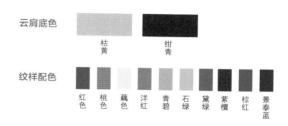

云肩底色

枯黄　　　绀青

纹样配色

红色　桃色　藕色　洋红　青碧　石绿　黛绿　紫檀　棕红　景泰蓝

▲ 图2-2-34 单片式圆形云肩色彩分析图

▲ 图2-2-35 单片式圆形云肩线描图

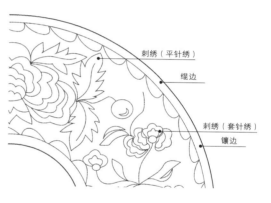

刺绣（平针绣）

绲边

刺绣（套针绣）

镶边

▲ 图2-2-36 单片式圆形云肩局部分析图

▲ 图2-2-37 柳叶圆形云肩（摄于江南大学民间服饰传习馆）

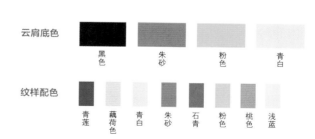

云肩底色

黑色　　　朱砂　　　粉色　　　青白

纹样配色

青莲　藕荷色　青白　朱砂　石青　粉色　桃色　浅蓝

▲ 图2-2-38 柳叶圆形云肩线描图

24

▲ 图2-2-39 柳叶圆形云肩尺寸图（单位：厘米）

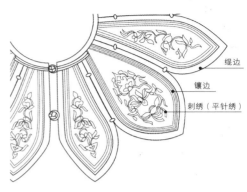

绲边
镶边
刺绣（平针绣）

▲ 图2-2-40 柳叶圆形云肩线描图

　　方形云肩与圆形云肩相似，单片式、层叠式和连缀式多种层次结构并存。图2-2-41～图2-2-44所示为单片式方形云肩结构图。四合如意云肩是方形云肩中最具代表性的，是云肩轮廓造型的典型款式，自元代以来就正式被列为官服制度，男女都可使用；到了清代，云肩成了女子的专属，其地位也非常高，是婚嫁时成为青年妇女不可或缺的服饰品。《清稗类钞·服饰》记载："云肩，如女蔽诸肩际以为饰者。元之舞女始用之，明则以为妇人礼服之饰。本朝汉族新妇婚时，亦用之。"尤其是中层以上社会妇女所用的云肩形制复杂，结构层次感、立体感强，手工装饰精湛。四合如意式由如意云纹头前后对合而成，且这种款式存在多种形制，例如单片式云肩采用完全对称的结构，如意云纹头简洁明了（图2-2-45[6]152～图2-2-48）；层叠式四合如意云肩，采用不同大小和比例的单片式云肩层叠在一起，错落有致；连缀式四合如意云肩，将完整的如意云纹头进行分解，并在云纹头之间添加其他图案；混合式

▲ 图2-2-41　单片式方形云肩（摄于江南大学民间服饰传习馆）

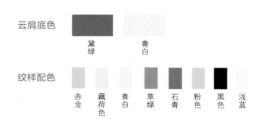

云肩底色

黛绿　　青白

纹样配色

赤金　藕荷色　青白　草绿　石青　粉色　黑色　浅蓝

▲ 图2-2-42　单片式方形云肩色彩分析图

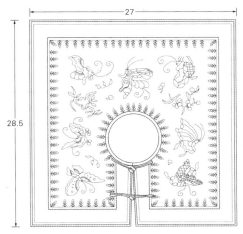

▲ 图2-2-43　单片式方形云肩尺寸图（单位：厘米）

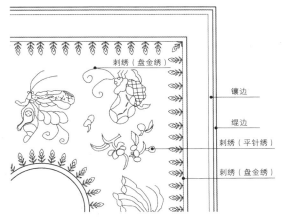

▲ 图2-2-44　单片式方形云肩局部分析图

刺绣（盘金绣）

镶边
缝边
刺绣（平针绣）
刺绣（盘金绣）

▲ 图2-2-45　单片式四合如意云肩

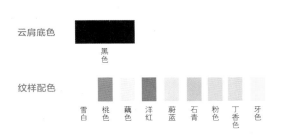

云肩底色

黑色

纹样配色

雪白　桃色　藕色　洋红　蔚蓝　石青　粉色　丁香色　牙色

▲ 图2-2-46　单片式四合如意云肩色彩分析图

▲ 图2-2-47　单片式四合如意云肩线描图

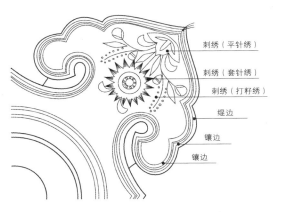

▲ 图2-2-48　单片式四合如意云肩局部分析图

刺绣（平针绣）
刺绣（套针绣）
刺绣（打籽绣）
缝边
镶边
镶边

常采用柳叶式与四合如意相结合，层次丰富，不同的造型元素形成远近、高低不同的视觉空间。

　　以动物、植物等仿生形态为平面轮廓造型的云肩，大多为单片式的儿童云肩，也有少量的连缀式成人云肩。这类云肩平面轮廓形态常常采用虎形、蝴蝶形、蝙蝠形、花瓣形等动植物造型（图2-2-49[1]116～图2-2-56），通过仿生形态写意、夸张、抽象、变形等手法的处理，去繁取简，表现"驱邪庇护""祈福纳吉"的美好追求。

▲ 图2-2-49　花瓣形云肩

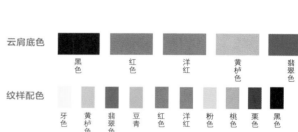

▲ 图2-2-50　花瓣形云肩色彩分析图

▲ 图2-2-51　花瓣形云肩线描图

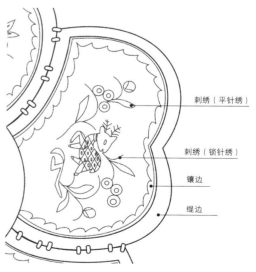

▲ 图2-2-52　花瓣形云肩局部分析图

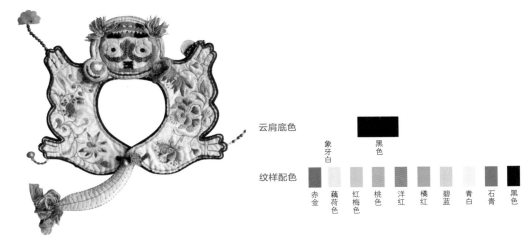

云肩底色　■黑色

象牙白

纹样配色

赤金　藕荷色　红梅色　桃色　洋红　橘红　碧蓝　青白　石青　黑色

▲ 图2-2-53　虎形云肩（摄于江南大学民间服饰传习馆）　　　　　▲ 图2-2-54　虎形云肩色彩分析图

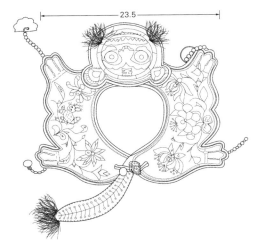

▲ 图2-2-55　虎形云肩尺寸图（单位：厘米）

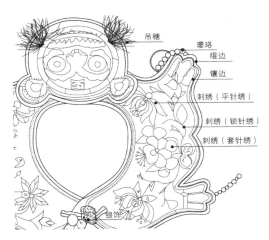

吊穗

璎珞

缂边

镶边

刺绣（平针绣）

刺绣（锁针绣）

刺绣（套针绣）

银饰

▲ 图2-2-56　虎形云肩局部分析图

　　图2-2-53所示为虎形云肩，民间尤爱把虎看作儿童的保护神，让孩子穿虎头鞋、戴虎头帽、睡虎头枕，用虎形围涎，虎的高大威猛形象被塑造得既威猛又可爱，希望自己的孩子长得虎头虎脑，健康活泼。虎的形象多用于儿童围涎中，不仅是将虎的形态进行夸张，更多的是以虎为外轮廓形态制作围涎。

2. 云肩内部结构设计

　　云肩的内部结构造型是在平面轮廓形态范围内，由单片式云肩纹样构图造成的区域划分，或因层叠式云肩绣片叠加而成对整体的隔断，或因连缀式云肩整体的解构形成的分割。

　　在云肩的内部结构设计中，绣片与绣片之间互为边界或相互渗透、相互借鉴，上一层绣片的边缘恰好是下一层绣片的边缘，这就是共用形手法在云肩中的体现。设计过程中不仅要考虑到单独绣片的造型和边缘处理，同时也要考虑相邻造型和整体造型之间的关系（图2-2-57）。这种设计手法对纹样的组合处理，解构排列所形成的形式美、变化美和丰富的层次结构，以及共用形设计所具有的吉祥祈福的民俗寓意被人们喜闻乐见。

▲ 图2-2-57 四合如意形彩绣大云肩局部线描图

二、云肩图案

云肩装饰艺术中的图案，包含着丰富的象征意义与深邃的民俗内涵。对传统图案的认识是迂回渐进的，乍看，样式繁多，色彩斑斓。定神凝视，叹其面面俱到，尺寸间容天下万物。闭目思量，品世间百态[6]77。细细品味图案时，它以一种符合自然规律的秩序存在，却又以一种超越自然的意象组成复杂的体系存在。这不仅是花草、动物的世界，也是人与神的世界。

（一）云肩图案题材

云肩的图案题材广泛，取材涉及生活的方方面面，主要分为植物、动物、人物、几何器物与文字、组合题材五大类，在尺寸、空间稍大的云肩中往往是同一件云肩、同一个绣片上各种题材兼而有之，或繁或简，因地区、习俗差异而有所不同。在实际应用中，对应上述题材的图案多是组合应用，例如植物与植物、植物与人物、人物与动物、动物与植物，及植物、动物与符号的组合等多种形式，如表2-2-1所示[6]79。这些题材的纹样有时以单体的形式出现，有时以相互组合的方式呈现。其表现形式遵循一个普遍的规律就是"意念造型"，即不直接表达事物的本貌，不受科学属性的限制，而是以作者的意念将物象加以组合、变形，使其更具艺术魅力。这种自由创造是表现作者心中的情绪与意念，任何自然界与外在的客观形象，都可以改造重建、变形或组合。意念化的形象组合，意念化的空间处理和意念化的色彩运用，充分表现出中国典型的意念化艺术。

表2-2-1 传统民间服饰云肩中图案题材

图案类型	图案题材
植物题材	花草：莲花、牡丹、梅花、菊花、兰花、桃花、鸡冠花、桂花、水仙、卷草等 蔬果：南瓜、葫芦、莲藕、萝卜、辣椒、紫茄、佛手瓜、石榴、桃、葡萄等 树木：松、柳、竹、柏等
动物题材	家禽家畜：公鸡、牛、羊、马、猫、鸭、鹅等 野生动物、昆虫：虎、狮子、鹿、猴、鸳鸯、喜鹊、蝴蝶、金鱼、蜜蜂、仙鹤、蝙蝠、蟾蜍、壁虎、 蝎子、蜈蚣、蜘蛛、蚂蚱、螃蟹、鼠等 神话动物：龙、凤、麒麟、辟邪兽等
人物题材	戏曲人物：《蝴蝶杯》《西厢记》《火焰驹》《穆柯寨》《拾玉镯》《黄鹤楼》等 历史典故：《三娘教子》《卧冰求鲤》等 生活场景：男耕女织、夫妻好合、衣锦还乡、焚香祷告等 神话传说：刘海戏金蟾、天仙送子、八仙过海等
几何、器材与 文字题材	几何纹样：盘长纹、回纹等 器物纹样：古钱纹、太极图、八卦图、八宝、八吉祥、暗八仙、如意等 文字：寿、福、囍、长命富贵、寿比南山、福如东海、金玉满堂、水、地等
组合题材	植物与植物：多子多福、多子多寿、并蒂莲等 人物与植物：莲生贵子等 动物与植物：蟾蜍折桂、昆虫与花卉、鱼戏莲、鸳鸯戏莲、蝶恋花、喜鹊登梅、松鼠葡萄、凤穿牡 丹、凤戏牡丹、富贵耄耋等 人物与动物：刘海戏金蟾、麒麟送子等 植物、动物与符号：福在眼前、狮子绣球、福寿双全、富贵平安等

通过研究江南大学民间服饰传习馆中收藏的清末民国时期我国民间各色云肩，发现植物题材是最为常见的图案题材。其外形美观、寓意美好，与人们的生活息息相关，且种类繁多，并且其容易获得素材，因此植物题材得到广泛的运用。大多数植物题材的纹样都以组合形式出现，不同地域文化和民俗风情背景下，植物题材的喜好不同。植物题材的纹样在云肩中有的是直接写实应用，有的是经过夸张、变形等艺术处理后的应用，有的是与其他植物或动物搭配，构图穿插巧妙，有强烈的艺术感染力[8]。

与植物题材的纹样相同，在云肩图案中占有重要地位。动物题材的纹样可以分为家禽家畜类、野生动物与昆虫类、神话动物类三种类型，从具象到抽象，从实体到神话传说，涉及天上地下、飞禽走兽几十个物种。

传世云肩中人物题材的应用相比动物与植物题材纹样较少，且大部分都是与植物、动物或几何符号纹样组合出现，大致可分为戏曲人物题材、历史典故题材、生活场景题材三大类。人物题材的数量虽然没有植物与动物题材所占比例大，但纹样精细、丰富的程度却大大高于其他题材的云肩。人物题材纹样的内容常以人们日常生活的再现，或表现为经人们想象和幻想加工后的具有戏剧性或宗教色彩的奇幻组合，具有很高的历史、艺术价值。

几何纹样是以点、线、面组成的方格、三角、八角、菱形、圆形、多边形等规律的图纹，包括以这些图纹为基础单位，经过反复、重叠、交错处理形成的各种形体。而几何纹样多以植物、动物、图腾等经过高度抽象、概括而来，一直是中国传统服饰中主要纹样。云肩图案中常见的几何纹样主要有传统纹样盘长纹，以及装饰在领部的连续纹样回纹等。器物纹样多与祥云、卷草、花卉等纹样组合成图案，且这些器物多是一些神佛所持的法宝器物，与宗教相关。民间百姓将这些器物作为神佛的象征，认为他们具有辟邪防灾、逢凶化吉的效果。文字题材装饰纹样大多有两种形式：一，以吉祥祝语、诗词歌赋直接进行装饰；二，利用文字进行抽象变形转化为图案，并配合植物、动物等纹样进行装饰。

组合题材纹样即将植物、动物、人物、文字、器物、符号等几大类型题材，同类或不同类，两种或多种随机组合在一起，采用谐音、会意、象征等传统意象形式，将单个纹样具备的文化属性相互叠加，产生更加完整、全面、多样的民俗意蕴。

民间工艺美术博大精深，云肩图案题材如同一个浩瀚的海洋。一件云肩上的图案小到几毫米，大到十几厘米不等，数量之多，题材广泛，让人目不暇接。图2-2-58~图2-2-61所示为四合如意连缀式云肩，四方大如意，每一方由六个小绣片连缀而成。云肩中大大小小纹样共178枚，如表2-2-2所示，涵盖了花卉、蔬果、昆虫、鸟兽、几何文字、戏曲人物、生活场景等题材。

图2-2-58 平针绣串珠四合如意形连缀式云肩（摄于江南大学民间服饰传习馆）

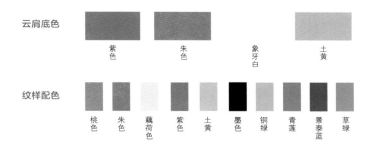

云肩底色

紫色　　　朱色　　　象牙白　　　土黄

纹样配色

桃色　朱色　藕荷色　紫色　土黄　墨色　铜绿　青莲　景泰蓝　草绿

▲ 图2-2-59　平针绣串珠四合如意形连缀式云肩色彩分析图

▲ 图2-2-60　平针绣串珠四合如意形连缀式云肩尺寸图（单位：厘米）

瓔珞

绲边

镶边

刺绣（平针绣）

刺绣（套针绣）

刺绣（锁针绣）

▲ 图2-2-61　平针绣串珠四合如意形连缀式云肩局部分析图

表2-2-2　四合如意连缀式云肩纹样列表

题材类型	数量/个	种类/种	纹样名称	示例图
花卉题材	77	15	莲花、牡丹、梅花、水仙、兰花等	
蔬果题材	9	3	葫芦、佛手瓜、莲藕、桃	
树木题材	7	2	柳、竹	
动物题材	56	10	猫、喜鹊登梅、蝴蝶、金鱼、蟾蜍、蚂蚱、鹿等	

题材类型	数量/个	种类/种	纹样名称	示 例 图
人物题材	11	3	刘海戏金蟾、暗八仙等	
几何、器物及文字题材	18	6	盘长纹、古钱纹、福寿双全、囍、寿、卍	 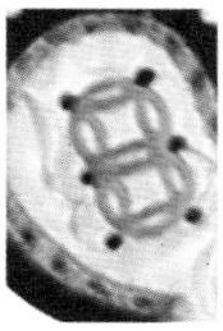   

在这件平针绣串珠四合如意形连缀式云肩中所包含的众多纹样，无论花卉、动物还是人物纹样，几乎每个都在表达或吉祥富贵，或幸福美满，或伦理教化的寓意，图案要求形式美与内容吉利的统一，是我国服饰艺术的特色。

（二）云肩图案构图

图案题材的选用决定了其载体的形式，作为二维平面空间的创造，如何将这些题材完美的通过云肩的形式展现出来，构图很重要。构图又可称作布局，是对平面造型中点、线、面、体及色彩等构成要素的安排与布置，设计者通过视觉上的审美以及知觉上的注意作为一个重要的指向，来处理图与底的关系。

云肩造型中，其外部外缘线与内部结构线将整体分割成不同形状和大小的块面。依照这些块面的轮廓，"图"与"底"利用感官的视觉转换，将丰富的图案统一在一个或简洁或多变的形态中。归纳云肩中常见的构图方法，如表2-2-3所示，可将其形式梳理为散点构图、对称构图、分割构图、适形构图。

表2-2-3　传统服饰云肩构图形式分类

构图形式	分类	特点	示例图
散点式构图	单体纹样散点式	底图上纹样造型以单体存在，彼此之间没有直接的联系	

构图形式	分类	特点	示例图
	故事情节散点式	具有故事情节的纹样以散点状分布于基底之上	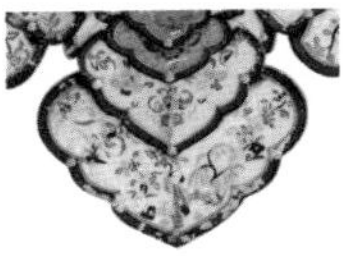
对称式构图	完全对称式	以中心线为轴，形成左右或上下均等，即在形式上完全均等	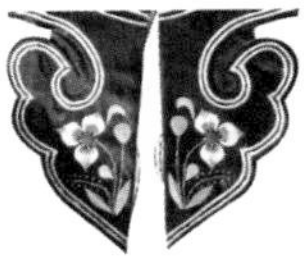
	相对对称式	图案以中心线为轴左右相对对称，出现少许变化的对称，从某种程度上达到均衡	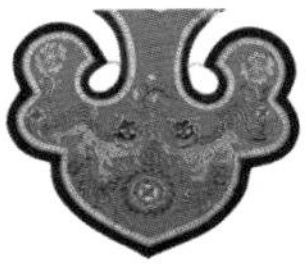
分割式构图	花瓣分割式	多用于儿童围涎中，将连续或有情节连贯性的图形，根据云肩花瓣式结构进行分割	
	"米"字分割式	以"米"字格分割画面，或是在封闭底图中呈现"米"字形分布	
适形构图	角隅适形式	物件边角上的适合花样，一般有三角形、圆形和梯形的角隅适合纹样	
	连缀适形式	画面中所有的元素以散点形式布局，通过点、线、面的接触连接在一起	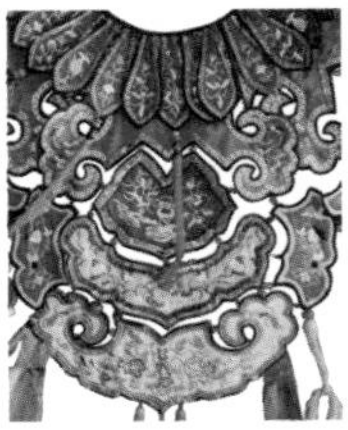

平面装饰纹样不单单是强调内容与题材，也强调格局，追求线条流畅与形象完整，追求曲与直、软与硬、情感与理智的对立与统一，形成抽象与具象的完美结合。通过云肩特有的造型手法和构图形式的设计，将不受时间和空间限制的图案题材混搭在一起，是人们天马行空的意念和现实世界的完美衔接。

第三节　飘逸多姿上衣下裳

上衣下裳是我国最早同时也是汉民族最具代表性的服饰形制。汉代学者刘熙在《释名·释衣服》中记载道："上曰衣，衣，依也，人所依以庇寒暑也；下曰裳，裳，障也，所以自障蔽也。"[9]上衣下裳分为衣和裳两部分，上穿衣下穿裳。古代的衣与下装无关，特指服装中的上装部分，又称为"上衣"；裳与衣相对，是中国古代下身所穿服式的总称，也包括袍服中腰以下部分，故称"下裳"。汉民族服装中上衣下裳的款式虽多，但主要形制分为两大类型，一种为衣裳连属制，将上衣和下裳分开裁剪，然后在腰间缝为一体，其中包括深衣、袍、衫、褂、褙子等；另一种是衣裳分体制，上身称衣，包括襦、袄、半臂等，下身称裳，包括裙、裤、围裳、蔽膝等。

一、上衣

汉民族服饰姿态迥然，款式多样，按形制可分为衣裳分体制与衣裳连属制两大类。上衣下裳制源于西周以前的服装造型模式，从春秋战国时期开始出现上衣与下裳连缀一体的衣裳连属制，这种服装样式对我国后来的服饰形制影响深远，并最终成为汉服主要着装形态之一，历代传承，延绵数千年之久。我国汉民族服饰中的上衣主要有深衣、襜褕、袍、衫、褙子、襦、袄、半臂、背心等形式。

（一）深衣

深衣（图2-3-1）产生于春秋战国之际，盛行于战国、西汉时期，无论男女，不分贵贱，皆可穿服，是衣裳连属制最为典型的服装样式。深衣形制影响深远，后来的许多服装都是在它的基础上发展而来，甚至现代的连衣裙，也被看作是古代深衣制的沿革。深衣是一种有严格规定的服饰，在衣服长短、袖子高低、布幅拼接及领襟裁制等方面，都有具体要求。《礼记·深衣》记载："古者深衣盖有制度，以应规矩，绳权衡，短毋见肤，长毋被土。续衽

▲图2-3-1　深衣线描图

钩边，要缝半下。格之高下可以运肘；袂之长短反诎之及肘；带，下毋厌牌，上毋厌胁，当无骨者。制十有二幅，以应十有二月。袂圆以应规，曲拾如矩以应方，负绳抱方者，以直其政，方其义也。"[10]

　　深衣是我国最早的服饰之一，起先被用作便服，并不作礼服穿用，因此也是我国最早的家居服。《礼记·王藻》记载："朝元端，夕深衣。"朝之礼齐备，夕之礼简便，故早朝着元端，夕朝用深衣。[10]深衣起初多用本色的麻布制成，领子、袖口、衣襟及衣裾等部位镶以五彩布帛。战国以后，则用色织物制衣，彩锦为缘边。领子多用矩领，衣长在足踝部位。领襟的裁制最具特色，通常将衣襟接长一段，做成斜角裹于腰后，形成"曲裾"，这就是史籍中所谓的"续衽钩边"。曲裾的设计是为人们穿着深衣时遮蔽下体而产生的，到了东汉时期，随着内衣的完善，曲裾相掩变得多余，因此便在男子服装中消失，但在女子服装中作为装饰保留了一段时间。南北朝以后，曲裾不复存在，而深衣"衣裳连属""被体深邃"等特点在襜褕、袍、衫等服装上得到了继承。

（二）襜褕

　　襜褕（图2-3-2）是在深衣基础上演变而来的一种直裾服，二者都属于衣裳连属制的服装，但与深衣的不同之处在于，深衣采用曲裾，而襜褕则采用直裾，相比之下襜褕衣袖宽广，更为宽松舒适。直裾，顾名思义为垂直的衣裾，制作时把衣襟接长一段，直通底部，穿时折向背后。襜褕出自何时目前尚无定论。据史料记载，西汉时襜褕多为女子主服，男子在正规场合服用则被视为失礼。而到了东汉时期，襜褕成为男子礼服，可以逢迎天子，参加隆

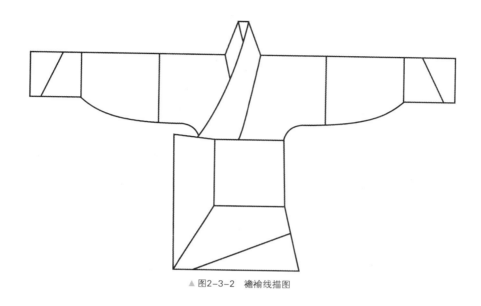

▲ 图2-3-2　襜褕线描图

重仪式。据《东观汉记》记载，刘秀登基时，骑都尉耿纯率领宗族宾客两千余人归顺刘秀，两千余人全部穿着襜褕。可见东、西汉交替时期，襜褕已在官场中普及，并取代了传统的朝服。[11]

（三）袍

袍（图2-3-3）产生于战国以后，是在深衣基础上发展而来的又一种长衣。袍的长度在膝盖以下，一般采用交领，两襟交叠而下；袖身较为宽大，形成圆弧；袖口部分收紧，便于活动。袍通常做成两层，中纳棉絮。袍服属汉族服装古制。起初，袍被当作内衣，穿着时必须在外加一件罩衣。《后汉书·舆服志》记载："袍者，或曰周公抱成王晏居，故施袍。"[12] 说明在当时，袍并不作正服使用，而是作为燕居之用。从汉代起，袍被用作常服，可单独穿着，无需在外加罩衣。汉朝女子在袍的衣缘处镶边，在袍身描绘图案。汉代袍服的形制特征是衣袖宽博，臂肘处做的宽大形成圆弧状，这一部分称为"袂"；袖口处考虑到服装的保暖性与服用性，因此有明显的收敛，袖口被称之为"祛"。到东汉时，袍的装饰更加精美，并发展成为新娘结婚时的礼服。袍由内衣演变为外衣，正处于襜褕流行的时期。由于袍内纳有棉絮，采用曲裾较为不便，所以其款式倾向于襜褕。袍与襜褕相互融合，逐步演变为一种服装，无论有无棉絮，都称为"袍"，襜褕便退出历史舞台。隋唐时期袍服盛行，并用袍服的颜色区分官阶，宋代起，帝王所穿织绣龙纹的袍服，俗称龙袍。清代被满族人统治，由于气候原因也采用袍服制，官服有朝袍、行袍等，直到民国时期普通百姓日常也以穿袍服着居多，由此演变出长袍、旗袍形制，直至今日袍服结构一直被沿用。

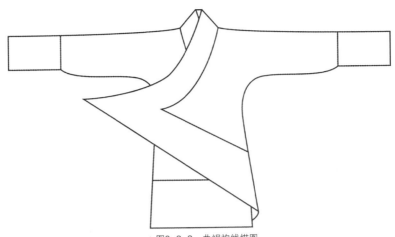

　　近代，普通老百姓最普遍穿着的是中装长袍、马褂，以为礼服。大襟右衽，长至踝上二寸，两侧下摆开一尺左右长衩，这都是长袍的基本形制特点。长袍一般为蓝色或灰色，可棉、可夹、可单，夏天长衫无领，冬袍则有高敞领，长袍内穿西式裤子与皮鞋或中式灯笼裤与布鞋。"五四"时期的男性知识青年大都穿素色长衫或学生装，加长围巾，成为当时新文化运动以来新青年的典型装束。

　　相比清代袍服的形制，近代袍服形制在前朝袍服的传承下，也受到西方文化的影响。其形制免去了清代袍服繁复的装饰，圆领、盘领均改成了立领，剑领一律免去，形制从上窄下宽变得逐渐平直，衣襟的装饰只简单到留下1~2条细绳边（图2-3-4～图2-3-7）。

▲ 图2-3-4　大襟立领长袍实物图（摄于江南大学民间服饰传习馆）

长袍底色

黛色   雪青色

▲图2-3-5　大襟立领长袍色彩分析图

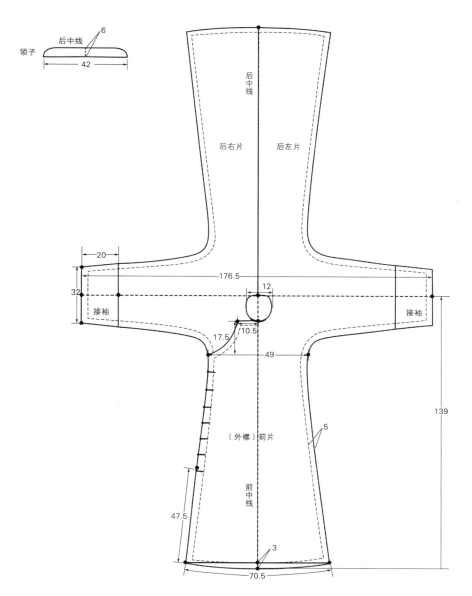

▲图2-3-6　大襟立领长袍尺寸图（单位：厘米）

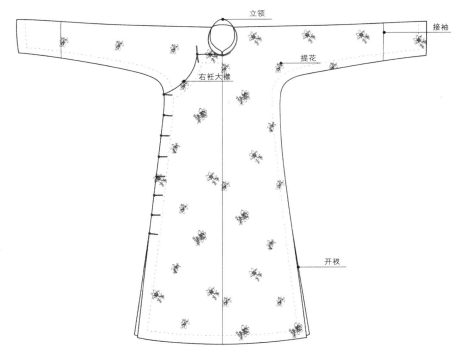

立领

接袖

提花

右衽大襟

开衩

▲ 图2-3-7 大襟立领长袍局部分析图

（四）衫

　　衫（图2-3-8～图2-3-15）产生于东汉末年，是一种对深衣加以改革的服装，袖口宽大，一般以轻薄的纱罗制成，多为单衣，不用衬里，多在夏季服用。古时称单衣长者为深衣，短者为中单。魏晋时期，衫为士人常用服饰，并成为单衣的通称。在南北朝时期因受到少数民族胡服影响，民间对衫的使用逐渐减少，直到唐宋时才再次流行。宋代男子常穿的有凉衫、白衫以及紫衫。衫本为男子服用，但自晚唐五代以后，妇女也普遍穿衫，在福建福州及江西德安的宋代女性墓中，有大袖宽衫实物出土。明代时，衫还被用作妇女礼服，在祭祀、婚嫁等礼节性场合中穿着普遍。近代衫俗称褂子，布褂子。

▲ 图2-3-8 大襟立领暗纹布衫实物图（摄于江南大学民间服饰传习馆）

衫底色

酡
颜

▲图2-3-9 大襟立领暗纹布衫色彩分析图

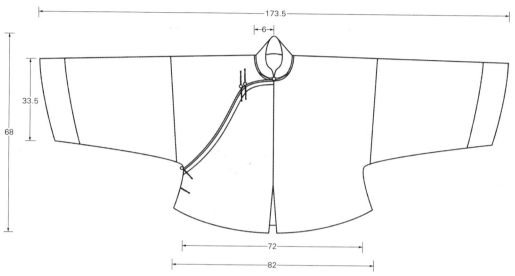

▲图2-3-10 大襟立领暗纹布衫尺寸图（单位：厘米）

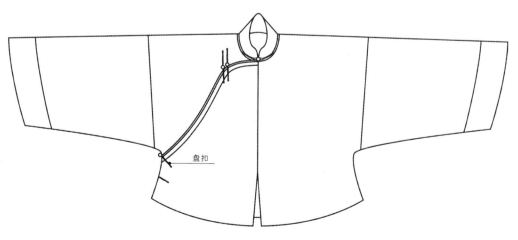

盘扣

▲图2-3-11 大襟立领暗纹布衫局部分析图

▲ 图2-3-12　对襟团花满绣婚礼服实物图（摄于江南大学民间服饰传习馆）

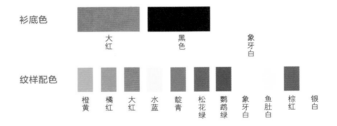

衫底色　　　　大红　　　　黑色　　　　象牙白

纹样配色　　橙黄　橘红　大红　水蓝　靛青　松花绿　鹦鹉绿　象牙白　鱼肚白　棕红　银白

▲ 图2-3-13　对襟团花满绣婚礼服色彩分析图

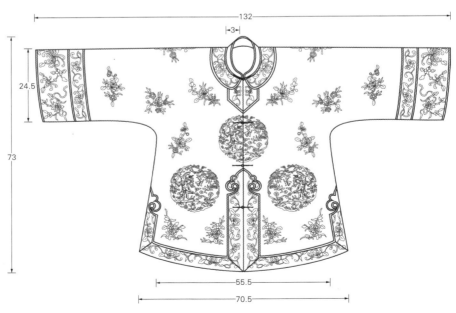

▲ 图2-3-14　对襟团花满绣婚礼服尺寸图（单位：厘米）

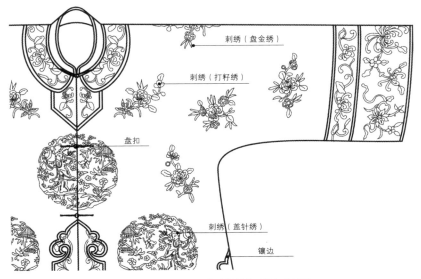

刺绣（盘金绣）

刺绣（打籽绣）

盘扣

刺绣（盖针绣）

镶边

▲ 图2-3-15　对襟团花满绣婚礼服局部分析图

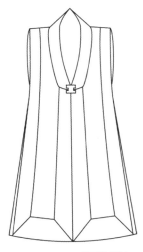

衫在后来的发展中陆续演变出汗衫、小衫、襕衫、帽衫、紫衫、凉衫、团衫、衫子等诸多品种，用途广泛，既可作为百姓常服，又可作为官员、士人的公服及礼服。衫有长短之分，短衫自古就是平民百姓的服装，又叫"中式衫"。短衫多开襟，以盘扣、襻带、明扣或暗扣系襟，袖子多连肩袖，领子采用立领或无领。衫按穿着方式和用途可分为汗衫、罩衫等。汗衫又称汗漐，是一种用棉布制作的内衣，可近身或贴身穿着。汗衫一般无领，对襟，以纽扣或带子系襟，夏天穿用的也可无袖。罩衫大多装立领，门襟分对襟和斜襟两种，穿时罩于棉袄或其他服装之外。男式对襟罩衫多用暗门襟，女式的则多用盘纽。斜襟罩衫采用盘扣系襟，衣摆有平形、圆形等，讲究的人家还用镶、嵌、绲及绣花等传统工艺对罩衫加以装饰。穿斜襟罩衫的多为女性，农村的老年妇女穿用尤为普遍。近代衫俗称褂子、布褂子，衣长渐短，窄袖，多不镶边，纽扣有铜扣、布扣、琉璃扣、核桃扣等，上衣的颜色及花样因各地习俗而有所差异，海岛、山区多尚红。

（五）褙子

褙子（图2-3-16）由隋唐时期的半臂演化而来，是宋代最具特色的一种服式。宋代男女皆服褙子，在女子中尤为盛行。褙子产生于北宋后期，无论贵贱，男女均可服用，通常为士庶女子之礼服。褙子以直领对襟为主，前襟处不加襻纽，袖有宽窄两种，衣长不等，有齐膝、膝上、过膝、齐裙至足踝几种。有些在左右腋下开长衩。这种衣服随身合体又

▲ 图2-3-16　褙子线描图

典雅大方。宋代时，上至皇后贵妃，下至奴婢侍从，以及士庶男子燕居，都喜欢穿用褙子。明承旧制依然服用，形制与宋时大致相同，但用途更加广泛，只是这一时期的褙子多采用无袖样式，称为"搭护"。

（六）襦

襦（图2-3-17）是最常用的短上衣，其长度大约在腰间，因此有"腰襦"之称。单层的名为"襜襦"或"禅襦"，有衬里的襦叫"袷襦"，如果纳有棉絮，则又称为"复襦"，可用来抵挡风寒。据《释名·释衣服》记载，冬季所穿的襦，不仅缀有衬里，有的还纳有棉絮。通常人们以上襦搭配下裙，称为"襦裙"。战国时已出现襦。东汉以前男女皆服襦，既可作衬衣也可当外衣；东汉之后则主要用于女性，且多作为外衣。魏晋南北朝时期的襦普遍采用大襟，衣襟右掩，衣袖分宽窄两种。至隋唐五代，襦的样式再次发生变化，出现了对襟襦，穿着时衣襟敞开不用纽带，下摆部束于裙内。对襟襦衣袖大多紧窄，袖长至手腕，也有个别超过手腕的。在许多传世作品中至今仍然可以清晰地看到这种样式。襦的奢华之风在这一时期颇为盛行，有的不仅用绣纹作装饰，甚至还用珍珠加以点缀，称为"珠襦"。到了宋代，随着褙子等服装的流行，襦服在贵族妇女中的使用程度极大缩减，其逐渐成为士庶女子的通用服饰。到了元代，襦服才又一次在汉族妇女中广泛盛行，直至明代。清代以后，因为短袄的流行，穿襦妇女再度减少，至清代中叶，已基本绝迹。

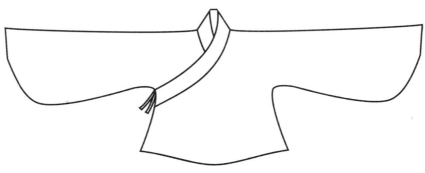

▲图2-3-17 襦线描图

（七）袄

袄（图2-3-18～图2-3-21）是一种有衬里的上衣，由襦演变而来，为平民日常穿用的必备之服。衣长一般介于袍和襦之间，约至人体胯部。袄通常用质地厚实的面料制成，可用大襟，也可用对襟；可用宽袖，也可用窄袖。缀有衬里的袄称为"夹袄"，用于春秋两季；纳有棉絮的袄称为"棉袄"，用于冬季。袄的名称最早约出现于魏晋南北朝时期，在产生的初期常与襦混称为"襦袄"，后逐步加以区分，长于襦短于袍者为"袄"。隋朝的"缺胯袄子"用作武官制服，并在唐朝传入日本。唐宋时期男女均可服用，贵族一般在其外部加罩外衣，士庶则直接穿服。受胡服影响，这个时期还出现了翻领袄。宋代时出现了由唐代上襦发展而来的对襟袄。明清时期的男子多将袄用作内衣，外面则另罩以袍、褂。在清代，袄成为士庶妇女的主要便服，使用时与裙子相配，至晚清时还出现了一种盖膝长袄。《水浒传》第21回："这阎婆惜口里说着，一头铺被，脱下上截袄儿，解了下面裙子。"[13]便是对这种服饰装扮的真实写照。

▲图2-3-18　圆领暗纹大襟袄（摄于江南大学民间服饰传习馆）

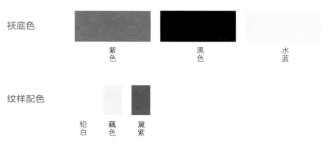

▲图2-3-19　圆领暗纹大襟袄色彩分析图

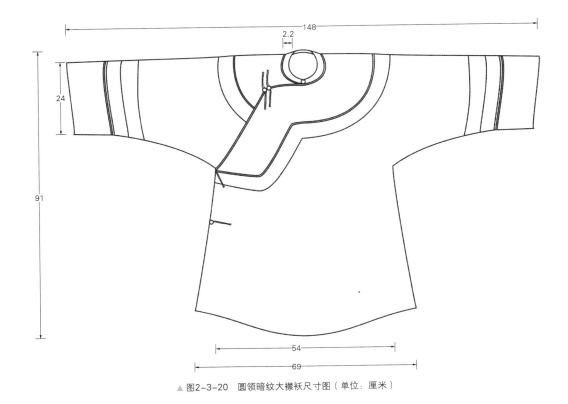

▲ 图2-3-20　圆领暗纹大襟袄尺寸图（单位：厘米）

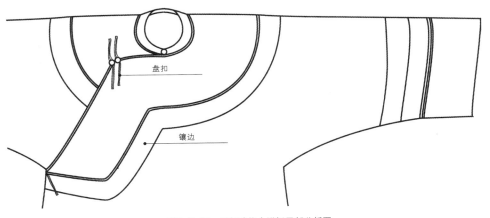

盘扣

镶边

▲ 图2-3-21　圆领暗纹大襟袄局部分析图

从20世纪初开始，`男袄渐以对襟式为主，女袄采用大襟右衽、偏襟、琵琶襟、对襟，也有少数大襟左衽和背开襟，其领、袖、衣摆也多变化。比较讲究的袄，多采用绫罗绸缎面料，运用传统手工和装饰技艺制作。此外，由于受西方服装款式的影响，还出现了翻领袄、装袖袄等，称中西式袄。近代另一种具有典型意义的上衣形式是"倒大袖"袄（图2-3-22～图2-3-25），这是20世纪初期流行于城镇女性中的"文明新装"，由留洋女学生和中国本土的教会学校女学生率先穿着，城市女性视为时髦而纷纷效仿。其形制多为腰身窄小的大襟袄衫，摆长不过臀，多为圆弧形，腰臀呈曲线，袖腕呈喇叭形，袖口一般为七寸，故形象地称为"倒大袖"。[1]

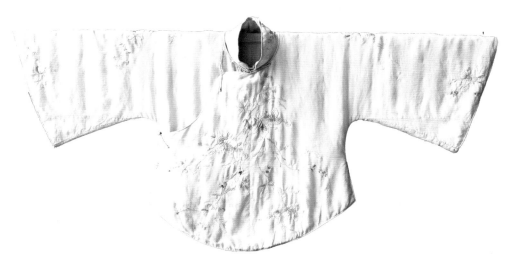

▲ 图2-3-22　立领大襟"倒大袖"绣花袄（摄于江南大学民间服饰传习馆）

袄底色

铅白　　　　　　水蓝

纹样配色

铅白　雪青　酱紫　水蓝

▲ 图2-3-23　立领大襟"倒大袖"绣花袄色彩分析图

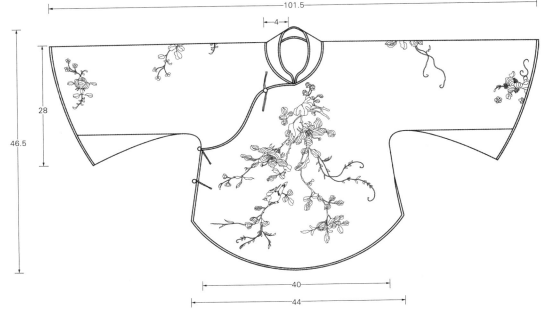

▲ 图2-3-24 立领大襟"倒大袖"绣花袄尺寸图（单位：厘米）

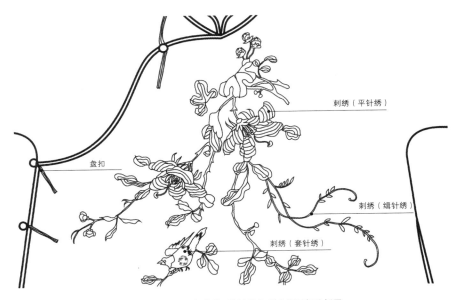

刺绣（平针绣）

盘扣

刺绣（缉针绣）

刺绣（套针绣）

▲ 图2-3-25 立领大襟"倒大袖"绣花袄局部分析图

（八）半臂

汉民族服饰并非全用长袖，有时也用短袖。最早的短袖衣名为"绣裾"，出现于汉代，服装样式为大襟交领，袖口宽敞，并装饰有打满细裥的袖边。因衣袖之长是长袖衣的一半，所以在魏晋时称其为"半袖"。魏晋南北朝时期，女子中少有穿服半袖的，其通常为男子所穿用，天子贵臣礼见时也常服用。到了隋唐时期，半袖在宫中当差的侍女间流行开来，随后传入民间，则成为士庶男、女的便服。除女子外，唐代男子也将其视为时尚装束。半袖不但可以穿在罩衣内，也可以加罩于襦袄之外，因衣袖仅覆于上臂，又将这种服装称为"半臂"（图2-3-26~图2-3-29）。

▲ 图2-3-26 花纹立领半臂（摄于江南大学民间服饰传习馆）

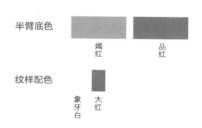

半臂底色

嫣红　　品红

纹样配色

象牙白　大红

▲ 图2-3-27 花纹立领半臂色彩分析图

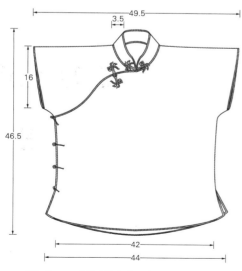

▲ 图2-3-28 花纹立领半臂尺寸图（单位：厘米）

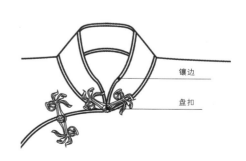

镶边

盘扣

▲ 图2-3-29 花纹立领半臂局部分析图

第二章　多姿的汉族服饰形制

（九）背心

背心（图2-3-30～图2-3-33）是一种无袖半臂，与马甲、坎肩同属一类服饰，都是非紧身的无袖上衣。马甲，顾名思义即马的护身甲，是中国古代用于保护战马的专用装具，又称马铠。清代满族的坎肩也是这种形制，《清稗类钞·服饰》记载："半臂……即今日之坎肩也，又名背心。"早期背心形制简单，通常由两片布帛组成，一片护于前胸，一片遮挡后背。背心常见的样式有对襟、琵琶襟、大襟、一字襟和人字襟等。起初人们常将其作为内衣穿于罩衣内部，魏晋以后出现了将其加罩在其他衣服外面的穿着方式，并施彩做绣加以装饰。到了宋代，无论尊卑不分男女，均穿着背心。此后，又出现了一种衣长至膝、对襟直领的马甲，称为"比甲"，通常罩于襦袄外部，成为元、明、清汉族女子流行式样。至清代中晚期，一般将其穿在袍子外面，采用对襟布扣，有的侧边开口的则以小布带为代扣。

背心是吴语民间方言俗称，有多种称呼，如"汗背心""汗柳儿""汗溻""绰子""搭护""比肩""背搭""坎肩""紧身"以及长仅及腰的"马甲"等。陕西有给儿童穿"五毒背心"的习俗，这种背心由红、蓝、黄、白、绿五种颜色的布料拼接而成，上面绣有蜈蚣、蝎子、壁虎、蜘蛛、蟾蜍五种动物的形象，民间传说五毒背心可"以毒攻毒"，儿童或少年将其穿在身上，可以起到祛邪除病的作用，保护孩子健康成长。

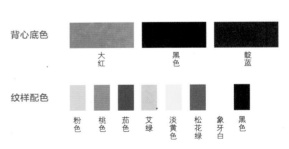

背心底色

| 大红 | 黑色 | 靛蓝 |

纹样配色

| 粉色 | 桃色 | 茄色 | 艾绿 | 淡黄色 | 松花绿 | 象牙白 | 黑色 |

▲ 图2-3-30　偏襟蝶恋花、凤求凰刺绣背心（摄于江南大学民间服饰传习馆）

▲ 图2-3-31　偏襟蝶恋花、凤求凰刺绣背心色彩分析图

▲ 图2-3-32 偏襟蝶恋花、凤求凰刺绣背心线描图

▲ 图2-3-33 偏襟蝶恋花、凤求凰刺绣背心局部分析图

二、下裳

裳，原是一种与裙款式相类似的下体服式，采用两片式设计，一片蔽前，一片遮后，也是我国最古老的下体之服。裳最初的作用不在于御寒，而是用以遮羞。随着历史的发展，裤和裙的出现逐渐取代了裳，裳便成为我国古代下身所穿用一切服式的总称，也包括袍服中腰以下的部分，因与上衣相对，所以又称"下裳"。我国汉民族服饰中的下裳形式主要以裤和裙为主。

（一）裤

裤的出现可追溯到春秋时期，多作"绔"或"袴"，男女通用，是古代下裳的主要形制之一。最初的裤形制简单，使用时套在小腿上即可，也称"胫衣"。《说文解字·糸部》载："绔，胫衣也。"段玉裁注："今所谓套袴也。左右各一，分衣两胫。"[14] 汉族古裤无裆，而北方少数民族则穿有裆的长裤。战国时赵武灵王为适应军事发展，采用"胡服骑射"，汉族人民从此也开始穿着长裤，但起初只用于军旅，约秦汉之际传入民间，并为士庶男女所接受。除长裤外，汉代还出现了短裤，但穿着者多为平民百姓。到魏晋南北朝时期，宽松肥大的"大口裤"盛行，通常与紧身上衣"褶"相配，称为"袴褶"。由于大口裤不便活动，人们便用布带将膝下的裤腿绑扎起来，称为"缚裤"，此风一直延续至隋代，文武百官均可服用。到了唐代，缚裤多用于武官、卫士，出现了裤腿紧窄、裤脚相束的裤型，女子受胡服的影响也常服用。宋代时又开始流行一种被称为"膝裤"（图2-3-34～图2-3-36）的裤子，也称套裤、叉裤，与胫衣式样相似，使用时套在小腿上，可直接罩在长裤外面，无论尊卑，

▲ 图2-3-34　膝裤（摄于江南大学民间服饰传习馆）

裤底色

靛青

▲ 图2-3-35　膝裤色彩分析图

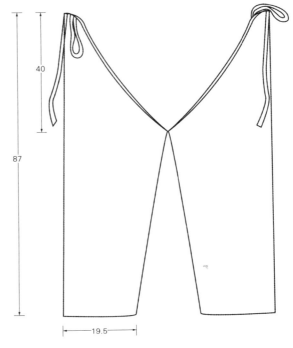

▲ 图2-3-36　膝裤尺寸图（单位：厘米）

男女皆可服之。明代妇女承袭旧制依然广泛使用，通常用织锦裁制，上至膝、下至踝，平口，与现代护腿袜相似的样式，故又称"半袜"。普通款型的长裤在此时依然盛行，男女均可服用，一直流传至今。

　　民间下衣常穿的裤，可分为单裤、夹裤、棉裤三类。裤腰都很肥大，腰于裤片异色，穿时要用布腰带扎住，这种裤俗称"大裆裤子"或"宽裆裤子"（图2-3-37~图2-3-40）。男子穿裤子一般为青裤白腰，女裤则大多数采用鲜艳的色彩制作，腰也用相应的土布搭配，穿着时将肥大的裤腰折叠以裤带扎紧。老年人还用约10厘米宽的布扎腿，布带称腿带，多为黑色，松散的裤脚被视为仪容不整和不礼貌的着装行为。

（二）裙

　　裙是从裳演变而来的一种服饰，也是下裳的主要样式之一。它与裳的不同之处在于：裳有两片，穿着时一片蔽前，一片遮后，左右各留一道缝隙；而裙只有一片，穿着时由前围至后，只在背部留有一道缝隙。古代布帛幅宽窄，制作一条裙需要用多幅合拼连成一片，从前向后围绕于后背相交，"裙"通"群"，为多的意思，故得此名。裙由多幅布帛拼制而成，常

▲ 图2-3-37 大裆裤（摄于江南大学民间服饰传习馆）

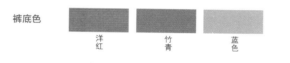

裤底色

洋红　　　竹青　　　蓝色　　　茶白

▲ 图2-3-38 大裆裤色彩分析图

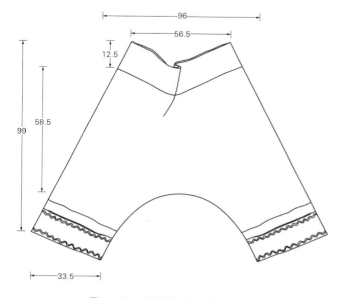

▲ 图2-3-39 大裆裤尺寸图（单位：厘米）

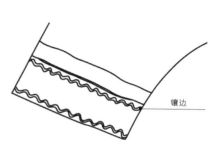

镶边

▲ 图2-3-40 大裆裤局部分析图

见的有五幅、六幅、八幅等，上连于腰。

从大量资料来看，裙出现于汉代以后。古乐府《孔雀东南飞》："着我绣狭裙，事事四五通"，汉代辛延年《羽林郎》诗："长裙连理带，广袖合欢襦"，都是汉代妇女穿裙的真实写照。汉代以后，裙子款式日益增多，装饰也更丰富考究，除了普通的素裙以外，还出现了以两种以上颜色布条间隔相拼而成的间色裙；在裙上施以彩绘的画裙；用数种染料晕染而成的晕裙；以珍禽的羽毛织造成百鸟之状百鸟毛裙；在大幅裙围上施以密裥的百褶裙；为了骑马方便而开衩的旋裙；用郁金香草浸染而成的郁金裙；以彩缎裁剪成条状的凤尾裙，以及用弹墨工艺洒印花样的弹墨裙等。

西汉时期裙多为女性服饰，到了东汉，男性也开始服用。由于裙子的样式不便于活动，这时期的人们便开始在裙幅上加折无数细褶，用以改善此不足。南北朝以后，裙成为女性的专属服饰。隋唐时期，为减弱裙宽的累赘以及顺应礼教制度的约束，妇女们通常采用长款裙式增加摇曳婀娜的姿态，隋唐女子更将裙腰上提，有些可以掩胸，上身仅着抹胸，外披纱罗衫，使上身肌肤隐约可见，是中国古代女装中最为大胆的一种。古诗有云"半束罗裙半露胸"，描述的便是这种景象。五代女裙的折裥之风愈演愈烈，文献中出现了"百叠""千褶"的记载。宋明时期，女子依然喜服坠地百褶长裙，其中明朝末年还出现过一种由十幅布帛制成有数十条折裥，每褶各用一色的"月华裙"，此裙浅描淡绘，色彩雅致，如皎洁的月光静静影印之上。

马面裙（图2-3-41~图2-3-44），是以数幅整幅缎面接合而成的长裙，前后各有20~27厘米的平幅裙门，这个平幅裙门俗称"马面"。在平幅裙门和裙摆上绣有各种精致的绣花花边或镶、绲、拼贴工艺装饰。马面裙整体呈现"围式"造型，展开为平面梯形或长方形状，这与中国传统服饰的平面造型

▲ 图2-3-41　传统马面裙（摄于江南大学民间服饰传习馆）

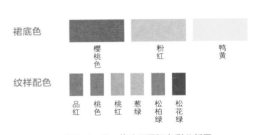

裙底色　樱桃色　粉红　鸭黄

纹样配色　品红　桃色　桃红　葱绿　松柏绿　松花绿

▲ 图2-3-42　传统马面裙色彩分析图

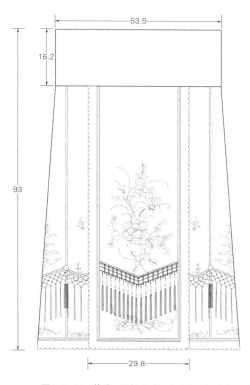

53.5

16.2

93

29.8

▲ 图2-3-43　传统马面裙尺寸图（单位：厘米）

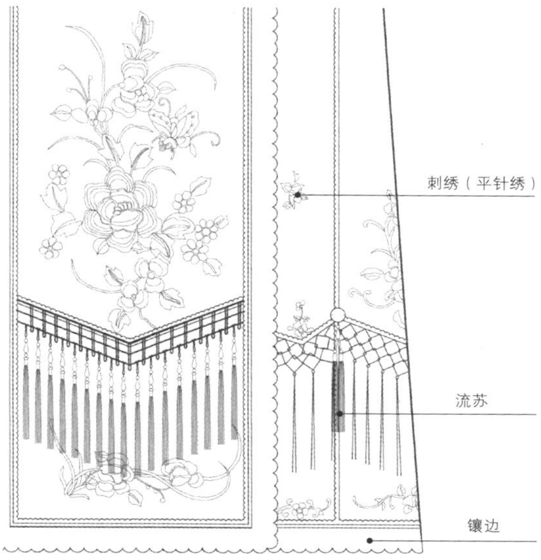

刺绣（平针绣）

流苏

镶边

▲ 图2-3-44　传统马面裙局部分析图

相吻合。

　　鱼鳞百褶裙（图2-3-45[1]179~图2-3-48），通常就是以数幅布帛接合而成的长褶裙，是马面裙的特殊形式之一，在"马面"的两侧缀有丰富、细密且整齐的折裥，折裥宽度为0.4~1.0厘米，比较富有特色的是此裙腰节很宽，最大可达到20厘米，可以宽松地裹围住整个臀部，为下部造型的摇曳摆动提供了结构上的保障。有时折裥以各种丝线连缀成网状，在移步行动时，裙装展开成鱼鳞状，故而谓之"鱼鳞百褶裙"。

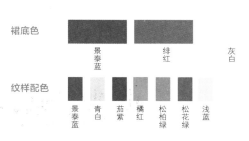

裙底色		
景泰蓝	绯红	灰白

纹样配色						
景泰蓝	青白	茄紫	橘红	松柏绿	松花绿	浅蓝

▲ 图2-3-45　鱼鳞百褶裙（摄于江南大学民间服饰传习馆）

▲ 图2-3-46　鱼鳞百褶裙色彩分析图

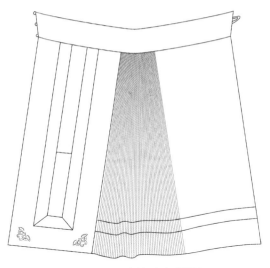

▲ 图2-3-47　鱼鳞百褶裙线描图

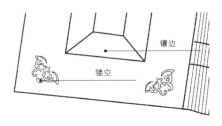

镶边

镂空

▲ 图2-3-48　鱼鳞百褶裙局部分析图

　　凤尾裙（图2-3-49～图2-3-56），由中国古代传说中美丽的凤凰造型想象而来，是通过对凤凰流线的外形和飞舞时漂亮羽翼的动感形态进行艺术变形而创造的。清代李斗在《扬州画舫录》中对凤尾裙式有如下描述："裙式以缎裁剪作条，每条绣花，两畔镶以金线，碎逗成裙，谓之凤尾"。[15]凤尾裙在齐鲁民间又称为"叮当裙"，穿着此裙行走时，悬垂感极好，绸缎翻动摇曳，配上金丝线及鸟兽花卉纹图案，整体造型想象成形似摇曳的凤尾，生动地把裙装与神话中美丽化身的凤凰形象联系在一起，一般常见于礼仪和婚嫁场合，穿着于马面裙之外，一直流行至清代乾隆年间，在近代也是为大家闺秀所钟爱。

▲ 图2-3-49　凤尾裙（摄于江南大学民间服饰传习馆）

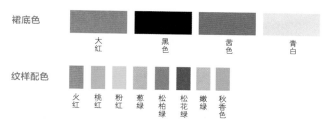

裙底色			
大红	黑色	茜色	青白

纹样配色							
火红	桃红	粉红	葱绿	松柏绿	松花绿	嫩绿	秋香色

▲ 图2-3-50 凤尾裙色彩分析图

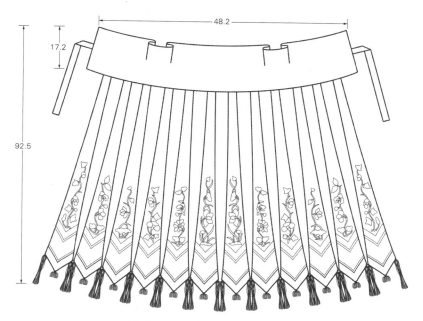

▲ 图2-3-51 凤尾裙尺寸图（单位：厘米）

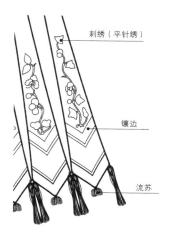

刺绣（平针绣）

镶边

流苏

▲ 图2-3-52 凤尾裙局部分析图

▲图2-3-53 凤尾裙（摄于江南大学民间服饰传习馆）

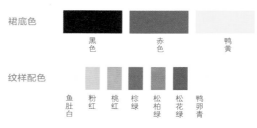

裙底色

黑色　赤色　鸭黄

纹样配色

鱼肚白　粉红　桃红　棕绿　松柏绿　松花绿　鸭卵青

▲图2-3-54 凤尾裙色彩分析图

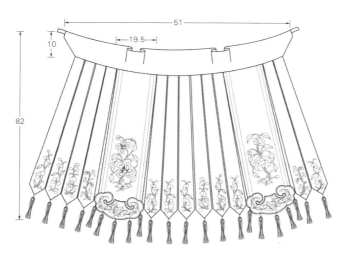

▲图2-3-55 凤尾裙尺寸图（单位：厘米）

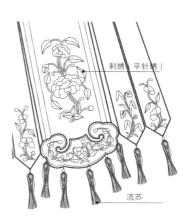

刺绣（平针绣）

流苏

▲图2-3-56 凤尾裙局部分析图

汉
族民间
服饰文化

历代裙子色彩各从其愿，但女子裙装以红色居多。由于古时染色均用天然染料，红裙通常以从石榴花中提取的染料染制，故有"石榴裙"的美称。绿色也是古代女性喜爱的裙装色彩，故绿裙又有"碧裙""翠裙""翡翠裙"和"荷叶裙"的叫法。除此之外，还有将色彩逐步晕染变化的"晕裙"以及用两种以上色彩的布条交错相拼的，称为"间裙"或"间色裙"。

第四节　别致风韵肚兜胸衣

肚兜（图2-4-1~图2-4-4）是遮盖于胸前的贴身小衣。关于肚兜的起源流传着几种说法。第一种可追溯到天地形成之初，女娲和伏羲在洪水过后通婚并抚育后代，期间创制了用以遮挡人体私密部位的贴身小衣肚兜。第二种说法称肚兜起源于汉代，独身女子用布裹缠胸部，并用带子系在背后，防止被粗暴的男子欺负，这种服装也称为"缚胸"。第三种说法称肚兜兴起于唐代，为杨贵妃发明，用以掩盖她同安禄山在华清池内厮混的痕迹。[16] 另据公元前818年的《左传》记载："陈灵公与孔宁仪行父通于夏炬，皆衷其袒服，以戏于朝。"[17] 上面所说的"袒服"即这种被称为"肚兜"的近身衣。这些说法虽有所区别，但均表明肚兜是一种用以遮羞的贴身内衣。

关于肚兜的命名，每个朝代则不尽相同。除了"肚兜"这一叫法外，还有"帕幅""抱腹""心衣""抹胸""抹腹""裹肚""兜兜""诃子""袒服""兜肚"等。肚兜在汉代又被称为"心衣""帕幅"或"抱腹"。汉刘熙《释名·释衣服》记载："帕腹，横帕其腹也。抱腹，上下有带，抱裹其腹，上无裆

▲ 图2-4-1　花鸟刺绣肚兜（摄于江南大学民间服饰传习馆）

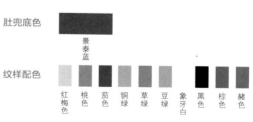

▲ 图2-4-2　花鸟刺绣肚兜色彩分析图

者也。心衣，抱腹而施钩肩，钩肩之间施一档，以奄心也。"[9] 由此可见，此时的肚兜的款式有简有繁。款式简单的肚兜仅由一块横裹在腹部的布帕构成，因此也称作"帕腹"；稍复杂的款式还将带子缀于帕腹，如同将腹部紧紧抱住，也称"抱腹"；若在抱腹上加"钩肩"及"裆"，则称作"心衣"。至唐代，肚兜被称为"诃子"，其主要功用为遮蔽胸部。据《唐宋遗史》和《绿窗新语》等记载，诃子由杨贵妃所创。杨贵妃与安禄山私通，安禄山的指甲无意间误伤了贵妃的胸部，贵妃怕皇帝察觉到异常，于是想到用诃子来掩盖伤口。后宫妃嫔觉得诃子形制新颖，纷纷仿效，成为一时之风俗。[11] 到了宋明时期，称肚兜为"抹胸"。《金瓶梅词话》第62回，写李瓶儿患了重疾，"面容不改，体尚微温，脱然而逝，身上止着一件红绫抹胸儿"。[18] 从文献记载和流传的实物资料来看，清代以后俗称之为"兜肚"或"肚兜"。徐珂的《清稗类钞·服饰》中记载："抹胸，胸间小衣也。一名抹腹，又名抹肚，以方尺之布为之，紧束前胸，以防风之内侵者，俗谓之兜肚。"[19] 清明小说中也有很多关于肚

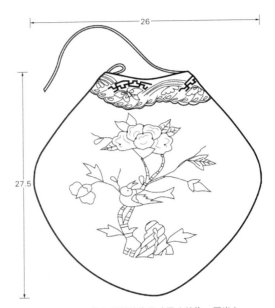

▲ 图2-4-3　花鸟刺绣肚兜尺寸图（单位：厘米）

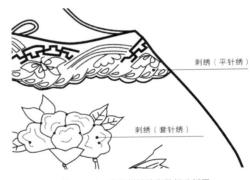

刺绣（平针绣）

刺绣（套针绣）

▲ 图2-4-4　花鸟刺绣肚兜局部分析图

兜的描述可以验证当时的女性内衣情形。如《红楼梦》第65回，"只见这三姐索性卸了妆饰，脱了大衣服，故意露出葱绿抹胸，一痕雪脯，底下绿裤红鞋，鲜艳夺目。"[20]

　　兜，一是指用来存放物品"包""袋"；二是指它缠绕、包裹、隐蔽的穿着方式。肚兜的"兜"只是表面上概括的称呼，其实际的含义是包裹胸腹、掩盖身体之羞。肚兜有"上兜"和"下兜"之分。据史料记载，上兜受古代深衣的影响，其方正的结构与古代深衣制度中天地方圆，以应规律相对应，从穿着方式而言，二者皆是绕至背后系扎，可见古代深衣形制对后来的服装产生了极大影响。下兜由古代的蔽膝演变而来，穿时系在腰部，用以遮盖，在功能上一脉相承。此外，肚兜还有"有袋"（图2-4-5～图2-4-8）与"无袋"之别。"有袋"的肚兜即在肚兜中央开一条缝，制成口袋，用来放置随身携带的钱币银两等物品，此类

除了具有御风避寒的作用外，其功能等同于现代旅行者腰间所佩戴的腰包。明刘若愚《酌中志·大内规制纪略》："像金铸者，曾经盗去镕使，惟像首屡销不化。盗藏之肚兜，日夜随身。"[21]由此可见，有口袋的肚兜具有钱包功能。

肚兜是我国民间的主要内衣形式，男女皆穿，款式造型多种多样，既有"仅覆胸乳"的

▲图2-4-5 有袋肚兜（摄于江南大学民间服饰传习馆）

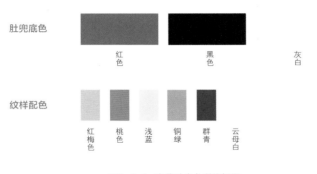

▲图2-4-6 有袋肚兜色彩分析图

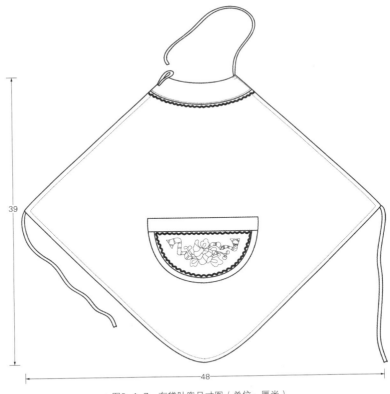

39

48

▲ 图2-4-7 有袋肚兜尺寸图（单位：厘米）

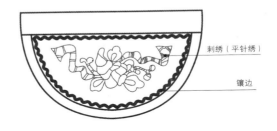

刺绣（平针绣）

镶边

▲ 图2-4-8 有盖肚兜局部分析图

单片式，也有"覆胸覆背"的前后两片式。秋冬季所穿的肚兜，多纳有棉絮，覆于腹部之上可起到驱寒保暖的作用。老年人在肚兜中放入中药，用以治疗腹部疾病。清代曹庭栋《养生随笔》所记："腹为五脏之总，故腹本喜暖，老人下元虚弱，更宜加意暖之。办兜肚，将蕲艾槌软铺匀，蒙以丝绵，细针密行，勿令散乱成块，夜卧必需，居常也不可轻脱；又有以姜桂及麝香诸药装入，可治腹作冷痛。"[22]根据肚兜的裁剪结构，可将其分为几何形结构肚兜及象形结构肚兜。几何形结构肚兜包括正方形、圆形、菱形、扇形、三角形等以简洁的几何图形作为基本外观结构的肚兜，其中以菱形肚兜最为普遍，其采用对角设计，上角裁成浅凹状弧形，下角裁成圆弧形。象形结构肚兜是指以动物或植物等实物形体作为参照，对肚兜的外观结构进行设计的仿生式构成方法，包括花瓣形、如意形、葫芦形、瓶形、倒花蕾形、如意云形、元宝形、梨形、碗形等。古人设计穿着象形结构肚兜的目的在于将相应实物所体现的内涵赋予衣服，以达到消灾祈福，颂扬价值观的作用，体现出古人富于幻想的创意理念。如葫芦形肚兜，因葫芦是多子的植物，象征"男女精构，万物化生"，其通常具有生殖崇拜的意蕴，表达了人们对生命繁衍、生生不息的赞美。如意云形肚兜则表达了古人希望万事如意的美好心愿。再如一般用作儿童穿用的元宝形肚兜（图2-4-9～图2-4-16），其下兜的元宝造型寓意着财富的源源不断。

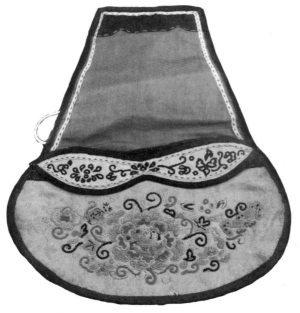

▲图2-4-9　儿童元宝兜（摄于江南大学民间服饰传习馆）

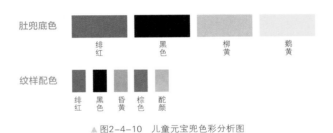

▲图2-4-10　儿童元宝兜色彩分析图

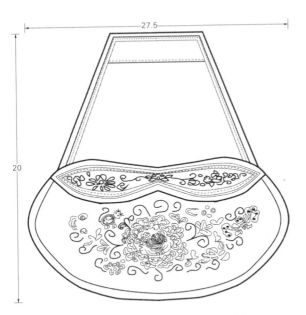

27.5

20

▲ 图2-4-11　儿童元宝兜尺寸图（单位：厘米）

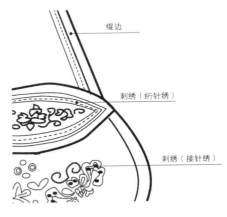

绲边

刺绣（绗针绣）

刺绣（接针绣）

▲ 图2-4-12　儿童元宝兜局部分析图

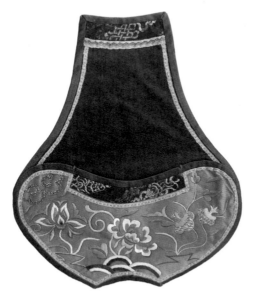

▲ 图2-4-13　花草刺绣元宝兜（摄于江南大学民间服
　　　　　饰传习馆）

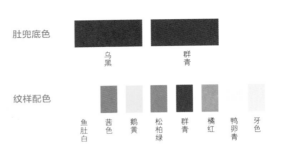

肚兜底色

　　　　　乌　　　　　　　群
　　　　　黑　　　　　　　青

纹样配色

鱼　茜　鹅　松　群　橘　鸭　牙
肚　色　黄　柏　青　红　卵　色
白　　　　绿　　　　青

▲ 图2-4-14　花草刺绣元宝兜色彩分析图

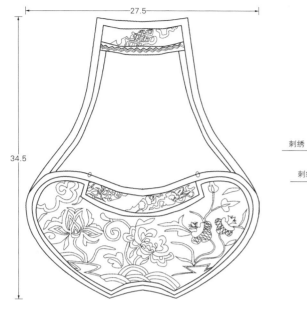

27.5

34.5

▲ 图2-4-15　花草刺绣元宝兜尺寸图（单位: 厘米）

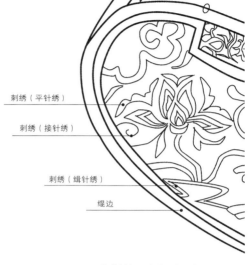

刺绣（平针绣）

刺绣（接针绣）

刺绣（缉针绣）

绲边

▲ 图2-4-16　花草刺绣元宝兜局部分析图

肚兜上端通常缀有带子，以便套在颈间。富贵之家则多用金链，一般人家则用银链、铜链或红色丝绳。肚兜的腰部也缀有两条带子，将其束在背后，护住胸腹部，可避免胃肠受风寒，兼有乳罩和裹肚的作用。制作肚兜时通常先确定兜围、斜襟、腰角、口袋的尺寸，然后用墨笔在布上直接绘制出设计图样。以常见的菱形肚兜为例，首先裁一块长宽各约30厘米的菱形布片，将下端修剪成圆弧，再剪去顶端的锐角，将一对花扣装在两个尖端处，用以钩穿链条或固定布带，系于颈上。菱形布片的左右两角也分别用细布带固定，以系于腰间。

制作肚兜的材料分为主料和辅料。主料即制作肚兜的面料，包括质地优良，价格昂贵的绸、缎、丝、绢以及较为质朴，价格实惠的棉、麻、土布、蜡染布、纱布等。辅料有衬布、花边、装饰料、填充料、带、绳、扣等。不同的肚兜由于穿着对象、时间、地区以及款式等方面的差别，因而在制作材料上颇为讲究。普通百姓多选用棉、麻、土布等结实耐用、物美价廉的面料制作肚兜，有时也以少量高档面料或机制花边、织锦等作为装饰。富贵之家为彰显身份地位，常用绸、缎、丝、绢等名贵奢华的面料制作肚兜，有时还在面料上镶金缀银、描龙画凤，尤为奢华富丽。一些肚兜在细节处所选用的材料也极为精致和考究，如用各类珠子穿成的系于腰背的绳，以及在背部系带处或肚兜下方加以小铃，用以增添肚兜的趣味性，堪称是肚兜制作的画龙点睛之笔。

色彩是服装构成中的一个重要部分。在我国古代，服饰色彩通常被划分为正色和间色，黑、白、青、红、黄为正色，其他颜色则为间色，且每种色彩背后都蕴含着丰富的寓意。肚兜将五彩斑斓的颜色搭配运用，营造出不同的情感色彩，体现了古人丰富的想象力。黑色在肚兜上常被用作底色，以其严肃、沉稳的色彩形象为五彩做陪衬。在阴阳五行学说中，黑为水，代表北方和冬季，在五德中象征"恭"。白色在肚兜上的运用比外穿服饰更为广泛，它与黑色一样多用作底色，将五彩刺绣图案衬托得更为夺目传神，并凸显出一种素雅、简洁、大方的气质。白为金，代表西方和秋天，在五德中对应"聪"。青色彰显着一种清爽、平和的气息，象征着自然和新生，营造出如沐春风的氛围。青为木，象征春天和东方，在五德中对应"明"。我国自古就有崇尚红色的习俗，认为红色是吉祥和幸福的象征，因此以整片红色为底的肚兜也极为常见，蕴含着浓烈的感情色彩。红为火，象征夏日和南方，对应五德中的"火"。黄色是中国传统色彩，也是高贵和权势的象征，在我国古代是皇族的专用色彩。深浅不一的黄色营造出多种不同的视觉效果，亮丽鲜艳的明黄色给人一种欢快的感觉，庄重奢华的金黄色给人一种威严的感觉，淡雅清新的浅黄色给人一种温暖的感觉。黄为土，对应长夏和中央，在五德中对应"睿"。

此外，紫、粉红、棕、褐、湖蓝、翠绿等色彩在肚兜中也十分常见。紫色充满着神秘的气息，既具有红色炽烈的情感，又融入了蓝色的沉稳，凝聚了高雅奢华的迷人气息。湖蓝呈现出一种安静祥和的感觉，彰显着深邃沉着的气质。青蓝、本白、赫褐多为百姓所选；粉红、粉绿、粉蓝主要用于女性；金色、黄色、明蓝多用于皇室。老人多用黑色庄重成熟，儿童多用红色吉祥喜庆。肚兜色彩的选择具有鲜明的地域性，可谓"一方水土一方色彩"。例如贵州地区，喜用黑、深蓝、暗红色，浑厚含蓄；甘肃地区用白色，质朴单纯；塞北地区在白底上饰以五彩刺绣，高亢激昂；江南地区的翠绿、明蓝、粉红、大红，清新鲜明……每个地区的肚兜色彩与地域文化相辅相成，富有个性。

在我国古代，人们一直将女子女红技艺的高低作为衡量其心灵手巧与否的标准。肚兜缝纫的工整，图案刺绣的精妙，每一针每一线都是女子芳华与智慧的浓缩，展示了我国女性代代传承精巧工艺，表达出她们内心温婉浪漫的情怀。肚兜鲜有素面，常用印染或刺绣图案作为装饰，装饰技法包括绣、镶、贴、补、嵌等，其工艺精细严密，在布面上呈现出不皱、不松、不紧、不裂的效果，外观顺直、平服、光滑，且具松、软、轻、薄等特点。刺绣针法多种多样，常见的包括平针绣、掺针绣、贴布绣等。平针绣是一种用平铺直针绣出纹样的刺绣方法。掺针绣又名插针绣，以不同色阶的线缠绣而成，所绣图案的色彩深浅不一，生动传神。贴布绣是一种把其他布料剪贴绣缝在布面上的刺绣手法，先将贴花布按图案剪好，贴于绣面，为使图案更具立体感，可在贴花布与绣面间填充棉花等，之后再以各种针法锁边，所绣图案简单大方，具有淳朴粗犷的特点。

刺绣图案是肚兜中最为精彩传神的部分，纹饰精美绝伦，具有丰富的想象力及深刻的内涵，令人叹为观止，蕴含了劳动人民对生命的歌颂以及对幸福生活的向往。肚兜纹饰图案丰富，组成元素包括植物、动物、人物、几何抽象图案等。纹饰构造采用一定的程式，如居中式、均衡式、对称式、满地式、镶边式等。纹饰的配色需遵从一定的规则，以达到用色别尊卑、表次第的目的。

　　肚兜上的纹饰可分为具象纹饰和抽象纹饰两大类。具象纹饰即具有具体形象的图案，它蕴含了一定的物象寓意，如虎，其勇猛威武的形象常被赋予镇魔祛邪的功用。女性肚兜中常借用花来作为人格化的象征，借助花来寄托幸福安康的生活理想。例如牡丹花，其色彩姹紫嫣红，形态雍容华贵，自古就有"国色天香"之美誉，古人赞誉其"唯有牡丹真国色，花开时节动京城"。牡丹花也引申为"富贵花"，并由此繁衍出"花开富贵"（图2-4-17～图2-4-20）、"富贵平安"等一系列吉祥纹饰，运用在服饰上给人以吉祥富贵之感。具象纹饰中还有以神话故事为题材的纹样，如"八仙""金童玉女""麒麟送子"（图2-4-21～图2-4-24）等，表现人们希望得到神灵庇护，得以平安吉祥的美好希望。肚兜上除了运用具象纹饰外，还有抽象造型的填充，将文字抽象成图案，构成具有特殊寓意的纹样，给人以丰富的联想和想象。如图2-4-25～图2-4-28，将"寿"字抽象化，与四周的蝙蝠形成组合纹样，寓意福寿安康。肚兜上的抽象纹饰主要有三种结构模式，分别是方形模式、圆形模式和S形模式。方形模式图案有回纹、勾连纹饰、几何填燕纹饰、菱形纹饰等。圆形纹饰如大圆点和小圆点组成的花朵图案，两个三点排列，至今仍是百代不衰的服饰图案。S形图案有云纹、如意纹、水纹等。

▲ 图2-4-17　花开富贵刺绣肚兜（摄于江南大学民间服饰传习馆）

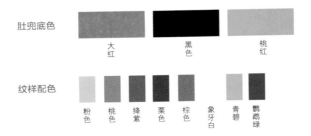

肚兜底色

大红　　　　黑色　　　　桃红

纹样配色

粉色　桃色　绛紫　栗色　棕色　象牙白　青碧　鹦鹉绿

▲ 图2-4-18　花开富贵刺绣肚兜色彩分析图

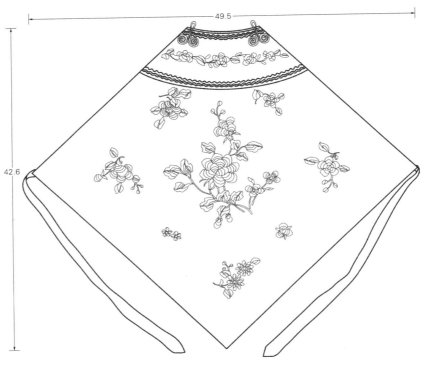

▲ 图2-4-19　花开富贵肚兜尺寸图（单位：厘米）

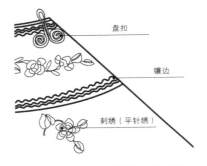

盘扣

镶边

刺绣（平针绣）

▲ 图2-4-20　花开富贵肚兜局部分析图

▲ 图2-4-21　麒麟送子人物刺绣肚兜（摄于江南大学民间服饰传习馆）

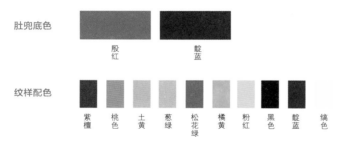

▲ 图2-4-22　麒麟送子人物刺绣肚兜色彩分析图

▲ 图2-4-23　麒麟送子人物刺绣肚兜尺寸图（单位：厘米）

刺绣（套针绣）

刺绣（散针绣）

绲边

刺绣（旋针绣）

刺绣（平针绣）

刺绣（接针绣）

刺绣（眉睫针绣）

刺绣（扎鳞绣）

▲ 图2-4-24　麒麟送子人物刺绣肚兜局部分析图

肚兜底色

绯红　　　黑色

纹样配色

黑色

▲ 图2-4-25　寿字纹刺绣肚兜（摄于江南大学民间服饰传习馆）　　▲ 图2-4-26　寿字纹刺绣肚兜色彩分析图

刺绣（平针绣）

▲ 图2-4-27　寿字纹刺绣肚兜尺寸图（单位：厘米）　　▲ 图2-4-28　寿字纹刺绣肚兜局部分析图

纹饰图案利用象征、谐音的手法，强调物象的寓意寄托，表达人们对健康、平安、福运的向往，传达出人们祈福纳祥、祛邪避害的思想观念。例如石榴、蝙蝠、寿桃等图案组合，寓意多子、多福、多寿；荷花图案寓意和和满满、清净无瑕；凤凰附着在牡丹花上，称"凤穿牡丹"，象征祥瑞富贵；喜鹊与梅枝相应和，即"喜上眉梢"，预示春天的临近或喜讯的到

▲ 图2-4-29 花鸟刺绣肚兜（摄于江南大学民间服饰传习馆）

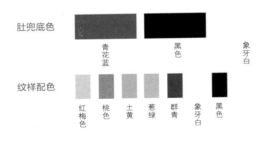

▲ 图2-4-30 花鸟刺绣肚兜色彩分析图

来。肚兜纹饰依照题材进行划分，可大致概括为八类：祈祥类、婚恋类、生命繁衍类、求寿类、求官类、求富贵类、辟邪类以及戏曲故事类。将吉祥美好的寓意寄托于不同题材的纹饰图案中，是肚兜文化中最具特色的内容之一。

祈祥类纹饰通常带有祈福和吉祥寓意。常见的有"双福如意""金玉满堂""喜上眉梢"等。"双福如意"图案由两只蝙蝠、吉祥花卉以及如意祥云构成，寓意富贵吉祥，万事如意。"金玉满堂"描绘了金鱼在水塘、水草间嬉戏的场景，将金鱼与吉祥花卉相结合，寓意合家欢乐、富贵吉祥。"喜上眉梢"展现了喜鹊登上梅花枝头的画面，喜鹊借喻喜，梅花枝头即"梅梢"，音同"眉梢"，寓意喜庆吉祥。此类纹饰还包括"福禄寿喜""富贵平安""连年有余"等图案。

婚恋类纹饰多以爱情和婚恋作为主题，寄寓了人们对甜蜜爱情的向往和美好生活的渴望。年轻女人除自用外，还常将刺绣精美的肚兜作为传情的信物赠予情人或丈夫。常见的图案有"鸳鸯戏水""蝶恋花"等。"鸳鸯戏水"利用鸳鸯、水纹、花草组合而成。鸳鸯是雌雄偶居的鸟类，和翼而飞，交颈相眠，传说鸳鸯如果丧偶，便永不再配，是爱情忠贞的象征。"蝶恋花"（图2-4-29～图2-4-32）由蝴蝶和吉祥花卉组成图案，象征美好的爱情和幸福的婚姻。

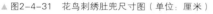

▲ 图2-4-31　花鸟刺绣肚兜尺寸图（单位：厘米）

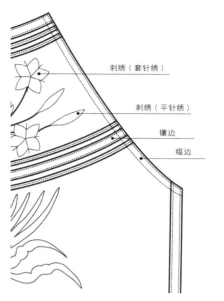

刺绣（套针绣）

刺绣（平针绣）

镶边

绲边

▲ 图2-4-32　花鸟刺绣肚兜局部分析图

　　生命繁衍类纹饰寄托了一种生殖崇拜，表达了人们希望多子多孙，繁衍后代的美好愿望。常见的图案有"麒麟送子""瓜瓞绵绵""连生贵子"等。"麒麟送子"图案由麒麟和儿童组成，古人视麒麟为瑞兽，寓意祥瑞太平，具有招福纳祥的美好寓意，寄托了人们对喜得贵子的期盼。图案"瓜瓞绵绵"由瓜、瓜藤、瓜蔓、瓜叶、蝴蝶和吉祥花卉构成，瓜象征多子多孙，瓜藤和瓜蔓象征着连绵不断，蝴蝶中的"蝶"与"瓞"同音，寓意儿孙满堂、繁荣兴盛。"连生贵子"刻画了一个小孩端坐于荷叶之上的生动形象，同时配以莲花、莲蓬、桂花、笙等图案，"莲"同"连"，"桂"同"贵"，"笙"同"生"，寓意多生贵子、连续不断。

　　求寿类纹饰蕴含了健康吉祥、多福多寿的美好寓意。常见的图案有"长寿如意""福寿双全"等。图案"长寿如意"由桃、寿字、儿童、如意或如意云纹等构成，桃和寿字象征多福多寿，如意寓意事遂人愿。图案"福寿双全"由蝙蝠、桃子以及两个古钱组成，蝙蝠中的"蝠"字音同"福"，寓意多福，"钱"音同"全"，"双钱"即象征"双全"，桃子寓意长寿，比喻幸福长寿。

　　求官类纹饰表达了人们对金榜题名、前程似锦的美好愿望。常见的纹饰有"功名如意""一路连科""魁星点斗"。图案"一路连科"由鹭鸶和莲花组成，"鹭鸶"对应"一路"，"莲"音同"连"，寓意考生每次考试都能取得好成绩，接连登科直至金榜题名。图案"功名如意"由公鸡和灵芝构成，公鸡鸣叫即"公鸣"，与"功名"音同，灵芝与如意形状相似，寄寓考生希望考试顺利、金榜题名的愿望。图案"魁星点斗"由一位身着官服的人、甲鱼和吉祥花卉构成，传说北斗星为魁星，是主宰科考的神仙，图案中魁星脚占鳌头，手指北斗星，又名"独占鳌头"，寓意科举考试取得第一。

求富贵类纹饰多与金钱、财富有关，表达了人们对生活繁荣幸福的美好希冀。常见的纹饰有"举家富贵""平安富贵""富贵吉祥"等。"举家富贵"由菊花和牡丹花图案组成，"菊"字音同"举"，牡丹象征富贵吉祥，二者组合，寓意合家欢乐、富足美满。"平安福贵"以大朵牡丹花、花瓶以及一些吉祥花卉图案组成，"瓶"字音同"平"，牡丹花插入花瓶中，寓意平安富贵。"富贵吉祥"与上述图案类似，将牡丹花与云纹、回纹、莲花搭配组合，莲花和祥云寓意吉祥，回纹则寓意富贵延绵不断。

辟邪类纹饰传达了人们驱恶辟邪，祈求生活平安幸福的美好愿望。常见的图案有"五毒图""暗八仙图""八宝图"等。"五毒图"由蝎子、蟾蜍、蜈蚣、壁虎、蛇五种剧毒动物构成，又称"五毒符"，民间认为其可以毒攻毒，起到除魔辟邪的作用。"暗八仙图"由八位神仙所执器物构成，包括张果老的渔鼓、何仙姑的荷花、李铁拐的葫芦、钟离权的扇子、曹国舅的玉板、蓝采和的花篮、吕洞宾的宝剑、韩湘子的笛子，由于图中只有器物不见神仙，因此称为"暗八仙"，具有祛邪避害、滋生万物的寓意。"八宝图"由宝珠、方胜、犀角、玉簪、古钱、银锭、如意、珊瑚构成，这些物件是我国古代民间传说中的祥瑞之物，因此被认为具有驱魔除害、保佑平安的作用。

戏曲故事类纹饰以我国传统戏曲故事作为依据，截取其中的片段加以描绘，以体现戏曲中的深刻寓意，起到了潜移默化的教化作用。如图案"梁祝"，取自我国古代民间爱情故事《梁山伯与祝英台》中的一个片段，由人物、树木、花草构成，寓意爱情忠贞。"卧冰求鲤"，是二十四孝传统故事之一，以人物卧冰和鲤鱼构成图案，教化人们要孝顺长辈。图案"刘海戏金蟾"由人物刘海、金蟾、古钱组成，寓意视钱财为身外之物，放弃名利的高尚人格，也有招财纳福之意。[23]

肚兜纹饰的选用因穿着者而异。年轻人的肚兜多用"双福如意""喜上眉梢""刘海戏金蟾"等吉祥图案，以求驱魔辟邪、富贵平安。儿童肚兜（图2-4-33[11]153～图2-4-36）多为辟邪和祈福吉祥题材的图案，如老虎（图2-4-37～图2-4-40）、五毒等，以保佑其健康成长。老年人肚兜多为安康和长寿主题，如"长寿如意""福寿双全"等，多含有桃、鹿、寿三仙，寓意老人吉祥长寿。同时，肚兜纹饰也传达出人们对亲情的寄托，如男孩肚兜常绣以"五子登科""独占鳌头"等，寄托着长辈们对其学业有成，前程高远的期盼；女孩肚兜常绣以"佛手莲花""牡丹蝴蝶"，希望其生得花容月貌，人生幸福美满。肚兜还是古代女性传达爱意的工具，她们或亲手绣制肚兜赠与爱人，或用寓意爱情的图案表达对幸福婚姻的向往，如"蝶恋花""牛郎织女""人面桃花"等。后来还出现了用吉祥和祝福的词语为绣花题材的肚兜（图2-4-41～图2-4-44）。

▲ 图2-4-33　人物贴布绣儿童肚兜

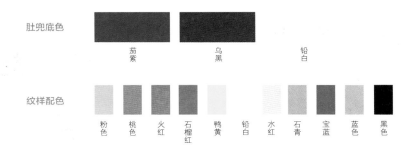

肚兜底色

茄　　　　　乌　　　　　铅
紫　　　　　黑　　　　　白

纹样配色

粉　桃　火　石　鸭　铅　水　石　宝　蓝　黑
色　色　红　榴　黄　白　红　青　蓝　色　色
　　　　　红

▲ 图2-4-34　人物贴布绣儿童肚兜色彩分析图

镶边

刺绣（贴布绣）

▲ 图2-4-35　人物贴布绣儿童肚兜线描图

▲ 图2-4-36　人物贴布绣儿童肚兜局部分析图

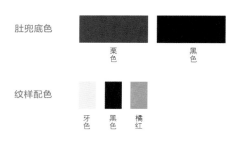

肚兜底色

栗色　　黑色

纹样配色

牙色　黑色　橘红

▲ 图2-4-37　虎纹刺绣儿童肚兜（摄于江南大学民间服饰传习馆）

▲ 图2-4-38　虎纹刺绣儿童肚兜色彩分析图

汉族民间服饰文化

14

41.5

40.7

▲ 图2-4-39　虎纹刺绣儿童肚兜尺寸图（单位：厘米）

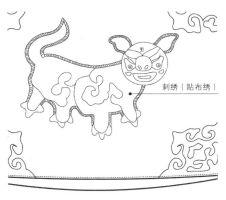

刺绣（贴布绣）

▲ 图2-4-40　虎纹刺绣儿童肚兜局部分析图

▲ 图2-4-41　花鸟刺绣肚兜（摄于江南大学民间服饰传习馆）

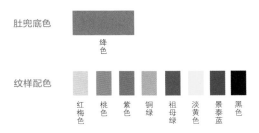

肚兜底色

绛色

纹样配色

红梅色　桃色　紫色　铜绿　祖母绿　淡黄色　景泰蓝　黑色

▲ 图2-4-42　花鸟刺绣肚兜色彩分析图

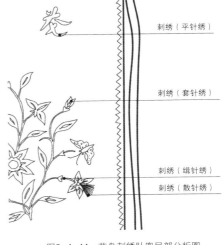

由 自 阏 芯

袋

刺绣（平针绣）

刺绣（套针绣）

刺绣（缉针绣）

刺绣（散针绣）

▲ 图2-4-43　花鸟刺绣肚兜尺寸图（单位：厘米）　　　　▲ 图2-4-44　花鸟刺绣肚兜局部分析图

　　肚兜色彩、工艺、款式等造型艺术元素具有极高的审美价值及文化内涵，其丰富的纹饰造型并非个人产物，而是我国古代劳动人民集体智慧的结晶。肚兜将隐喻的观念与审美意趣完美结合，体现了我国独具魅力的民族文化特征，同时也为现代设计提供了丰富的灵感来源。

第五节　腰金衣紫荷包腰袋

　　荷包，主要是指佩戴于腰间的袋、囊，是古时人们所随身佩戴的一种小袋。清汪汲《事物原会》记称："晋《舆服志》：文武皆有囊缀绶，八座尚书则荷紫，乃负荷之荷，非荷渠也。今为囊曰荷包本此。"荷包在战国时代已有名香囊，古代诗文中也有关于荷包的记载，《孔雀东南飞》是较早的一篇："红罗覆斗帐，四角垂香囊。"唐代章怀太子墓壁画中有一位男装仕女腰间佩戴着圆形荷包，民间传唱的《绣荷包》家喻户晓：三月桃花开，情人捎书来，捎书带信儿，要一个荷包袋……荷包绣成了，无有人来捎，单等情郎来戴荷包！荷包戴胸前，妹妹好手段，把贤妹美名天下传！中国传统服饰非常讲究腰间的配饰，而佩戴荷包、香囊的习俗则始于唐代，一直沿用至清末民初，从王权贵族到庶民百姓都有使用。清末古玩收藏家赵汝珍说："无论富贵贫贱，三教九流，每届夏日无不佩戴香囊者。故北京售香囊之肆，遍于九城，庙会集市售卖者尤多。盖当时夏日如不佩戴香囊，宛如衣履不齐。在本人心意不舒，在应世极为不敬。故一般人士视香囊极为重要，即下级社会人士，亦必精心购制。绣花镶嵌，极人力之可能。富贵者尤争奇斗巧，各式各种精妙绝伦。"

　　清代服装礼教烦琐复杂[24]，荷包的使用也达到了空前的地步。皇帝和大臣在祭祀时穿用的朝带、吉服带上，常常挂着多个荷包，有时多达十个。按清宫习俗，皇帝选后妃定亲时，令候选姑娘们进宫站成一排，在皇太后的监护下由皇帝当面挑选，选中的当面把一个荷包系挂到姑娘的衣扣上，叫作"放小定"。皇太后在"放小定"休息时议论决定，再出场由皇帝递一把玉如意给被选中的姑娘，叫作"放大定"，那姑娘接受了玉如意，就算是皇家的人了。清宫中设有专门制作荷包的机构，宫女们每年都要绣制大量的荷包，以备皇帝、后妃们行赏之用。皇帝每至年节，要依例赏以荷包。乾隆二十五年（1760年）正月初六，总管太监桂之要去各色缎小荷包296个，由乾隆帝赏赐给蒙古王贝勒、贝子、喇嘛等人，每人小荷包两个。宫廷习俗影响着民间的风气，富家子弟、平民百姓都喜欢在腰间挂荷包，使得清代佩戴荷包到达了最为风光的顶峰。

　　接下来，本书将从荷包的形制、制作工艺、审美内涵三方面来介绍绣荷包这项传统工艺。

一、荷包的形制

　　荷包是用来盛小件物品的口袋，其包容性是最主要的功能，而且为了便于携带，外形不宜过大。从外形上分，荷包有圆形荷包（图2-5-1～图2-5-4）、方形荷包、菱形荷包、腰圆荷包（图2-5-5～图2-5-8）。从功能上分有，钱荷包、裙裤荷包、抱肚荷包、梳荷包、针线荷包、帕袋荷包、烟荷包、香荷包、杂物荷包等。以下取其中几例，结合图片进行介绍分析。

　　（1）钱荷包：这类荷包应用广泛，也是荷

▲图2-5-1　圆形荷包（摄于江南大学民间服饰传习馆）

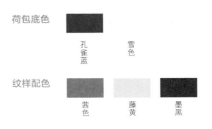

荷包底色
孔雀蓝　　雪色

纹样配色
茜色　　藤黄　　墨黑

▲图2-5-2　圆形荷包色彩分析图

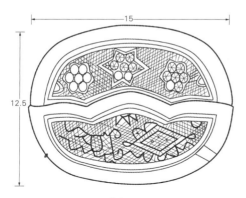

▲ 图2-5-3　圆形荷包尺寸图（单位：厘米）

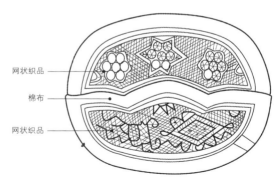

网状织品

棉布

网状织品

▲ 图2-5-4　圆形荷包线描图及局部分析图

▲ 图2-5-5　腰圆形抱肚荷包（摄于
江南大学民间服饰传习馆）

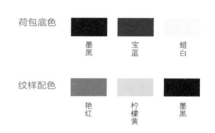

荷包底色

墨黑　　宝蓝　　蜡白

纹样配色

艳红　　柠檬黄　　墨黑

▲ 图2-5-6　腰圆形抱肚荷包色彩分析图

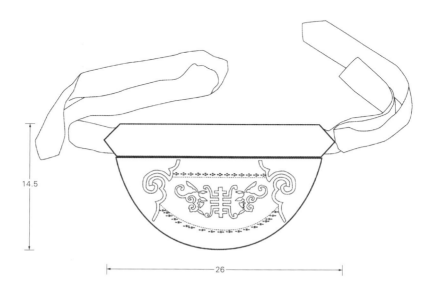

▲ 图2-5-7　腰圆形抱肚荷包尺寸图（单位：厘米）

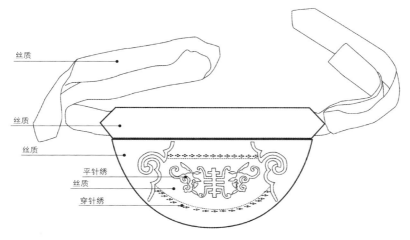

▲ 图2-5-8　腰圆形抱肚荷包图线描图及局部分析图

包最初功能的体现。钱荷包形式也有多种，方形折叠带盖儿的、带拉链椭圆形的和不规则的围腰荷包。从结构上看，也有多种样式，有的是只有单独一个口袋，顶端配有布纽扣以防止钱币掉落；有的有两三个口袋并且可以折叠在一起形成几个长方形钱袋，又叫作"钱扁夹"。这类荷包安全性高，装在衣服口袋里，不容易丢失。钱荷包的纹样一般有各种植物藤萝、一些隐晦的风俗故事，如"鲤鱼跃龙门""刘海戏金蟾"等（图2-5-9～图2-5-12），该荷包即为上述拥有两三个口袋的"钱扁夹"，其面料为质朴的棉布，上面绣以多籽石榴，祈求多子多孙，荷包配色鲜艳，制作精美。

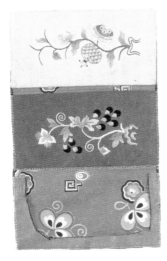

▲ 图2-5-9　石榴多子荷包（摄于江南
　　大学民间服饰传习馆）

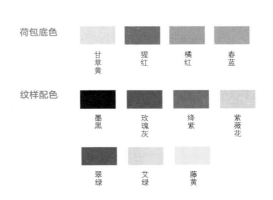

荷包底色

甘草黄　猩红　橘红　春蓝

纹样配色

墨黑　玫瑰灰　绛紫　紫薇花

翠绿　艾绿　藤黄

▲ 图2-5-10　石榴多子荷包色彩分析图

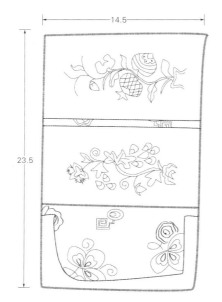

▲图2-5-11　石榴多子荷包尺寸图（单位：厘米）

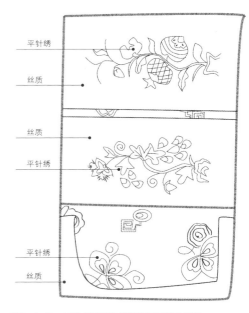

平针绣

丝质

丝质

平针绣

平针绣

丝质

▲图2-5-12　石榴多子荷包线描图及局部分析图

（2）褡裢荷包：褡裢同样是用来装钱物的囊袋，长方形，中间部位开口，两端下垂，由此形成两个口袋，一般有大小两种规格，大的搭在肩上，小的则挂于腰带上。褡裢荷包即根据褡裢的外形制作成的荷包。（图2-5-13～图2-5-16），黑色布底上选用两块粉色的面料作为绣底，并作以蝶恋花纹样，是很典型的女子对男子寄托情思的象征，采用的平针绣法，线迹公整，细腻且富有光泽，配色淡雅，足以看出该女子的细心及对丈夫的深情。而另外一幅（图2-5-17～图2-5-20），则是另一种寓意的图案——连续排列的蝙蝠单位纹样，配色简洁，对比强烈，主题突出，纹样大小一致、分布均匀。表达的寓意十分直白——多福，这也是民间常用的纹样，可以看出当时老百姓对幸福吉祥的渴求之心。

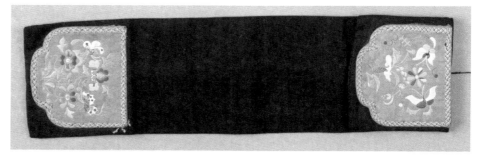

▲图2-5-13　蝶恋花刺绣褡裢（摄于江南大学民间服饰传习馆）

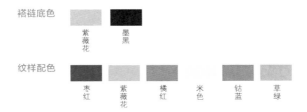

褛裢底色

紫薇花　　墨黑

纹样配色

枣红　　紫薇花　　橘红　　米色　　钴蓝　　草绿

▲图2-5-14　蝶恋花刺绣褛裢色彩分析图

49

11

▲图2-5-15　蝶恋花刺绣褛裢尺寸图（单位：厘米）

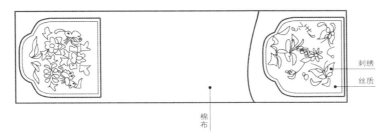

刺绣

丝质

棉布

▲图2-5-16　蝶恋花刺绣褛裢线描图及局部分析图

▲图2-5-17　多福刺绣褛裢（摄于江南大学民间服饰传习馆）

荷包底色

墨黑

纹样配色

月季红　　米色　　藤黄　　浅黄棕　　豆绿

▲图2-5-18　多福刺绣褛裢色彩分析图

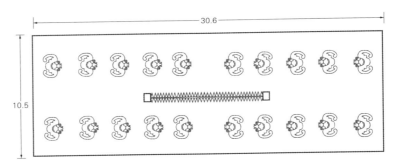

▲ 图2-5-19 多福刺绣裆裤尺寸图（单位：厘米）

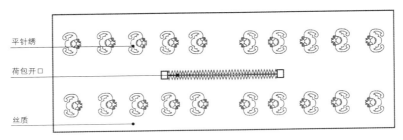

平针绣

荷包开口

丝质

▲ 图2-5-20 多福刺绣裆裤线描图及局部分析图

（3）抱肚荷包：这种荷包系于小腹部位，可以用来保暖。因为腹部是重点需要保暖的部位，以养丹田之气。古代有种三角形的专门用来装钱币元宝的袋子，常被人系于腹部，称为"搂肚"。上面经常绣有招财进宝等图案，为了祈求吉利和财源。小型的钱袋兴起于清代纸币出现后，但抱肚荷包的历史远比钱袋久远。我国西北民间妇女将多层布料缝制在一起，并在其表面绣花，做成抱肚荷包，给男子贴身佩戴，用来护腹（图2-5-21～图2-5-24），荷包分为上下两个区域，刺绣区域位于下方。整个包袋的面料采用的是黑色土布，刺绣绣底是红色细棉布，上面绣有蝴蝶、扁豆、花等纹样，画面饱满，生动有趣，用来烘托喜庆的气氛。绣法主要采用的是锁针绣，图2-5-25～图2-5-28所示荷包则采用的是平针绣。

▲ 图2-5-21 刺绣抱肚荷包1（摄于江南大学民间服饰传习馆）

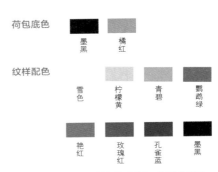

荷包底色

墨黑　橘红

纹样配色

雪色　柠檬黄　青碧　鹦鹉绿

艳红　玫瑰红　孔雀蓝　墨黑

▲ 图2-5-22 刺绣抱肚荷包1色彩分析图

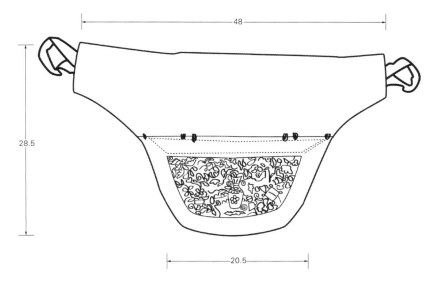

▲ 图2-5-23　刺绣抱肚荷包1尺寸图（单位：厘米）

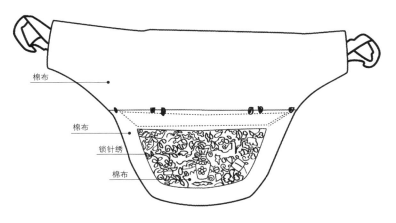

棉布

棉布

锁针绣

棉布

▲ 图2-5-24　刺绣抱肚荷包1线描图及局部分析图

荷包底色

墨黑

纹样配色

米色　藕色　艳红　天青　铜绿　青碧

▲ 图2-5-25　刺绣抱肚荷包2（摄于江南大学民间服饰传习馆）

▲ 图2-5-26　刺绣抱肚荷包2色彩分析图

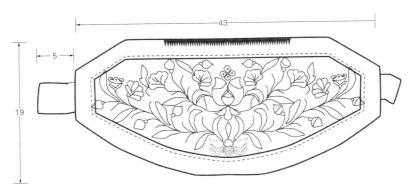

▲ 图2-5-27　刺绣抱肚荷包2尺寸图（单位：厘米）

▲ 图2-5-28　刺绣抱肚荷包2线描图及局部分析图

（4）烟荷包：俗称烟袋，产生于明代，盛行于清，民国时期逐渐衰落，但新中国成立后部分经济较为落后的地区和少数民族地区仍有流行。男人们虽然不沾针线活，但身上却有不少精致实用的刺绣物品，如绣花鞋垫、烟荷包等。挂在腰间的烟荷包彰显着妻子的心灵手巧，也体现出夫妻感情的和睦。由于是男子用物，烟荷包也成了少女对意中人的定情信物，荷包上的一针一线皆倾注着姑娘的感情和思念。烟荷包分为两种，有盖和无盖。无盖由绳子束口，多以葫芦造型为主。葫芦多籽，有多子多孙的美好寓意。葫芦烟荷包的腰间经常装上精心编制的抽绳，一来方便在烟袋上半部分装烟丝，以及防止下半部的烟叶遗漏，还能防止烟叶味道逸散。烟荷包流行于清朝，所以我们可以读到清代李静山用来描述葫芦烟袋的佳作《增补都门杂咏》：为盛烟叶淡芭菰，做得荷包各样殊，未识何人传妙制，家家依样画葫芦。[25]烟袋常采用深色粗布边角料缝制，耐脏经用，边缘用回形纹进行装饰，两边绣上花花草草或者传说中的人物故事等。其内容有求福许愿的，例如"金玉满堂"；也有树立品行的，如"梅兰竹菊"；还有表示修养身心的，如"琴棋书画"等。有的烟荷包制作较为考究，会配以流苏或者玉坠。将其系于烟杆之下，随走路而动，十分气派，悠然自得。

赠送烟袋作为定情信物是我国很多地区都有的习俗。沂蒙女子大部分在定亲时将烟荷包送给心爱的男子，送出的烟荷包是她们闺中待嫁时就准备好的，一共有三个，一个送心上人、一个送公公，另外一个送给说亲的媒人。三个荷包上，因为表达的感情不同，所绣图案也大不一样。送给对象的肯定是鸳鸯图样，而这类纹样也是最能体现绣功的。孝敬给公公的烟袋，图案没那么鲜艳，但针线也丝毫不得马虎。而送给媒人以示谢意的烟袋，图案范围就比较广泛了，可以是松树、腊梅、荷花等对人品寄以祝愿的纹样，送给媒人的烟袋更不能粗心，因为这烟袋被媒人拿去后可是会与其他女子所送的荷包比较的，由此足以见得烟荷包的影响力和宣传力。

（5）针线荷包：在各色的荷包中，针线荷包是造型最为灵活、与女子最为贴身的针线用品。针线荷包又称为"针扎"，是由荷包演变而来，除了可以随身佩戴，还可用来放置型号不一的绣花针和缝衣针，通体仅有半个手掌那么大，或握在手里或揣在兜里都十分方便。针扎包含两部分：外套和内芯，外套包裹内芯上的插针部位；内芯上的花纹与外套上的花纹可形成一幅完整和谐的图案。针扎内芯中填充棉花和少量香料，戴在身上能散发出淡淡的清香，小巧而精致的物件往往是易剪不易绣。

（6）香荷包：俗称"耍活子"或"搐搐"，古时称缡、香袋、香球、佩帏、容臭。在我国古代，端午节传统节日，家家户户为烘托节日气氛和尊重习俗而制作和佩戴香荷包。妇女们在绸缎或布上描好纹样轮廓，用丰富多彩的绣线绣以各种花纹图案，然后在绣片背面裱贴上一层厚白纸，分剪出来，再逐片沿边缘缝上金银线并缝合。里面充满棉絮，并填装具有杀菌除秽除潮功能且有散发芳香气味的雄黄、艾叶末、冰片、藿香、苍术等中药材。还有人在荷包里塞以紫金锭，荷包上绣上"五毒"字样，既有装饰作用，也有防蚊驱虫功能。

扇子套是装折扇的布袋，佩挂于腰间随身携带。清代描写此物的诗歌有《都门竹枝词》里的"金钱荷包窄带悬，纱袍扇络最鲜妍。"古代，扇套是家境殷实的男子随身把玩的物件，袋口设有纽扣，或者抽绳防止内物掉落。扇套外形小巧，绣工精良。

（7）眼镜荷包：顾名思义，为装眼镜的口袋。在旧时，眼镜算是比较贵重的物品，所以要用布袋装起来，方便携带，因此诞生了专门的眼镜荷包。其面料多为高档的绸缎，同样绣有各种图案，眼镜套一般为老人所用，是晚辈送给老人的礼物，所以内容均呈现吉祥、长寿、健康等主题。

二、荷包制作工艺

女红文化，源远流长，品种丰富多样，包括缝纫、纺织、刺绣、印染等。小小荷包通过丰富多变的刺绣技艺制作而成，可见，绣荷包的本源，便是女红。所以绣荷包成了古代闺中少女的专利，也是评价一位女子能力的重要标准。荷包绣得好坏直接关系他人对该女子聪明才智的印象，所以古代的少女从小就苦练各种手工艺技能，也为了长大后能嫁到好人家。

荷包制作工艺分为选择材料、描绘或剪纹样和刺绣，刺绣是绣荷包的核心技术。荷包的选材来源多样，多为绫罗绸缎等高档织品，当然，生活水平较低的老百姓常常使用自己纺织印染的棉布。图案来源于前人遗留下来的蓝本，民间称为"花样""样样子"。然后把花样纸样粘贴在布上绣扎。

荷包的针法变化多样，常采用的有平针绣、打籽绣、垫绣、套针绣、网绣、画绣、戳纱绣、盘金绣、贴布绣等，所呈现出的艺术效果也极其丰富。

平针绣又称为直针、齐针，是最基本的刺绣针法之一。具体做法是平直运针，组成块面，每一针起落在纹样边缘。要求线迹工整、均匀平直、不重复也不裸露。如图2-5-29～图2-5-31所示，该莲花纹样的荷包就是用平针绣法刺绣，可以看出其针迹十分工整，绣线的光泽感也很好地表现了出来，使得整体画面华丽高档。

▲图2-5-29 荷花刺绣荷包（摄于江南大学民间服饰传习馆）

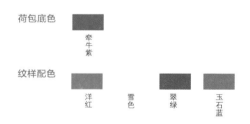

▲图2-5-30 荷花刺绣荷包色彩分析图

▲图2-5-31 荷花刺绣荷包线描图及局部分析图

打籽绣又叫"结籽""圈子针"，源自战国时期，常用以绣花蕊。用绣线通过扣结的方法绕成小扣，结为小籽粒。该绣法给人平整、紧凑、细致的感觉。

戳纱绣：是盛行于清代嘉庆年间的传统刺绣工艺，需在方格纱面料上进行，针线平行经纬线。此绣法绣出的成品类似织锦，图案性强，极富装饰性。

盘金绣：也叫"钉金"，即用特制的金线圈钉图案然后盘绣轮廓并用细线将金线固定。

锁针绣：我国最早出现的一种绣法，指用锁针的针法环圈单元结构，进行套索连接构成链条形纹样主题，像辫子，所以也称为辫子股绣。将辫子股盘绕在织物表面形成色块，便叫作锁针绣，如图2-5-32～图2-5-35所示。

近代以后，绣荷包工艺开始衰败，出现了手绘白描的形式。

绣荷包的针法变化万千，远不止上述这几种。小小荷包看起来好像很简单，但从一开始的裁剪纸样、糊裱面料。折烫布边，刺绣纹样，缝合布面，到最后外表整体装饰，全过程都离不开一双灵巧的手和全神贯注的精力。制作一个荷包需要花费几个小时甚至几天的工夫，最苛刻的是，全过程手掌不能出汗，不然会弄脏缎面。可见，绣荷包不仅仅需要高超的刺绣功夫更需要极大的定力和耐心。

▲图2-5-32　锁针绣荷包（摄于江南大学民间服饰传习馆）

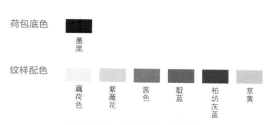

荷包底色

墨黑

纹样配色

藕荷色　紫薇花　茜色　靛蓝　柏坊灰蓝　草黄

▲图2-5-33　锁针绣荷包色彩分析图

▲图2-5-34　锁针绣荷包尺寸图（单位：厘米）

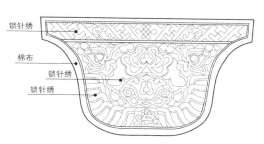

锁针绣
棉布
锁针绣
锁针绣

▲图2-5-35　锁针绣荷包线描图及局部分析图

三、绣荷包的审美内涵

绣荷包是民间艺术的表现形式之一，其审美内涵代表着精神内涵，也是在社会精神层面的延伸，它是文化的折射，反映出人们对美好生活的向往。这些用于民俗节日聚集欢庆、传达情意的荷包质朴、粗犷、原始、浑厚，寄托着人们祈求吉祥、渴盼平安的美好愿望，也凝聚了中华儿女的乐观、热情、善良、积极的品格；还原出劳动人民纯真简朴、积极向上的精神面貌。荷包的图样、色彩和外形都体现出民俗的心理需求：祈求平安、幸福、富贵、长寿，这也是老百姓们最朴实的需求。

荷包的图案百态千姿，纹样丰富，不同的纹样代表不同的用途，基本以求福纳福为主。有歌颂爱情的"鸳鸯戏水""蝶恋花""凤穿牡丹"等，也有求多子多孙的"麒麟送子""金瓜童子""榴开百子"等；还有各种动植物用来表达欢庆祝福的，以及表示如意吉祥的器物。《周易系辞》中写道"立象以尽意"，即形象要情意统一相合，进入明达事理、托物言情的境界，对于刺绣艺术，用该传统哲学思想来描述也是恰当的。荷包中很多吉祥纹样都是有着很深刻的内涵的，吉祥是美好的意思，我国传统吉祥观念基本都包含在"福、禄、寿、喜、财"这五个字中。用来寓意"福"的有谐音"蝙蝠"图案，同样，"鹿"用来表示"禄"，是古人希望升官的愿望。如图2-5-36～图2-5-39所示，该荷包的刺绣图案为"莲藕多福"，我国传统上关于莲藕的说法有"九孔莲藕"，寓意"三多九如"，即"多寿、多福、多子孙""如山、如阜、如冈、如陵、如川之方至、如月之恒、如日之升、如南山之寿、如松柏之茂"。所以，该纹样在这里也是象征多子多福的含义。

▲图2-5-36 莲藕多福刺绣荷包（摄于江南大学民间
服饰传习馆）

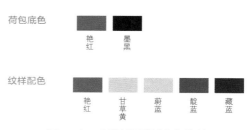

荷包底色　艳红　墨黑

纹样配色　艳红　甘草黄　蔚蓝　靛蓝　藏蓝

▲图2-5-37 莲藕多福刺绣荷包色彩分析图

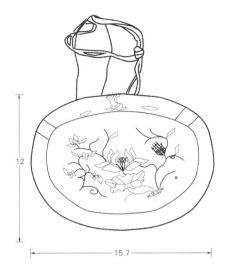

12

15.7

▲ 图2-5-38 莲藕多福刺绣荷包尺寸图（单位：厘米）

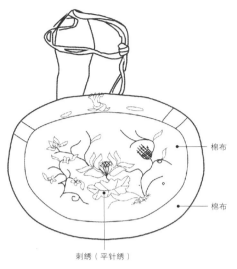

棉布

棉布

刺绣（平针绣）

▲ 图2-5-39 莲藕多福刺绣荷包线描图及局部分析图

　　绣荷包中用来表现主题的纹样多为动物、植物、器物。动物分为真实存在的生物和深化传说中具有吉祥象征意义的禽兽。多以喜鹊、蝙蝠、龙、凤、麒麟为主。图2-5-40～图2-5-43所示为蝴蝶和喜鹊的组合，都有着喜庆的意思。植物纹样比较常见，其中又以枣、石榴、各种花、藤蔓植物多见（图2-5-44～图2-5-46）。至于器物，则有如意、瓶罐、琴棋书画等物件。如图2-5-47～图2-5-50所示，在底端中间就绣有一个罐子状的器物，象征着聚宝瓶，有聚财求富贵的意义。

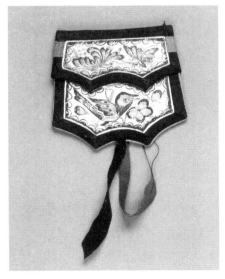

▲ 图2-5-40 手绘花鸟刺绣荷包（摄于江南大学民间服饰传习馆）

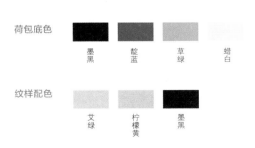

荷包底色

墨黑　　靛蓝　　草绿　　蜡白

纹样配色

艾绿　　柠檬黄　　墨黑

▲ 图2-5-41 手绘花鸟刺绣荷包色彩分析图

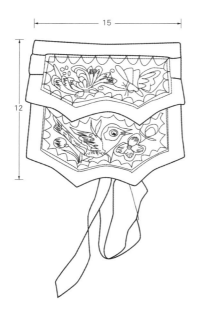

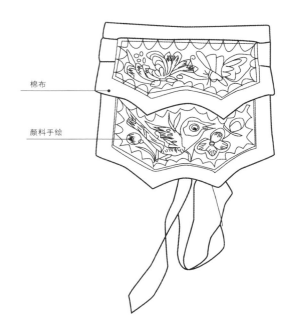

棉布

颜料手绘

▲ 图2-5-42　手绘花鸟刺绣荷包尺寸图（单位：厘米）　▲ 图2-5-43　手绘花鸟刺绣荷包线描图及局部分析图

▲ 图2-5-44　刺绣褡裢（摄于江南大学民间服饰传习馆）

荷包底色

柏坊灰蓝

纹样配色

藕荷色　　米色　　牵牛紫　　鹦鹉绿　　橘黄

▲ 图2-5-45　刺绣褡裢色彩分析图

丝质

平针绣

▲ 图2-5-46 刺绣裙裥线描图及局部分析图

▲ 图2-5-47 器物类刺绣荷包（摄于江南大学民间服饰传
习馆）

荷包底色

墨黑

纹样配色

藕色　雪色　柠檬黄

▲ 图2-5-48 器物类刺绣荷包色彩分析图

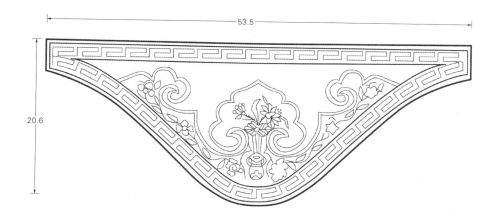

53.5

20.6

▲ 图2-5-49 器物类刺绣荷包尺寸图（单位：厘米）

丝绒

锁针绣

锁针绣

▲ 图2-5-50　器物类刺绣荷包线描图及局部分析图

汉族民间
服饰文化

　　绣荷包常采用单色底布上绣以彩色丝线的手法进行，绣出来的线迹表达的明暗关系没有绘画表现容易，而且绣线做出来的具有立体感的特有效果是绘画手段难以达到的，结合这个特点，绣荷包艺术更注重造型的简练与概括。在绣制物体外形特征上更重视整体画面和外轮廓的凸显。

　　荷包采用的配色，主要是青、红、黄、白、黑五色，属于中国传统色基调，也是人民对自然现象的再现。这五色是人们从自然界中获取的基本颜色，被运用于生活各个方面，创作出具有某种意识和观念的色彩艺术。绣荷包所用的布和线都离不开这五种颜色。其中又以红色、黄色使用最多。红色可以辟邪，黄色是富贵的象征。所用的荷包底布都比较鲜艳，或是有暗纹的丝绸、一般来看，蓝绿色调图案通常绣在红粉色调的底布上并用黑白色做点缀；红黄色调的图案绣在蓝绿色的底布上（图2-5-51～图2-5-53）。多采用强对比色，如红、绿，蓝、黑等原色作为底色，纹样用清淡雅致的颜色，既有鲜明对比，又协调统一（图2-5-54～图2-5-57）。有的荷包为了达到高贵华丽的效果，会用金盘绣法用金银线勾出轮廓。对于图案用色则根据纹样的不同而有所区分。花卉图案多以红、粉、黄等鲜艳色调为

▲ 图2-5-51　佛手刺绣荷包（摄于江南
　　大学民间服饰传习馆）

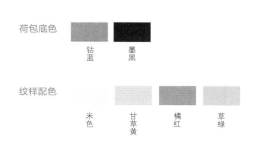

荷包底色

钴
蓝

墨
黑

纹样配色

米
色

甘
草
黄

橘
红

草
绿

▲ 图2-5-52　佛手刺绣荷包色彩分析图

棉布

平针绣

▲ 图2-5-53　佛手刺绣荷包线描图及局部分析图

▲ 图2-5-54　荷花刺绣荷包（摄于江南大学民间服饰传习馆）

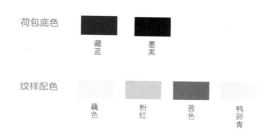

荷包底色

藏蓝　　墨黑

纹样配色

藕色　　粉红　　茜色　　鸭卵青

▲ 图2-5-55　荷花刺绣荷包色彩分析图

▲ 图2-5-56　荷花刺绣荷包尺寸图（单位：厘米）

▲ 图2-5-57　荷花刺绣荷包线描图及局部分析图

主，用来表达吉祥和富贵；树木图案则多用绿色，贴近自然，象征生机；器物，写实为主用棕褐色、黑白色居多；而人物图样通常是灰、蓝、黑等冷色调。

　　荷包上刺绣纹样题材有很多，写实、浪漫、夸张等都有涉及，既富有浓重乡土气息又不失装饰趣味。通过象征的方法，表达"求福"的愿望，其内容主要表现在三方面：婚姻幸福、家庭美满；多子多孙、健康长寿；平安富裕、辟邪消灾。图2-5-58～图2-5-61所示荷包的主题图案是"抓髻娃娃"，抓髻娃娃是我国民间剪纸图案之一，它的基本特征是正面站立，圆头，两肩平张，两臂下垂或上举，两腿分开，手足皆外撇。抓髻娃娃有性别之分，一般多为女性，也有的不象征性别的。女性抓髻娃娃头梳双髻或双辫；这个纹样包含多种祈禳含义，如祈福、祛病等。丰富的主题表达着不一样的情感，人们在绚丽多彩的绣线间传递情感，寄托梦想。

▲ 图2-5-58　抓髻娃娃荷包（摄于江南大学民间服饰传习馆）

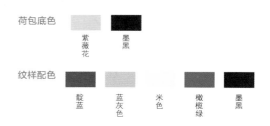

▲ 图2-5-59　抓髻娃娃荷包色彩分析图

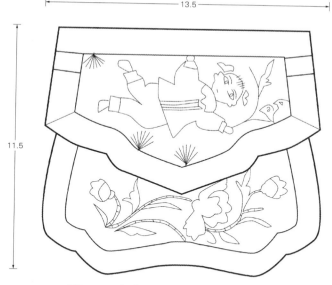

▲ 图2-5-60 抓髻娃娃荷包尺寸图（单位：厘米）

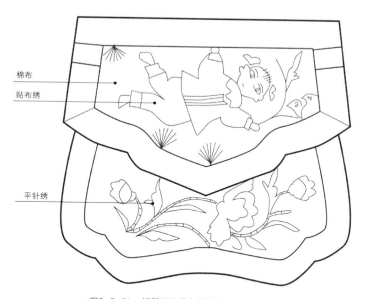

棉布

贴布绣

平针绣

▲ 图2-5-61 抓髻娃娃荷包线描图及局部分析图

　　荷包显现出的美不仅仅是造型审美，还有着绣者的情感审美。刺绣中表达出绣者的美好愿望，其实也是使用者能接受到的心理安慰。这种映射建立于他们的生活、生产环境，该环境包括物质和精神两方面。

　　作为民间艺术珍品之一的刺绣荷包不仅仅是民俗文化和日常审美艺术，其实它同时也是人们在精神层面上追求某种目的的功力行为。巴掌大小的荷包，其刺绣纹样却有着丰富的教化内涵和伦理认知。如宣导精忠报国的"岳母刺字"、教人不要攀缘的"老鼠嫁女"、督促勤劳耕种的"十忙图"、宣扬教育的"孟母三迁"等。这种功力目的体现出民间的淳朴思想，其作用在于给予孩童来自日常生活中的教育。荷包是人们寄托情感表达心灵的物质载体，与其他民间艺术有相同的特征，它不同于主流文化依靠语言文字进行传播，而是以口传心授为主，民俗活动为手工技艺的传承、交流、发展提供了最合适的生存环境，它是民间技艺得以繁衍的土壤。几千年的华夏文明，流传着生生不息的民间信仰和相传甚久的民间风俗。

第六节　足下生辉绣鞋金莲

足衣，是穿着在足部的服饰品，在古代称为履，具有护足的实用功能和社会生活中的"礼教"文化标志，是传统服饰文化的要素之一。[26]

从审美功能角度划分，足衣可以分为小脚鞋、放脚子鞋、天足鞋。小脚鞋又称"鞋"或"三寸金莲"弓鞋，因我国旧时妇女"缠足"之后穿着的、特制的小脚鞋因鞋底弯曲呈弓形故称"弓鞋"。"三寸金莲"是"弓鞋"的俗称，是古时妇女缠足之后，足部头削而肚丰，其鞋印颇似莲花瓣故得此名。弓鞋是唐宋以后汉民族的主流足衣形式，是长期传统礼教文化下的畸形审美倾向产物，典型特征为长度短、宽度窄、厚度薄头部尖，而且足底无自然曲线的特征；放脚子鞋是在民国时期提倡放足期间，适合已经缠足后又放开的鞋型，俗称"解放脚"，尺寸介于小脚鞋与天足鞋之间；天足鞋是适合没有外力作用的自然足部造型的足衣，如江南水乡的船形鞋和猪拱鞋、齐鲁地区的布鞋都是适合行走和田间劳作之需要的服饰品，穿着舒适方便、不束缚脚，适宜行走和劳动需要。

一、三寸金莲

（一）缠足历史

缠足始于中国封建社会，具体而言，源自北宋，迅速发展蔓延，至明代而大盛，至清代而鼎盛。[27]它是指用布条缠裹女子双脚，使脚部背离生长规律，产生畸变形成又小又尖的一种习俗。正常的审美倾向被此习俗颠覆，小脚成为评论女性美丑的首要标准，甚至影响着女人乃至整个家族的社会地位。因此，缠足弓鞋也成为女性日常生活的重要服饰品。在缠足盛行的年代，女性们在弓鞋的制作上花尽心思，工艺精雕细琢。直到清末民初，天足运动兴起，才逐渐使得缠足风俗消失，弓鞋随之被弃用。然而，存在了成百上千年的弓鞋，由于其悠久的历史，比其他任何鞋履的形制或者文化都要丰富，所以纵使以及消失，它仍然具有不可估量的工艺价值和考古价值。

最初，缠足只是出于对拥有纤细足部的舞女的欣赏，逐渐地，缠足作为一种审美情趣，被越来越多的女性接受，加之社会、环境、礼教、审美等复杂因素，缠足转变成一种畸形变态的社会认同。具体来说，缠足文化的发展过程是由纤细至窄弓、由流行至畸形一步步演变的，"小脚"主要分为纤直的小脚、"三寸金莲"与"解放脚"三种形式。

据《宋史·五行志》记载，宋理宗朝，宫妃们"束足纤直，名快上马"。[27]"快上马"说明缠足后行动并不艰难。由此可以看出在南宋中期以前，缠足只是尽可能缠小而已，而并不是把骨头缠折变形。考古发现，江西德安南宋周氏（1240—1274）墓出土的七双鞋，长18～22厘米，宽 5～6厘米。[28] 由此可以看出缠足在很长一段时间内只是较小较窄，缠足弓鞋也并没有演变到后来的弯弓。

"三寸"的出现是缠足开始由一种时尚转向病态审美的标志。妇女因缠足痛苦而导致的走路颤微、娇弱的这种病态刚好是古代社会"男尊女卑"观念的体现，[29] 从而得到了当时社会舆论的肯定与赞赏。

弓鞋是古代女性所穿的弯底鞋，因鞋底弯曲，形如弓月而得名。[30] "三寸金莲"盛行时期，弓鞋才开始发展成真正意义上弯弓。这种弯弓主要体现在鞋底内凹之上，从鞋底侧面可看到明显的弓月形状。这种形状可以给人视错，使穿用者的小脚显得更加娇小，从而开始形成一种求小而高，越高越小的恶性循环。

与其他服饰品一样，弓鞋在满足穿用基本功能的同时，其基本形制与文化积淀的内在联系也越来越紧密。随着缠足风俗不断深化，弓鞋也在继承与创造中不断地变化着，其特点归纳如表2-6-1所示。

表2-6-1　各朝代弓鞋特点

朝代	缠足发展形势	弓鞋样式	弓鞋的主要特点
宋至明代初期	纤直小脚	平底、有鞋翘、低帮	尖细、用色淡雅、单一朴素
明代初期至清代后期	三寸金莲	平底或高底、有鞋翘或无鞋翘、高帮或低帮	弯弓精致、装饰纹样繁多、色彩丰富
清代末期至民国	解放脚	趋于平底或平底、无鞋翘、低帮	窄小、纹饰稀少、朴素

（二）常见的弓鞋形制

高帮弓鞋——也可称为靴子。其上半部形似女性所穿宽口裤的裤脚，下半部分形似普通的弓鞋。靴子用料一般都很讲究，主要为缎面，且鞋帮有精致的绣花、贴边等，比普通弓鞋制作费料费时，常为贵族女子穿用。图2-6-1所示江南大学民间服饰传习馆馆藏的山东地区高帮弓鞋，其长度只有13.5厘米，鞋帮上除了绣花外，分别有4厘米和1厘米宽度的贴边（图2-6-2~图2-6-4）。

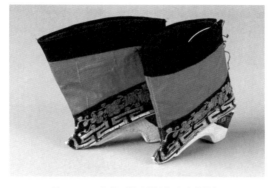

▲ 图2-6-1　高帮弓鞋（摄于江南大学民间服饰传习馆）

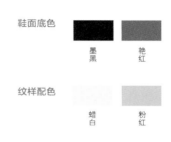

鞋面底色　墨黑　艳红

纹样配色　蜡白　粉红

▲ 图2-6-2　高帮弓鞋色彩分析图

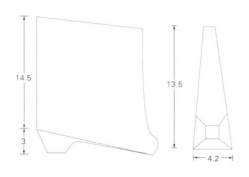

14.5

3

13.5

4.2

▲ 图2-6-3　高帮弓鞋尺寸图（单位：厘米）

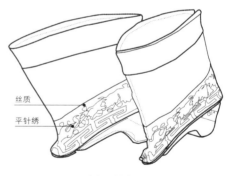

丝质

平针绣

▲ 图2-6-4　高帮弓鞋线描图及局部分析图

1. 高底弓鞋

　　高底分为里高底和外高底，外高底置于鞋底之下，垫于鞋内的是里高底。因高底弓鞋能使穿着者的脚显得比实际的更小，所以广受缠足女性喜爱。高底弓鞋的鞋帮制作不受限制，有高帮与低帮之分。高底也可有木底或布底，清代多用木底。这里的木底并不代表高底弓鞋的鞋底是纯粹的木质。当高底是木质时，与鞋帮相连接的鞋底部分仍是由布底制成的。如图2-6-5~图2-6-8所示，可以看出弓鞋的鞋底是由两层底组成，与鞋帮相连接的部分始终是布质。这不仅便于鞋帮与鞋底的缝合还增加弓鞋的舒适度。高底弓鞋的两层底长度相差很大，且木底是由布包裹，不能直接看到木头的材质。

汉族民间服饰文化

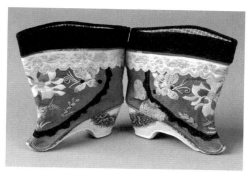

▲ 图2-6-5　高底弓鞋（摄于江南大学民间服饰
　　传习馆）

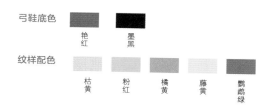

弓鞋底色

艳红　墨黑

纹样配色

枯黄　粉红　橘黄　藤黄　鹦鹉绿

▲ 图2-6-6　高底弓鞋色彩分析图

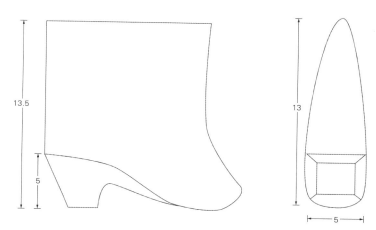

13.5

5

13

5

▲ 图2-6-7　高底弓鞋尺寸图（单位：厘米）

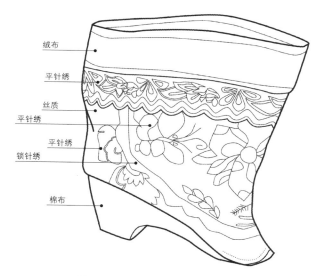

绒布

平针绣

丝质

平针绣

平针绣

锁针绣

棉布

▲ 图2-6-8　高底弓鞋线描图及局部分析图

2. 尖头平底弓鞋

鞋头为尖形，符合了缠后的足部状态。我国古代女子缠足是将足部第五跖骨折断，连同除了大拇趾之外的其余四趾弯折至脚底，缠足成形后，足的前端只留下一个大拇趾的宽度，足部宽度向后跟处逐渐变宽，形成一个尖尖的三角形。鞋底为平底，由一层层的布叠缝起来，厚度在3～6毫米之间（图2-6-9～图2-6-12）。

▲ 图2-6-9　尖头平底弓鞋（摄于江南大学民间服饰传习馆）

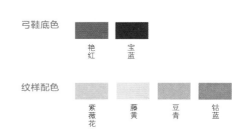

弓鞋底色　　艳红　　宝蓝

纹样配色　　紫薇花　　藤黄　　豆青　　钴蓝

▲ 图2-6-10　尖头平底弓鞋色彩分析图

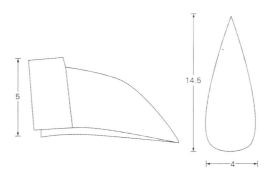

▲ 图2-6-11　头平底弓鞋尺寸图（单位：厘米）

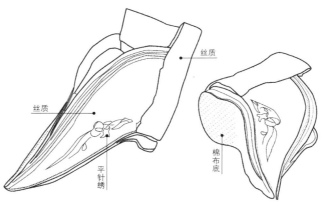

丝质

丝质

平针绣

棉布底

▲ 图2-6-12　尖头平底弓鞋线描图及局部分析图

3. 皂鞋

　　皂鞋鞋帮是由两片构成，鞋跟比网子鞋矮很多，鞋脸极浅，口作尖形，帮形如柳叶，色尚青，故称皂鞋。[31]皂鞋绣花装饰较少，是弓鞋向天足鞋履过渡的式样。其鞋底是用布底制成，是放足女性穿用的鞋履（图2-6-13～图2-6-16）。

▲ 图2-6-13　皂鞋（摄于江南大学民间服饰传习馆）

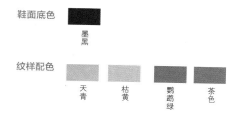

鞋面底色

墨黑

纹样配色

天青　枯黄　鹦鹉绿　茶色

▲ 图2-6-14　皂鞋色彩分析图

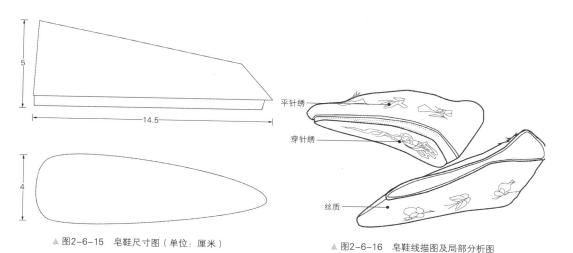

5

14.5

4

平针绣

穿针绣

丝质

▲ 图2-6-15　皂鞋尺寸图（单位：厘米）

▲ 图2-6-16　皂鞋线描图及局部分析图

　　早期缠足鞋是圆柱形后跟，后来圆柱演化成梯形、三角形，最后形成跟连底的坡跟式。起初鞋底用多层布纳底，到清代受满族女子木底旗鞋影响出现木质鞋跟，手工削制的木块鞋底逐步形成中间弯的"拱洞形"鞋底，即所谓的"弓鞋"。鞋跟之上常刺绣花卉昆虫，与鞋跟的形状相适应。还有一种"挂跟"，圆状鞋跟上缝有布片，两端钉扣襻，鞋跟侧面缀布条，共三个连接点。穿着时用绳带穿过三个连接点，绑在脚背和足跟处。这种鞋跟方便拆卸和穿着，可使鞋在高跟与平底之间变换，构思巧妙（图2-6-17～2-6-24）。

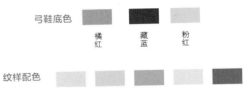

弓鞋底色　橘红　藏蓝　粉红

纹样配色　枯黄　粉红　橘黄　藤黄　鹦鹉绿

▲ 图2-6-17　绣花弓鞋（后跟与鞋分离）（摄于江南大学民间服饰传习馆）

▲ 图2-6-18　绣花弓鞋色彩分析图

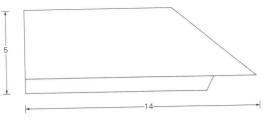

5

14

4.5

◀ 图2-6-19　绣花弓鞋
尺寸图（单位：厘米）

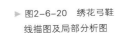

▶ 图2-6-20　绣花弓鞋
线描图及局部分析图

棉布

棉布　平针绣　锁针绣

▲ 图2-6-21　绣花弓鞋后跟（后跟与鞋分离）（摄于江南大学民间服饰传习馆）

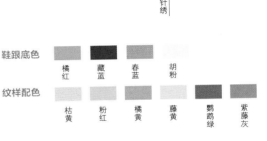

鞋跟底色　橘红　藏蓝　春蓝　胡粉

纹样配色　枯黄　粉红　橘黄　藤黄　鹦鹉绿　紫藤灰

▲ 图2-6-22　绣花弓鞋后跟色彩分析图

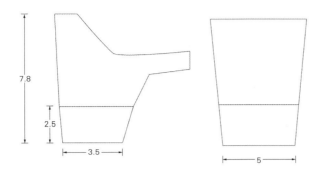

▲ 图2-6-23　绣花弓鞋后跟尺寸图（单位：厘米）

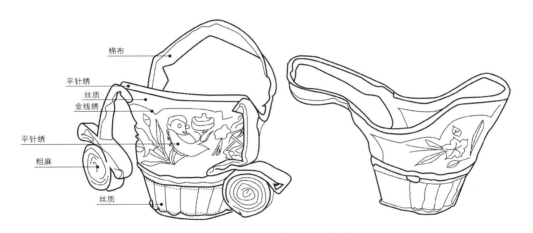

棉布

平针绣

丝质

金线绣

平针绣

粗麻

丝质

▲ 图2-6-24　绣花弓鞋后跟线描图及局部分析图

　　鞋帮的装饰手段一般有刺绣、贴边、绲边等工艺，但最主要体现于刺绣工艺上。刺绣纹饰素材来源于生活，一般有中国传统图案、花、鸟、草、人物、福禄寿等吉祥纹样（图2-6-25～图2-6-33）。不同的纹饰有着不同的符号化意义，比如，年轻女子为了表达对爱情的向往，会绣"蝶恋花"纹样，而老年妇女则会绣"八吉祥"的装饰纹样。

　　在日常生活中，什么场合穿什么样子的"三寸金莲"，其讲究颇多，尤其以婚嫁时候规矩最为严格。结婚时候女子要准备三双金莲，一双是在上花轿之前穿着的紫面白底的金莲，取"白"和"紫"谐音"百子"寓意婚后子孙满堂，表达亲友的美好祝福。上花轿时，再在"百子金莲"外面套一双用正方形布或者绸折叠成的杏黄色或赤黄色布"金莲"（不能用正黄色和明黄色，否则以触王法论处）。"黄色"有谐指"黄道吉日"的意思，讨个吉利。第三双是五彩丝绣的软底"金莲"，也称"睡金莲"，是拜过堂后上床时候穿的，但上床前，必须由新郎亲手脱去。这双金莲的鞋内有画，脱下后由新郎新娘一起合看，其画面的内容与新婚之夜有密切关系。新婚之夜就寝之前，新娘要把睡鞋递交给新郎，由新郎替新娘将日间的

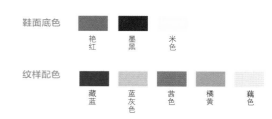

鞋面底色

艳红　墨黑　米色

纹样配色

藏蓝　蓝灰色　茜色　橘黄　藕色

▲图2-6-26　莲花纹样刺绣弓鞋色彩分析图

汉
族民间

服饰文化

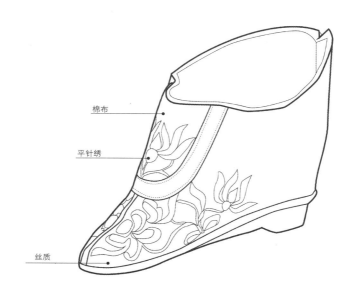

棉布

平针绣

丝质

▲图2-6-27　莲花纹样刺绣弓鞋线描图及局部分析图

鞋面底色

墨绿　墨黑

纹样配色

紫薇花　雪青　橘黄　鸭卵青　米色　浅驼色

▲图2-6-28　孔雀纹样刺绣弓鞋（摄于江南大学民间服饰传习馆）

▲图2-6-29　孔雀纹样刺绣弓色彩分析图

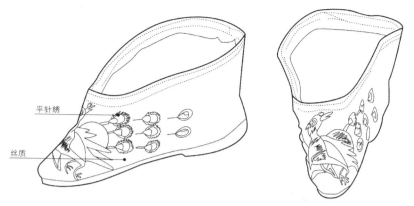

▲ 图2-6-30 孔雀纹样刺绣弓鞋线描图及局部分析图

平针绣

丝质

▲ 图2-6-31 水蜜桃纹样刺绣弓鞋（摄于江南大学民间服
饰传习馆）

鞋面底色

墨黑

纹样配色

蟹壳青　米色　粉红　枣红

▲ 图2-6-32 水蜜桃纹样刺绣弓鞋色彩分析图

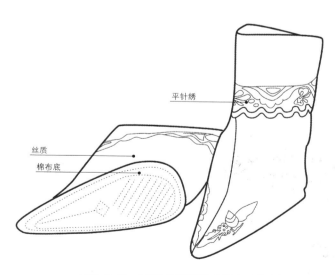

平针绣

丝质

棉布底

▲ 图2-6-33 孔雀纹样刺绣弓鞋线描图及局部分析图

鞋子脱掉，换上睡鞋，称之为递和谐。取"鞋"和"谐"的谐音，祝愿以后的婚姻生活和和美美。

4. 放脚子鞋

"解放脚"是天足运动兴起之后的又一种小脚形式。它并不是一种新的缠足方法，而是指已经缠足的女性，把裹脚布逐渐放开，任脚自由生长。这种脚的形状比"三寸金莲"大，比天足小，也称为"半大脚"。给"解放脚"穿的鞋称为"放脚子鞋"，尺寸介于小脚鞋与天足鞋之间（图2-6-34~图2-6-44）。

▲图2-6-34 放脚子鞋1（摄于江南大学民间服饰传习馆）

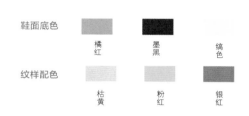

▲图2-6-35 放脚子鞋1色彩分析图

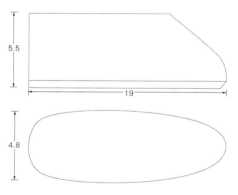

▲图2-6-36 放脚子鞋1尺寸图（单位：厘米）

▲图2-6-37 放脚子鞋1线描图及局部分析图

▲图2-6-38 放脚子鞋2（摄于江南大学民间服饰传习馆）

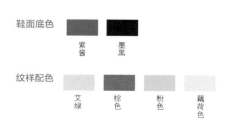

▲图2-6-39 放脚子鞋2色彩分析图

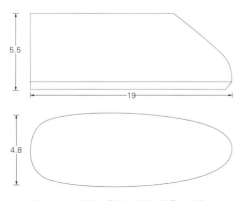

5.5

19

4.8

▲ 图2-6-40　放脚子鞋2尺寸图（单位：厘米）

棉布

平针绣

▲ 图2-6-41　放脚子鞋2线描图及局部分析图

▲ 图2-6-42　放脚子鞋3（摄于江南大学民间服饰传习馆）

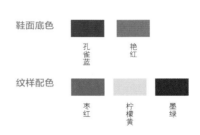

鞋面底色

孔雀蓝　艳红

纹样配色

枣红　柠檬黄　墨绿

▲ 图2-6-43　放脚子鞋3色彩分析图

平针绣

棉布

▲ 图2-6-44　放脚子鞋3线描图及局部分析图

5. 天足绣鞋

　　天足是在缠足风俗盛极而衰时出现的一个新的词汇，是相对于缠足而言。这个词汇的出现标志着缠足在文化上与社会上开始走下坡。[32]天足是指女性未缠裹、自然生长的脚。在缠足未兴起的年代，女性均为天足。农业社会时期，由于男性劳动力不够，使得很大一部分女性必须下地干活，而这部分女性劳动者必须保留天足才能下地，所以即使在缠足风俗最为鼎盛的时期也有天足的存在。随着传统纺织与刺绣工艺的发展，天足妇女穿用的天足绣鞋得以出现。绣鞋又称"绣花鞋"，是绣有花纹的鞋履。[33]它是一种超越了民族和地域的界限，被历代文人墨客所推崇，被各朝女子所穿着的鞋履。它自出现以来就一直伴随着纺织刺绣工艺发展而发展，是基于传统鞋履式样装饰刺绣而形成。天足绣鞋的发展不同于缠足弓鞋的发展，它没有特殊的风俗作为依托，在形制上不及弓鞋丰富。天足绣鞋的出现年代早于缠足弓鞋，并与缠足弓鞋的发展历史有重合的部分，在制作工艺上存在很多相似之处。

（三）常见的天足鞋形制

1. 千层底圆头绣鞋

　　属于平底绣鞋。平底绣鞋是天足绣鞋中最为常见的鞋履，其区别于高底绣鞋，种类非常繁多。如图2-6-45～图2-6-52所示的千层底小圆头绣鞋鞋帮为圆头，鞋底为千层底，鞋尖缀以花卉图案。它与古时鞋履具有非常相似的特点，浅帮薄底，轻巧便利。

▲ 图2-6-45　天足绣花鞋1（摄于江南大学民间服饰传习馆）

▲ 图2-6-46　天足绣花鞋1色彩分析图

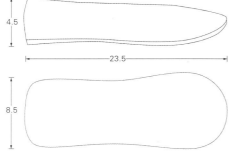

▲ 图2-6-47　天足绣花鞋1尺寸图（单位：厘米）

▲ 图2-6-48　天足绣花鞋1线描图及局部分析图

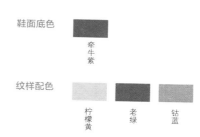

▲图2-6-49 天足绣花鞋2（摄于江南大学民间服饰传习馆）

▲图2-6-50 天足绣花鞋2色彩分析图

鞋面底色

牵牛紫

纹样配色

柠檬黄　老绿　钴蓝

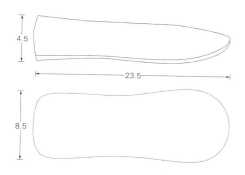

4.5

23.5

8.5

▲图2-6-51 天足绣花鞋2尺寸图（单位：厘米）

丝质

平针绣

▲图2-6-52 天足绣花鞋2线描图及局部分析图

2. "猪拱头"绣花鞋

"猪拱头"绣花鞋与"扳趾头"绣花鞋都属于吴东水乡地区，是具有典型仿生形态的绣鞋。"猪拱头"绣花鞋（图2-6-53~图2-6-55），鞋尖与鞋跟均呈圆形，形似猪鼻，寓意富贵吉祥。

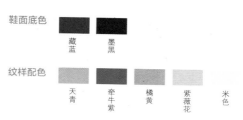

鞋面底色

藏蓝　墨黑

纹样配色

天青　牵牛紫　橘黄　紫薇花　米色

▲图2-6-53 "猪拱头"绣花鞋（摄于江南大学民间服饰传习馆）

▲图2-6-54 "猪拱头"绣花鞋色彩分析图

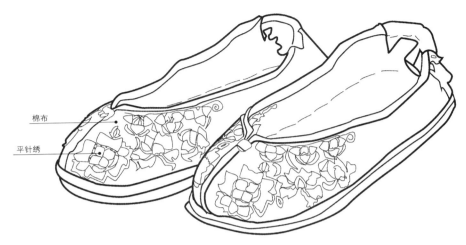

棉布

平针绣

3. "扳趾头"绣花鞋

"扳趾头"绣花鞋，也称"船形"绣花鞋，江南水乡特有的绣花鞋（图2-6-56～图2-6-61）。鞋头尖而上翘，形似水乡特有的，带有小蓬的舢板船的船头部位造型，整个鞋型也类似这种船的流线外形。这种船形绣花鞋穿着适用性很好，鞋底是"两端底"，在鞋底前半部分装上一块由细布经过密扎加工后、呈三角形状的薄鞋尖，鞋尖上翘，走路轻巧、利索，故俗称"扳指头"鞋，后来有在鞋底钉上两块皮是为了防潮湿，同样不分左右脚。其绣花图案也颇具水乡韵味；缠枝牡丹图案的构成，嵌绣有蝙蝠、手套、荸荠和梅花喻"福寿齐眉"。制作者故意将这四种图形隐藏于牡丹周围，若隐若现，更是增添了一些情趣。此种画形组合一般使用于新娘的绣花鞋上。

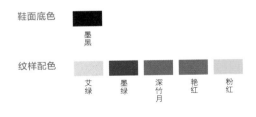

鞋面底色				
墨黑				
纹样配色				
艾绿	墨绿	深竹月	艳红	粉红

▲ 图2-6-56 "扳趾头"绣花鞋1（摄于江南大学民间服饰传习馆）　　▲ 图2-6-57 "扳趾头"绣花鞋1色彩分析图

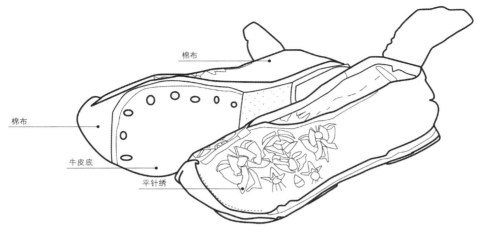

棉布

棉布

牛皮底

平针绣

▲ 图2-6-58　"扳趾头"绣花鞋1线描图及局部分析图

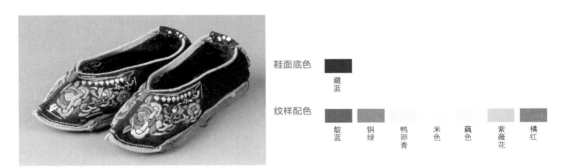

鞋面底色

藏蓝

纹样配色

靛蓝　铜绿　鸭卵青　米色　藕色　紫薇花　橘红

▲ 图2-6-59　"扳趾头"绣花鞋2（摄于江南大学民间服饰传习馆）

▲ 图2-6-60　"扳趾头"绣花鞋2色彩分析图

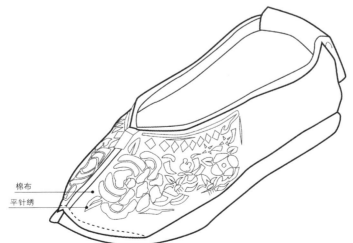

棉布
平针绣

▲ 图2-6-61　"扳趾头"绣花鞋2线描图及局部分析图

4. 绣花"鸡公"鞋（图2-6-62~图2-6-69）

在传统社会里，闽南惠安女这个群体沿袭了奇特的民俗——"早婚和常居娘家"，在现实生活中饱尝诸多难言和不幸，再加上男人主要从事海上作业，岸上一切工作便交给妇女，繁重的农业劳作以及闭塞贫困的社会环境等诸多因素使得惠安女肩负着沉重的体力劳动和精神负累。然而爱美是人类的天性，在漫长的岁月里，惠安女通过刺绣纹样来美化朴实的服饰，通过古朴的"鸡公"鞋来寄托长年累月对爱人的思念，这也是她们生活中主要的精神安慰和寄托。图案花纹丰富多变、色彩艳丽和谐，体现出惠安女独特的审美心理特征。

缠足弓鞋与天足绣鞋各自都呈现出种类繁多，构思精巧，做工精细的特点。它们在一定程度上反映出一个时代女红文化的发展情况。但随着缠足风俗的废除，缠足弓鞋只能陈列在

▲ 图2-6-62 绣花"鸡公"鞋1（摄于江南大学民间服
　　饰传习馆）

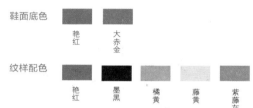

鞋面底色

艳红　　大赤金

纹样配色

艳红　墨黑　橘黄　藤黄　紫藤灰

▲ 图2-6-63 绣花"鸡公"鞋1色彩分析图

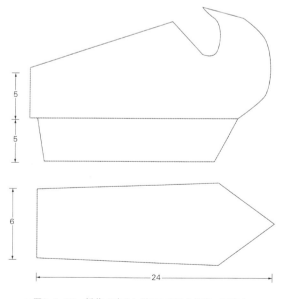

5
5

6

24

▲ 图2-6-64 绣花"鸡公"鞋1尺寸图（单位：厘米）

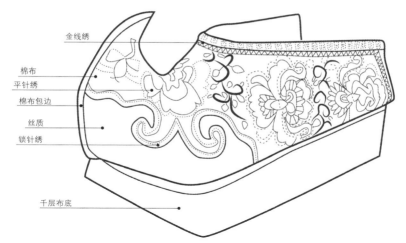

金线绣
棉布
平针绣
棉布包边
丝质
锁针绣

千层布底

▲ 图2-6-65　绣花"鸡公"鞋1线描图及局部分析图

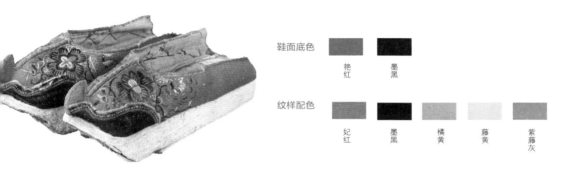

鞋面底色

艳红　　墨黑

纹样配色

妃红　　墨黑　　橘黄　　藤黄　　紫藤灰

▲ 图2-6-66　绣花"鸡公"鞋2（摄于江南大学民间服饰传习馆）

▲ 图2-6-67　绣花"鸡公"鞋2色彩分析图

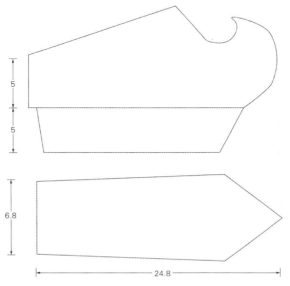

5

5

6.8

24.8

▲ 图2-6-68　绣花"鸡公"鞋2尺寸图（单位：厘米）

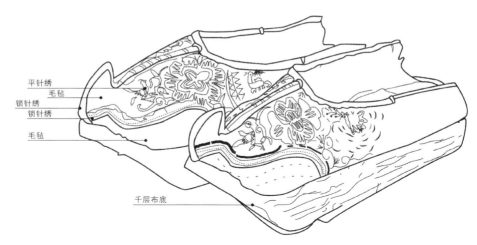

平针绣
毛毡
锁针绣
锁针绣
毛毡
千层布底

▲图2-6-69 绣花"鸡公"鞋2线描图及局部分析图

博物馆里。天足绣鞋也因为现代生活的快节奏需求，转变为大工业机器生产的服饰品。缠足弓鞋与天足绣鞋的手工制鞋工艺作为非物质文化遗产急需被保留。它们的工艺价值既有历史和社会的价值，也有艺术和科学研究的价值，而且还具有潜在的经济价值。同时，缠足弓鞋与天足绣鞋均以普通的材质通过简单的工艺技术创造出无论是形制、色彩，或是图案都堪称完美的艺术，其所利用的方法与技巧值得被现代服装时尚借鉴和弘扬。[33]

从民俗文化角度划分，足衣可以分为婚鞋（图2-6-70～图2-6-77）、丧鞋以及表现地域民俗文化特色的鞋、各种以动物形态表示祝福健康、强壮、驱邪避祸和吉祥含义的鞋子，如虎头鞋、狮头鞋、猪头鞋（图2-6-78～图2-6-81）以及一些特殊场合和用途穿着的鞋子如黄布鞋等。

▲图2-6-70 绣花婚鞋1（摄于江南大
学民间服饰传习馆）

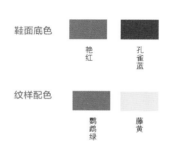

鞋面底色

艳红　孔雀蓝

纹样配色

鹦鹉绿　藤黄

▲图2-6-71 绣花婚鞋1色彩分析图

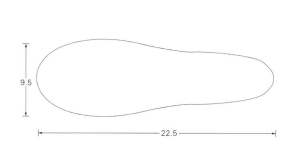

9.5

22.5

▲ 图2-6-72　绣花婚鞋1尺寸图（单位：厘米）

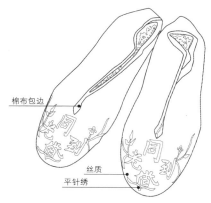

棉布包边

丝质

平针绣

▲ 图2-6-73　绣花婚鞋1线描图及局部分析图

▲ 图2-6-74　绣花婚鞋2（摄于江南大学民间服饰传习馆）

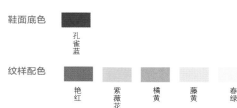

鞋面底色

孔雀蓝

纹样配色

艳红　　紫薇花　　橘黄　　藤黄　　春绿

▲ 图2-6-75　绣花婚鞋2色彩分析图

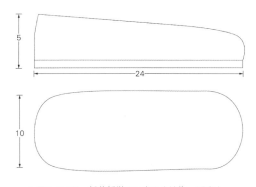

5

24

10

▲ 图2-6-76　绣花婚鞋2尺寸图（单位：厘米）

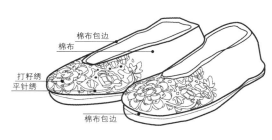

棉布包边

棉布

打籽绣

平针绣

棉布包边

▲ 图2-6-77　绣花婚鞋2线描图及局部分析图

▲ 图2-6-78 猪头鞋（摄于江南大学民间服饰传习馆）

▲ 图2-6-79 猪头鞋色彩分析图

鞋面底色

艳红　橄榄绿

纹样配色

艳红　墨黑　钴蓝　藤黄　鹦鹉绿

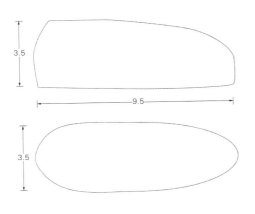

3.5

9.5

3.5

▲ 图2-6-80 猪头鞋尺寸图（单位：厘米）

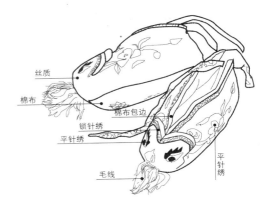

丝质
棉布
棉布包边
锁针绣
平针绣
平针绣
毛线

▲ 图2-6-81 猪头鞋线描图及局部分析图

　　从制作角度划分，足衣可以分为布鞋、草鞋、皮鞋或靴等形式。布鞋使用土织布和丝绸织锦等面料制作，一般为圆头、圆口、布帮和布底，南北方冬季都穿；草鞋常用于长江流域和沿海地区，南方使用稻草进行编制，齐鲁地区使用蒲草夹麻棕进行编制。夏天的草鞋是镂空状。形似今天的凉鞋。冬季穿的草鞋又称蒲窝，编制紧密，形似暖鞋非常暖和，但穿着略显粗糙并不十分舒适；北方地区寒冷，冬季气温一般在零下，因此常常使用皮靴保暖御寒。

　　从穿着角度划分，足衣可以分为室内穿足衣、室外穿足衣、雨雪天穿足衣以及就寝用鞋套等；冬季穿棉鞋，其他季节穿单鞋。室内穿足衣一般鞋底松软和轻薄，室外穿足衣因需要行走或劳作的关系鞋底较硬耐磨；雨雪天穿足衣称为钉鞋、齐鲁称之为油鞋（图2-6-82~图2-6-89）；就寝用鞋套，相当于现在的袜套。

▲ 图2-6-82 钉鞋1（摄于江南大学民间服饰传习馆）

鞋面颜色

土黄

▲ 图2-6-83 钉鞋1色彩分析图

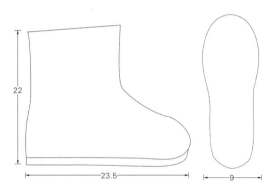

22

23.5   9

▲ 图2-6-84 钉鞋1尺寸图（单位：厘米）

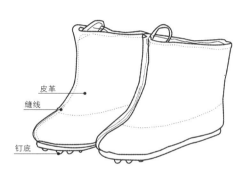

皮革
缝线
钉底

▲ 图2-6-85 钉鞋1线描图及局部分析图

▲ 图2-6-86 钉鞋2（摄于江南大学民间服饰传习馆）

鞋面颜色

土黄

▲ 图2-6-87 钉鞋2色彩分析图

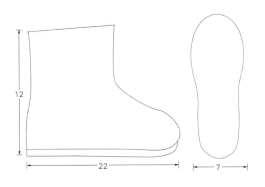

▲ 图2-6-88 钉鞋2尺寸图（单位：厘米）

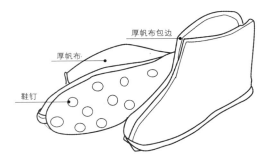

厚帆布包边
厚帆布
鞋钉

▲ 图2-6-89 钉鞋2线描图及局部分析图

5. 山袜

民间有句俗话，"靠山吃山，靠水吃水"，同理，在什么样的生存境况下就有什么样的服饰。在山区生活的人是格外辛苦的，只要再次回头品味一下《列子·汤问》中"愚公移山"的故事本身，而不穷究其寓意，我们就可明了愚公要移山的本意是因为出行的不便了。山区交通的不便是山区人们生活艰辛贫困最主要的原因，它迫使人们不得不更多地依靠自己的双脚，以至于山区长大的孩子小腿都格外的粗壮，原因就只在于经常运动的小腿肌肉要比别人发达些。肌肉可以随着时间的流淌而逐渐发达，但怎样避免不太结实的皮肤在行走时不被其他东西撕裂呢？过去在浙江绍兴山民中盛行的山袜就是基于这种用途而出现的一种很特别的袜子。

图2-6-90～图2-6-95所示，山袜是用丈余白土布做成，袜底很厚，有十余层之多，袜身也有五六层厚，都是用细针密密地缝织，目的就只有一个，要坚固结实。绍兴的山民们在袜外套鞋穿之后，既防蛇咬，又经得起山石的磕碰，还防止荆棘刺腿扎脚。此时，就这些山民脚上的鞋与袜而言，袜子成了主体，鞋倒居于一种相对次要的位置了。

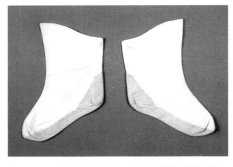

▲ 图2-6-90 短袜套（摄于江南大学民间服饰传习馆）

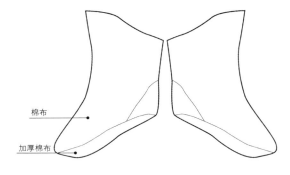

棉布
加厚棉布

▲ 图2-6-91 短袜套线描图及局部分析图

▲ 图2-6-92　长袜套（摄于江南大学民间服饰传习馆）

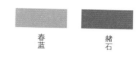

春　　　赭
蓝　　　石

▲ 图2-6-93　长袜套色彩分析图

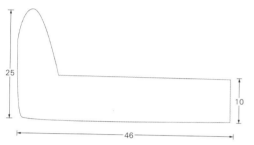

25

10

46

▲ 图2-6-94　长袜套尺寸图（单位：厘米）

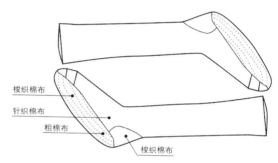

梭织棉布

针织棉布

粗棉布

梭织棉布

▲ 图2-6-95　长袜套线描图及局部分析图

二、绣花鞋垫

　　我国传统文化绚烂多彩，拥有悠久历史的鞋履文化是其中灿烂的一支，对于传统民间技艺，它具有一定的代表性，而作为鞋附属品之一的绣花鞋垫，也同样有着丰富的传统审美内涵。

　　关于鞋垫的起源，现已无从考证，能查阅到的我国古籍中最早记载鞋垫的文字出自《庄子·杂篇·外物第二十六》中的"得兔而忘蹄"。其中"蹄"指的是兔的"屉"，在《说文》中，"屉"解释为"屦，履中荐也"，"荐"指麦荐、草荐，故知"履中荐"指的就是鞋垫。而绣花鞋垫则源自勤劳的妇女之手，当男性作为劳动力下地干活时，家中的妇女只好编织吉祥图案于鞋垫上，给丈夫穿于脚下，祈祷图案里的神灵保佑他们平安、健康。同时，绣花鞋垫也倾注了长辈对小孩的关爱之情。可见，在古时，绣花鞋垫可谓是寄托情感的载体。我国黄河流域农村，当地妇女至今还保留制作绣花鞋垫的传统。

　　关于绣花鞋垫的装饰样式主要有两种，一种是分出一个花边，然后在其中绣上饱满连续的图案；另一种更为传统，以象征天、人、地三界的方式对应将鞋垫从上至下分为鞋头、腰子和后跟。每个部分分别对应三界之一，鞋头往往绣上日月星辰的变形来代表天；腰子则代表人间情感对应人界，图案含情委婉，或者干脆绣以直白的文字"双喜""思念""盼归""永结同心"（图2-6-96～图2-6-99）等；而后跟则以十字、如意盘肠和表东南西北方向的"八角茴香"作为装饰。

从图案的形式亦可分为两类：一类为深底浅色绣花或浅底深色绣花的花鸟、昆虫、动物及人物鞋垫，多为莲花、牡丹（图2-6-100～图2-6-103）、雨、喜鹊等，其色彩对比强烈，造型质朴、寓意直白，多用于民俗婚丧。如图2-6-104～图2-6-111所示，鸳鸯戏水、金鱼荷花（喻示家和万事兴）等直白的寓意，都体现出人们渴求平安幸福吉祥生活的状态。

▲ 图2-6-96 永结同心绣花鞋垫（摄于江南大学民间服饰传习馆）

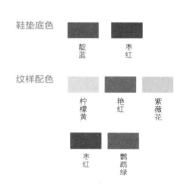

▲ 图2-6-97 永结同心绣花鞋垫色彩分析图

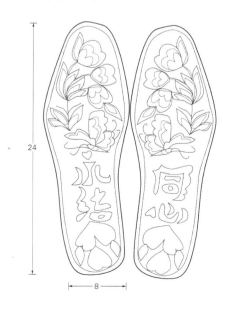

▲ 图2-6-98 永结同心绣花鞋垫尺寸图（单位：厘米）

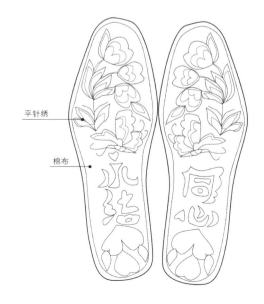

▲ 图2-6-99 永结同心绣花鞋垫线描图及局部分析图

这一类多见于山西省忻州和吕梁地区。另一类则以集合纹样为主，多为传统十字纹、米字纹、井字纹等符号。配色采用五行用色，五色相生相克、高贵典雅；形以阴阳为分，阳象大多是具象的宝相花、桃花、星月等符号，阴象则由剩余空间里点线面自己组合而成，阴阳呼应，这种类型多见于陕北、内蒙古等地。

做绣花鞋垫曾经是少女们的必修之课。据统计，位于川陕甘三省交界的龙门地区的四川广元麻柳山乡的三千多名妇女中，就有一千三百多名妇女精于刺绣挑花技艺。当地俗话云"谁家女子巧，要看针线好。"在当地，通常小女孩多从四五岁就开始学习拿针，六七岁时就练习简单的刺绣方法，十一二岁便可绣出各种纹样，十七八岁就能绣出成套的让人震惊的嫁妆。

▲ 图2-6-100　牡丹花绣花鞋垫（摄于江南大学民间服饰传习馆）

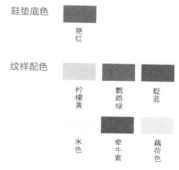

鞋垫底色
艳红

纹样配色
柠檬黄　　鹦鹉绿　　靛蓝

米色　　牵牛紫　　藕荷色

▲ 图2-6-101　牡丹花绣花鞋垫色彩分析图

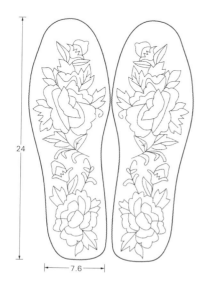

24

7.6

▲ 图2-6-102　牡丹花绣花鞋垫尺寸图（单位：厘米）

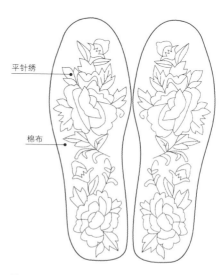

平针绣

棉布

▲ 图2-6-103　牡丹花绣花鞋垫线描图及局部分析图

第二章　多姿的汉族服饰形制

159

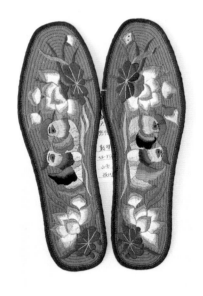

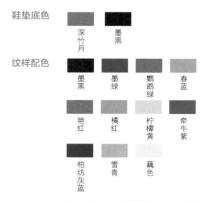

鞋垫底色

深竹月　墨黑

纹样配色

墨黑　墨绿　鹦鹉绿　春蓝

艳红　橘红　柠檬黄　牵牛紫

柏坊灰蓝　雪青　藕色

▲ 图2-6-104　鸳鸯戏水绣花鞋垫（摄于江南大学民间服饰传习馆）

▲ 图2-6-105　鸳鸯戏水绣花鞋垫色彩分析图

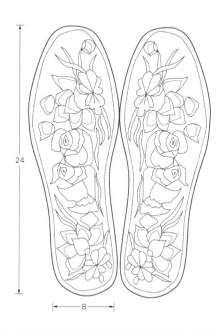

24

8

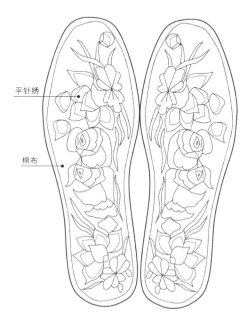

平针绣

棉布

▲ 图2-6-106　鸳鸯戏水绣花鞋垫尺寸图（单位：厘米）

▲ 图2-6-107　鸳鸯戏水绣花鞋垫线描图及局部分析图

汉族民间

服饰文化

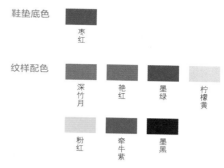

鞋垫底色

枣红

纹样配色

深竹月 艳红 墨绿 柠檬黄

粉红 牵牛紫 墨黑

▲ 图2-6-108 金鱼荷花绣花鞋垫（摄于江南大学民间服饰
　传习馆）

▲ 图2-6-109 金鱼荷花绣花鞋垫色彩分析图

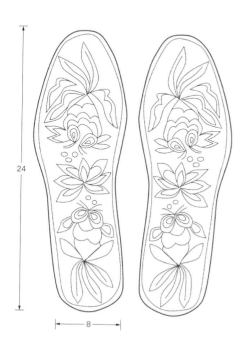

24

8

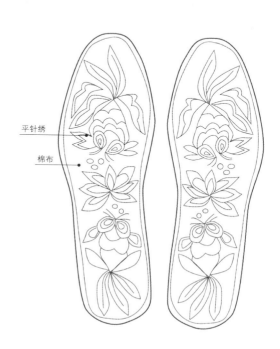

平针绣

棉布

▲ 图2-6-110 金鱼荷花绣花鞋垫尺寸图（单位：厘米）

▲ 图2-6-111 金鱼荷花绣花鞋垫线描图及局部分析图

绣花鞋垫主要制作工艺有平针绣（图2-6-112～图2-6-115）、挑花、套针、割绒等技法。平针绣较为简便易学，是将选好的图案草稿勾画于鞋垫上，然后用平针直接绣制。很多女子的手头都收集、保存有大量好看的图样，这种绣法利于对传统样式的继承与传播。也有不画草图直接绣花的，这种人经常是悟得真象，极富创造力的高手，平针绣法要求针脚排列整齐均匀、不露底布为上品，多见于山西、内蒙古等地。

▲ 图2-6-112　平针绣鞋垫（摄于江南大学民
　　间服饰传习馆）

▲ 图2-6-113　平针绣鞋垫色彩分析图

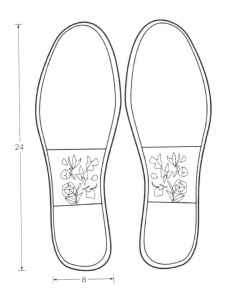

▲ 图2-6-114　平针绣鞋垫尺寸图（单位：厘米）

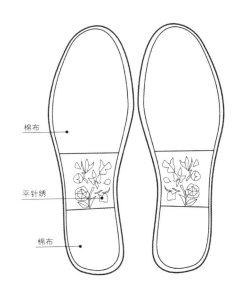

▲ 图2-6-115　平针绣鞋垫线描图及局部分析图

挑花，也称十字挑花、挑线、十字股，这种绣法是事先在鞋底画上或利用画布经纬线抽成经纬方格，然后依格下针，不能错位，此法多用十字针法或斜行排列法相组合，组成简练夸张变形的几何图案，多为传统纹样或由古老图形演化而来的较为抽象的符号（图2-6-116～图2-6-119）。

▲ 图2-6-116　挑花绣鞋垫（摄于江南大学民间服饰传习馆）

纹样配色

| 枣红 | 天青 | 橘黄 | 藕荷色 |

▲ 图2-6-117　挑花绣鞋垫色彩分析图

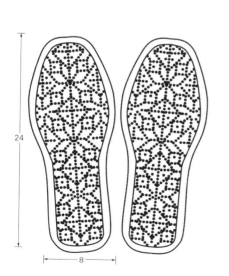

24

8

▲ 图2-6-118　挑花绣鞋垫尺寸图（单位：厘米）

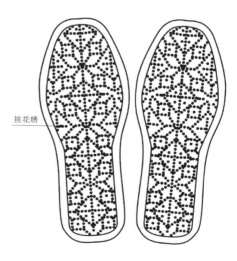

挑花绣

▲ 图2-6-119　挑花绣鞋垫线描图及局部分析图

第二章　多姿的汉族服饰形制

163

割绣花鞋垫是从衬底演化而来，一层鞋靠，正面填两层布，外蒙一层新白布，用双股线纳。绣花鞋垫有割花、扎花、挑花、绣花等多种样式，以割花和扎花最为普遍。割花是把一双鞋垫对缝在一起，铺绣上花色图案，再从中间用利刃割开，就成了一对图案对称、色彩艳丽的绣花鞋垫（图2-6-120～图2-6-123）。

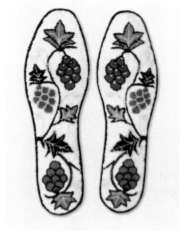

▲ 图2-6-120　割绣鞋垫（摄于江南大学民间服饰传习馆）

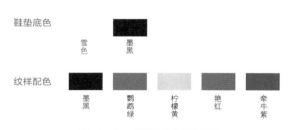

鞋垫底色

雪色　墨黑

纹样配色

墨黑　鹦鹉绿　柠檬黄　艳红　牵牛紫

▲ 图2-6-121　割绣鞋垫色彩分析图

26

8.2

▲ 图2-6-122　割绣鞋垫尺寸图（单位：厘米）

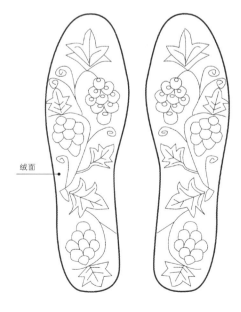

绒面

▲ 图2-6-123　割绣鞋垫线描图及局部分析图

汉族民间
服饰文化

绣花鞋垫是没有地域之分、没有性别差异、没有长幼之分的东西。在如今生活还比较闲适，节奏依然缓慢的边僻乡间，心性不浮躁的中老年妇女依然为之一针针、一线线抒写着她们的人生，点缀着她们的生活，镶嵌着她们以及与她们相关连的人的梦。

绣花鞋垫最初只有实用功能，随着人们的审美情趣提高，开始进行一些艺术加工，并寄以美好吉祥的祝愿在里面，传达对亲人的情感。再后来，人们的健康意识加强，开始注入穴位按摩养生理念，同时为了达到透气、吸汗、除臭、减震的目的，绣花鞋垫的制作工艺不断改善。总之，绣花鞋垫是产生于民间女性的一种艺术形式，其发展过程深深体现出我国民间劳动人民的智慧和审美意趣，同时折射出他们勤劳、朴实、热爱生活的一面。

[1] 崔荣荣,张竞琼. 近代汉族民间服饰全集 [M]. 北京:中国轻工业出版社,2009.

[2] 贾玺增. 中国古代首服研究 [D]. 上海:东华大学,2007.

[3] 梁惠娥,程冰莹,崔荣荣. 江南水乡民俗服饰的文化内涵对现代服装设计的启示 [J]. 武汉科技学院学报,2009, 22(6),35-37.

[4] 王静. 我国传统服饰品——眉勒的形制与工艺研究 [D]. 无锡:江南大学,2008.

[5] 梁惠娥,王静. 论近代中国传统首服之眉勒 [J]. 装饰,2006,10:18-19.

[6] 梁惠娥,邢乐. 中国最美云肩:情思回味之文化 [M]. 郑州:河南文艺出版社,2013.

[7] 梁惠娥,胡少华. 近代服饰品云肩中云纹形态及其组合形式初探 [J]. 现代丝绸科学与技术,2010,25(3): 20-23.

[8] 崔荣荣,魏娜. 中国最美云肩:民间服饰中梅花形态的文化解析 [J]. 装饰,2006(11):92.

[9] 刘熙. 释名·释衣服 [M]. 上海:上海辞书出版社,2009.

[10] 礼记 [M]. 贾公彦疏本. 郑玄,注. 上海:上海古籍出版社,1994.

[11] 周汛,高春明. 中国古代服饰大观 [M]. 重庆:重庆出版社,1994.

[12] 刘熙. 后汉书·舆服志 [M]. 北京:中华书局,2012.

[13] 施耐庵. 水浒传 [M]. 上海:上海古籍出版社,1991.

[14] 许慎. 说文解字 [M]. 段玉裁,注. 上海:上海古籍出版社,1988.

[15] 李斗. 扬州画舫录 [M]. 北京:中华书局,1997.

[16] 周丹. 当代肚兜服饰的演变研究 [D]. 长沙:湖南师范大学,2011.

[17] 左丘明. 左传 [M]. 山西:山西古籍出版社,2004.

[18] 兰陵笑笑生. 金瓶梅词话 [M]. 香港:香港太平书局,1993.

[19] 徐珂. 清稗类钞·服饰 [M]. 北京:中华书局,1984.

[20] 曹雪芹 著,高鹗 续. 红楼梦 [M]. 北京:人民文学出版社,1996.

[21] 刘若愚. 酌中志 [M]. 北京：北京古籍出版社，1994.

[22] 曹庭栋. 养生随笔 [M]. 上海：上海古籍书店，1981.

[23] 王群山. 近代汉民族肚兜纹饰刍议 [J]. 饰，2004，04：40–42.

[24] 赵汝珍，石山人. 古玩指南全编 [M]. 北京：北京出版社，1992.

[25] 章用秀. 鉴藏香荷包 [M]. 天津：天津人民美术出版社，2005:4.

[26] 崔荣荣，张竞琼. 近代汉族民间服饰全集 [M]. 中国轻工业出版社，2009.

[27] 高洪兴. 缠足史 [M]. 上海：上海文艺出版社，1995.

[28] 李科友，周迪人，于少光. 江西德安南宋周氏墓清理简报 [J]. 文物，1990，9.

[29] 韩梅丽. 走进 "三寸金莲" [J]. 沧州师范专科学校学报. 2003，19(2)：27–29.

[30] 周汛，高春明. 中国衣冠服饰大辞典（上）[M]. 上海：上海辞书出版社，1996.

[31] 高洪兴. 缠足史 [M]. 上海：上海文艺出版社，1995.

[32] 高彦颐. 缠足："金莲崇拜" 盛极而衰的演变 [M]. 苗延威，译. 南京：江苏人民出版社，2009.

[33] 李洵. 缠足弓鞋与天足绣鞋工艺对比研究 [D]. 无锡：江南大学，2012.

汉
族民间

服饰文化

第 三 章

深邃的汉族服饰艺术

我国汉民族服饰在历史与文化的传承发展中，形成了独立的服饰体系。汉民族传统服饰非常具有东方韵味，是中国传统服饰文化的精华，无论是在造型、色彩还是服饰技艺上都具有独特的艺术风貌。

第一节 "宽衣博袖"的造型艺术

我国传统服饰较为显著的着装特征是"宽衣博袖"，其中最具有代表性的是在魏晋南北朝时期文人高士所率先穿着的这种服饰，随后逐渐成为当时的一种服饰风尚。《中国历代服装、染织、刺绣辞典》一书中这样解释道："褒衣博带"，为魏晋南北朝时期服饰之风尚，以文人高士特别喜爱。当时诸多文人，不入仕途，做潇洒超脱的举动，故而宽衣大袖，袒胸露臂，披发跣足，来显示他们不拘礼法。《晋记》："谢鲲与王澄之徒，摹竹林诸人，散首披发，裸袒箕踞，谓之八达。[1]" 晋·干宝《搜神记》："晋元康中，贵游子弟，相与为散发裸身之饮。[2]" 南朝·宋·刘义庆《世说新语·任诞》："刘伶尝着袒服而乘鹿车，纵酒放荡。" 北齐·颜之推《颜氏家训》载：梁世士大夫，均好褒衣博带，大冠高履。风尚所及，当时动平民百姓，也都把宽衣大袖看作时尚。南京西善桥出土的南朝《竹林七贤》砖刻画，生动地描述了当时高士们宽衣大袖，袒胸跣足的形象。[3] 史书有相当的内容记载着这种"宽衫大袖"的服饰风尚。这种宽衫大袖、褒衣博带的服饰样式受到了广泛民众的欢迎，上至三公名士，下及黎庶百姓，均穿此服饰，使得社会上的服饰礼仪制度更加随意，不拘束。东晋、葛洪的《抱朴子》中云："传类领会，或蹲或踞，著夏之月，露首袒体，盛务唯在樗蒲、弹棋。" [4] "宽衣博袖"的造型之所以能够在魏晋南北朝时期如此盛行，其原因是，汉末以来，军阀割据，时局动荡，人们心理上普遍失衡，及时行乐和逃避现实的现象十分普遍。特别是诸多文人士子，对生活完全失去了信心，他们思想上追求道教玄学，生活中追求颓废荒唐，在衣着上常以怪诞为雅尚，以病态为时髦。如"竹林七

贤"图中所表现的阮籍、山涛、向秀、刘
伶、阮咸、王戎、嵇康等七人，个个宽衣博
袖，代表了时代的服饰特色。在晋代画家顾
恺之的传世作品和敦煌壁画中也都有不少
这种服饰形式的表现，"一袖之大，足可为
两"的说法，看来是不为过的。受此风影响
下，妇女的服饰也是宽衣博袖。与男子服饰
不同的是，魏晋南北朝时期妇女的衣着特点
是"上俭下丰"（图3-1-1）。所谓上俭，指
的是衫襦等上身衣着都比较窄小合体，但两

▲ 图3-1-1　魏晋南北朝时期妇女衣着

只袖子很宽博；下丰，指的是下裙部分十分宽博，其长度"一裙之长，可分
为二"，足见当时妇女的衣着特色。[5]

一、"宽衣博袖"的哲学内涵

"天人合一"是我国古代的政治哲学的思想，亦是我国古代文化中的精
髓。几千年来，服饰受其影响一直以宽衣大袖、平面裁剪的形式存在，服饰
中所表现的服饰与人、人与自然之间的和谐之美也正式显示了"天人合一"
的思想。例如孔子和孟子所代表的儒家思想，他们提倡"仁、义、礼、智、
信"；道家所主张的"消极遁世"；佛家则提倡"六戒"等思想，千百年来心
理沉淀颇深直入人心，极大地影响了中国人服饰的选择，甚至逐渐地影响了
现代人的想法，从而产生了一套较为固定的服饰观念。[6]我国传统服饰文化
最根本是讲究深层精神内涵上的需求，即追逐的是人与物的和谐之道，并非
力求通过服饰的塑造来展现人体这种表面的形式，它更注重的是我们祖先长
期遗留下来的哲学文化思想，而这些哲学思想最终传达的是宽松舒适、力求
身心和谐的传统服饰文化内涵。

二、"宽衣博袖"的造型审美

中国传统的服装全部都是平面的结构，基本的样式是宽衣大袖，主要造
型是流线型的造型，衣身平直，尺寸宽大，与现代服装多省道的立体结构相
比，平面式结构裁剪更加方便，服装前后身衣片面积大且整齐统一，穿在身

上十分宽松，这样的衣服需要进行刺绣或其他技艺进行点缀来增加服装的美感。[7]。中国传统服饰历经千年却保持着其独特的东方风格，即"宽衣博袖"的整体造型风格。这种服饰造型进行静态展示时，所呈现出的是一种二维的平面视觉效果，裁剪时亦大多使用的是直线式裁剪，不会像西方的服饰，会做出省道或是在外部廓形上进行曲线式的设计，我国这种传统的"宽衣"造型，不会刻意去追求表现人体效果，而是注重宽大、平整的服装平面造型。看似平整、宽博的服装，在穿着时，由于服饰本身的松量较大，于是便形成了优美自由、宽松离体的服装褶裥，同时伴随着人动态的走动，如同行云流水般的流线，随风而动，使得人体与服饰达到一种完美的和谐，和环境一起成为具有灵性的艺术品，同时形成了人与服装和谐统一的空间造型。这种造型的服饰实际上追求的是一种超越形体的精神空间，在飘逸隐约的服饰掩盖之下，委婉地呈现出人体的曲线美感，并伴随着一定的节奏感，在服饰与人体之间进行交替变换。《老子》一书中也曾提到"人法地、地法天、天法道、道法自然[8]"，人们认为人和天地万物都是相生相息、浑然一体的。这说明在古代中国，人们是用一个整体的视角去理解宇宙本质的。在人类文化的原始时期，中国人就已经把人和自然宇宙作为不可分割的一部分来理解，形成了"天人合一""天人和谐"的有机整体宇宙观。要在服装的造型上体现这种观念，那么展现的是和谐、自然、统一之感，汉族服装满足人体活动的需求并随人体活动而呈现出自然、和谐的状态，使服装造型既不束缚人体，远离人体，又受到人体支配，达到人与自然融为一体、天人合一的宇宙观。

第二节 "五行五色"的色彩文化哲理

中华民族拥有上下五千年的文明史，中华民族传统色彩文化在我国民族文化中有着举足轻重的地位，"五行五色"的色彩文化是构成我国传统色彩文化的重要组成部分。

"五行"简言之，指的是自然界中现实存在的木、火、水、金、土，在《尚书·洪范》中这样叙述到："五行，一曰水，二曰火，三曰木，四曰金，五曰土；水曰润下，火曰炎上，木曰曲直，金曰从革，土爱稼穑。"之后的阴阳五行说是将"五行"学说与阴阳说结合在一起而成，"阴阳五行"中的金、木、水、火、土被赋予了五色、五味、五方、五季、五德等，丰富了阴阳五行说的内涵，并在社会中得到广泛的运用，如在历法、医学、天文、地舆等学术领域的应用。天文中有水、火、木、金、土五星；地舆中有水、火、木、金、土五方；在中医学中，人体内腑有水、火、木、金、土五脏，等等。此后，邹衍又运用五行相生相克的说法，建立了五德终始说。由于列黄帝为土德、周文王是火德，因此，依据这个规律推理，秦是水德。再如东青、西白、南朱、北玄的说法，东青属木，西白属金，南朱属火，北玄属水，依据相克顺序，总结出"秦得水德而尚黑"，致使"衣服旄旌节旗皆上（尚）黑"（《史记·秦始皇本纪》）[9]。

　　"五色"即指的是青、赤、黄、白、黑。早在周代，便出现了关于五色说的文字。《周礼》载："画绘之事杂五色。东方谓之青，南方谓之赤，西方谓之白，北方谓之黑，天谓之玄，地谓之黄。[10]"《史记·樂书》"五色成文而不乱"郑玄曰："五色，五行也。"唐代孔颖达在《尚书·正义》中提及："玄是天色，故为正；纁是地色，赤黄之杂，故为间色。皇氏云：正，谓青、赤、黄、白、黑五方正色也。不正，谓五方间色也，绿、红、碧、紫、骝黄是也。青是东方正，绿是东方间……朱是南方正，红是南方间……白是西方正，碧是西方间……黑是北方正，紫是北方间……黄是中央正，骝黄是中央间……""正色"和"间色"的论述，对中国的色彩文化影响深远，并决定了以后的使用范制[11]。不同阶级的人根据社会地位高低尊卑而应用相应的颜色，尤其是在我国等级制度森严的封建社会中，色彩被用来别上下、明贵贱，成为统治阶级权力等级差别的标志与象征。自周代起，几乎每个朝代都以五色中的一种"正色"作为代表性的色彩，并对社会人士、宗教礼仪场合及重要活动有着极为严格的色彩规范。例如《周礼》中规定："皇帝冕服、玄（黑）衣、（红）裳，用十二章，从公爵起视帝服降一等用之"，而十二章纹的色彩是"山龙纯青，华虫纯黄作会，宗彝纯黑，藻纯白，火纯赤"（《尚书大全》）[12]。进入封建社会的中期之后，在颜色的使用上制订了等级更为森严的规定，如在《宋·舆服志》就对文武官员的服饰色彩作出规定："文武三品以上服紫，四品服绯，五品浅绯"，只有皇帝才可以使用黄色和带有龙纹装饰的服装，所以黄色和龙纹也就成为视觉符号用来表示帝王和王权（详见《清史稿·舆服志》）。在中国古代封建社会中，服饰色彩是统治者用来巩固自身地位的工具，他们将色彩赋予符号与象征等政治理论意义，用颜色来解释社会阶级的等级差别，用严格的规定规范了色彩的使用范围，有尊贵和权威象征的五色已然脱离了色彩本来的意义与其自然的物质属性，是封建等级制度与儒家礼教思想双重作用的结果。五正色是最基本的颜色，不能被调和，然而五间色却可以通过正色相混可得到。这样，在五彩缤纷的世界中，确立了正色与间色两大类，并以正色为本源之色，象征着富贵与权位，这与当时的封建等级制度相适应，在这套体系中色彩的象征、运用贴切，渗透到下至黎民百姓、上至达官贵族生活中的各个层面，成为数千年民众主流文化的一部分，为稳固被统治阶级的起到了重要的作用，但是它阐述了色彩的基本原理，为中国古代五色体系和美学思想奠定了基础，可见"五行"学说对于我国古代民众的深刻影响，其中蕴含着深厚的相克、相生、相合的古代哲学思想。

一、"五行五色"与"天人合一"

在我国古代，"五行五色"暗含着世间万物相互依存、相生相息、循环往复的大自然客观规律，同时还指导着民众要顺应天地万物的自然发展，最终祈祷民众能够生活安康、国家繁荣昌盛。"五行五色"学说反映了中国人心中最深切的哲学思想，即"天人合一"的哲学内涵，同时人们以五行中的色彩为依据，顺应着世间万物的变化和发展进行方向性地色彩运用。"五行五色"的内在含义还与自然、社会、人生诸多方面联系在一起，精神内涵极其丰富。我国民间百姓往往将这一内涵定义为"吉祥如意"的象征。于是，当他们从切身利益方面去理解"五行五色"观念的内涵时，通过颜色艳丽、明快靓丽的色彩在民间服饰中进行装饰，进而传达民众心中最真切的色彩思想观念。我国服饰仿生色彩文化的基本哲学指导思想也是"天人合一"。"五色观"来源于天地间与人关系最密切的生态事物，古人将这些色彩定为正色，逐渐衍变为具有丰富和深刻哲学内涵的色彩文化。我国服饰文化中的"五行五色"学说也辩证地体现了"天人合一"的观念，人类的精神观念都是通过具体的物质形式表现出来的，"五行五色"的深层意蕴就是对自然宇宙法则和上天意志的模仿与显示。人们自觉地遵从天意，通过服饰的具体形式或细节来表现出人对上天意志的服从，从而达到"天人合一"的境界。因此，"天人合一"的哲学观点和"自然审美观"自然而然地便产生了辩证共生关系[13]。

汉民族是一个崇尚红色的民族，"尚红"心理在社会生活和民俗习惯中普遍存在，中国人喜欢红色，并将红色运用在社会生活中的方方面面，大到房屋、墙壁，小到孩童额头上的"点红"，红色应用无处不在。传统民间社会生活中的各种民俗风情与事项也多以红色为基调，特别是在传统节日与重大场合时，几乎形成了一片红色的海洋。红色也俨然成为汉族乃至于整个中华民族的文化表意符号。红色在民间服饰中应用也较普遍，如山西晋中地区女性裙装以红色为主，色彩较为鲜艳；齐鲁地区的民间服饰更是以各种红色为主要表现色彩，并逐渐形成具有地域色彩的个性风格。此外，新娘子出嫁时的盖头、婚服、绣鞋、头绳、胸花、花轿等都是红色，男子在身上系红色腰带、还有小孩子穿戴红色肚兜等，可见，红色在汉民族中形成了一种约定俗成的色彩倾向，具有不可替代的地位。

红色在汉民族传统文化中被认为传承着吉祥和喜庆之意，又成长为幸福和美满的美好意涵。红色在五行的方位上对应南方，在季节对应夏天。南方温暖湿润，夏天万物勇长，均为昌隆兴旺之象，故《黄帝内经素问·阴阳应象大论》说："南方生热，热生火，……在色为赤，在音为微，在声为笑，在变动为忧，在窍为舌，在味为苦，在志为喜。"[14]因而，红色多用于喜庆场合，如民间在春节时挂红灯笼、贴红对联，极具节日喜庆的热闹；结婚礼上新娘穿大红色服装、贴大红喜字，满堂都是红色，以传承着喜结良缘、幸福美满的民俗含义；送贺礼时用红纸包裹；开张奠基时要剪红绸缎，等等。《山东省志·民俗志》记载：红棉袄、绿棉袄，曲阜一带妇女年过六十，丈夫在世，儿女双全，做一件红棉袄，外罩青褂，但袖口、下摆必露出红色，显示幸福。[15]在汉族民间，人们将促成二人姻缘之事成为"牵红线"，尊称促成姻缘的人为"红娘"。可见，在汉民族中红色吉祥喜庆、幸福美满的含义深入人心。

作为一种自然现象的色彩，红色是一种积极的色彩，其作用于视觉的光线波长在可见光谱中最长，最容易使人感觉兴奋、激动与紧张。心理学家也曾做过许多实验，人们处于红色的环境氛围中，血压会升高，情绪也易引起冲动。红色给视觉以迫近感和扩张感，是最先进入人们的审美视野中的色彩。因而，红色服饰以其独特的视觉心理感受，由此上升成为驱邪和祈福的民族、民俗的心理特质。在民间文化中，有生孩子送红鸡蛋，为新生儿穿红肚兜的习俗，认为这样才能趋吉避凶，消灾免祸，庇佑孩子幼小的生命，祈求平安。又如汉民族在除夕，逢本命年的人们有穿红内衣，系红腰带，或选用红色配饰的习俗，以辟邪。

随着历史的积淀红色已被人们赋予了吉祥喜庆的寓意，意味着吉百事顺遂、消灾解难。反映在服饰上，红色则代表的是富丽、华美形象的视觉语言，并被上升成为整个汉民族传统民间服饰礼仪的具有标识性和象征性的色彩。红色又被视为美丽的表现，如妇女的盛装称为"红妆"，女性妆容称为"施红晕朱"，有内涵的美丽女性谓之"红颜知己"等。可见，红色在汉民族心目中占有着重要的地位。

第三节   吉祥图案与装饰艺术

我国民间服饰中的装饰图案大多是以吉祥为主题的图案造型，可以说是达到了"图必有意，意必吉祥"的程度，它传达了民众最真实的祈吉求祥的美好心愿，体现着中国民间的人生哲理和艺术内涵，凝集着民族文化的精髓，同时也展示了民间制作者的心灵手巧。

由于人们长期对自然物象观察归纳，从而会对生活中的自然物象作抽象与概括的处理，如民间妇女在服饰上刺绣图案时根据自己的记忆理解，注重抓住图案的主体特征，对其他地方进行概括处理，使图案不脱离实物的客观形态，易辨识。甚至有时直接将图案以纯粹的几何形式来表现，展现出民间服饰装饰的艺术魅力。这种抽象性的图案表现方式作为民间艺术审美意蕴中的一种独特风貌，它反映出民间女红工作者崇尚自然美，但又不拘泥于自然物象的束缚，充分发挥自身丰富的想象力、创造力运用到服饰中，从而显示出其独特的艺术魅力。比较代表性的有民间服饰中出现的动物形态、花卉形象以及人物姿态等等。民间妇女善于刺绣，她们通过自身对自然万物的观察与理解并加以分析、归纳，以概括的方式突出图案的典型特征，并挖掘图案的内在精神，通过刺绣图案寄托自身对美好生活的愿景。

吉祥图案的题材和内容取材广泛，来源于异彩纷呈的自然万物，其最早起源可追溯到人类早期原始时代。原始人为了御寒、护体、遮盖，用树叶、树皮、兽皮围身。同时，原始人用有色矿土和兽血文身，或采用划破身体的方式作为"刺青"装饰，还有用兽骨、牙齿、贝壳、石子等材料串成饰链佩戴在身体上，这些行为或是为了自我表现、美化身体、吸引异性，或是由于原始图腾崇拜以及祭祀、巫术等需要，都可以看成是服装图案的雏形。事实上，人类对图像的创造始终伴随着文明的进程。服饰图案的发展在服装文化发展中占有重要的地位，并在一定程度上能够反映一个时代、一个民族文化特质与审美。历史上的服饰图案丰富多姿，或抽象写意，或写实，或夸张，但无论何种表现形式，都反映出当时历史条件下人们的生产与生活状态，成为人们生活中的缩影，传达出人们在特定历史条件下的思想情感。这进一步说明，服饰图案来源于生活，来源于人们的审美感知力和艺术创造力，具体地讲，来源于人们千百年来记录在服装和其他生产、生活用品上的美的印记[16]。民间服饰中的装饰纹样题材大多源自于百姓的日常生活以及他们对生活的美好向往与愿景，像生活中所常见的花、鸟、鱼、虫、等动植物形态，以及与人们生活紧密联系的相关社会、生活场景、戏曲题材（图3-3-1、图3-3-2）等，其中多是抒发人们对美好幸福生活的向往与憧憬。这些都形象地体现出制作者的思想，展现出她们良好的手工技艺，具有突出的装饰效果，集艺术性与寓意性于一体，具有极高的审美价值与文化内涵。总之，民间服饰上塑造出的这些装饰图案是民间妇女心中最朴素、最真实的思想与情感。

在吉祥图案的构图造型中运用的是平面式结构，着重表现形象的外轮廓，在重情理结构的前提下，对形象的动态和静态作了夸张、变形处理，不受生理或自然形态结构的约束，只选择外形特征作象征性或平面化的处理。[17]从造型上来讲，我国民间服饰上的装饰纹样大多具有吉祥美好的寓意，是人们对于美好生活向往的一种表现形式。在民间服饰上的装饰图案大多是人物、动物、植物等题材，由于他们自身独特的审美理念，在创作时并不刻意地去追求客观真实的实物表现，而更多的是倾向于将自己对自然的观察结合主观的意愿来创造出意蕴吉祥的艺术形象。在众多的民间服饰图案造型中，常见的人物、花草虫鱼等自然形象，都是全面形象而完整的表现出来。装饰图案在民间服饰中的分布亦是遵循传统的审美原则，其中有民间服饰中图案的形式美，如讲究上下左右对称、平衡的形式，讲究图案的饱满造型（如图案错落有致布满全身的装饰效果），讲究突出中心图案形象（如图案出现在服饰的中心位置）等等。有时候是以组合的形式出现，例如人物与动物的组合、动物形象与植物形象的组合、花卉图案与几何纹样的组合，等等，他们按照不同的结构造型，完整

▲ 图3-3-1　眉勒中刺绣的动植物形

▲ 图3-3-2　床帘中的戏曲人物

地出现在服饰上，相互联系、彼此衬托，从而保证了服饰整体图案的完美造型（图3-3-3）。例如，民间服饰肚兜中出现的"麒麟送子"的图案（图3-3-4），描绘的是一个手握莲蓬和笙的可爱的儿童骑在麒麟上，寓意祈生贵子，这其中是寓意麒麟从天上送来贵子，在服饰上出现这种图案，便是寓意祈求能够得到"良儿"的意蕴。这些民间服饰纹样追求完美的造型艺术，可以说是反映了人们追求美满幸福生活的理想心理。

中国传统吉祥图案的构成特点即"图案之美，美在具象，但归根结蒂又是一种抽象的表现手法"。[18]《辞海》的装饰条称："装饰：修饰、打扮。《后汉书·梁鸿传》载：'女（孟光）求作布衣麻履、织作筐辑绩之具。及嫁，始以装饰入门。'"民间服饰中的图案多以中国传统吉祥图案的形式出现，它是将美的形式与吉祥的内容相结合，从而达到"形"与"意"融为一体的效果。因此图案的构成理念中就有着相当成分的程式化部分。特定的形象表达特定的含义，而特定的形象相组合又具有相应的情感寓意，各个元素按照形式美的规律进行组合，或对称而具稳定感，或对比极具冲击力，或重复连续，以达到吉祥内容与形式的完美统一。但在图案的造型上，又具有随意性，依创作者自身的认知程度与技法而有所区别。另外，民间服饰图案在构图排列上讲究对比与调和，力求所塑物象在疏密、聚散、大小、长短、方圆、曲直等方面达到对比调和，体现出一种特定的节奏和韵律，以在变化中求得统一。

总之，民间服饰中的装饰图案，体现了一种美的艺术形式，它随着时代的发展，社会的变迁，呈现出千差万别的形态特征，在漫漫长河中显示出了它顽强无比的生命力与历史文化底蕴。但追根究底，它源自于中国古代的特定政治、经济、地理气候等环境条件下，受到我国社会传统的民族心理、哲学、观念、生活习俗等因素的制约，展示了我国汉族民众特有的意识情趣与审美习惯。细观察之，民间服饰中的装饰图案来源于人们的日常生活，与百姓的衣食住行、所思所想密切相关，是民众生产劳作中最朴实的艺术思想、语言的体现，有着他

▲ 图3-3-3　裙上的人物形象

▲ 图3-3-4　肚兜中的"天赐麟儿"

们自己的文化内涵、表现形式和艺术审美思想，从而显示出其独特的艺术魅力。

第四节 　繁复精美的服饰技艺

民间服饰之中的技艺是繁复多样、博大精深的，主要包括刺绣、拼接、镶缏、织染技艺，它们在民间服饰中的表现形式和形态多种多样。刺绣，又叫"绣花""针绣"和"扎花"，是利用绣针穿引彩色的丝线（丝、绒、线），按照经设计或艺人记忆的花样，在纺织品（丝绸、布帛）或衣物上刺缀运针创作，以线迹构成图案、文字，是我国优秀的民族传统工艺之一。古代称"黹""缄黹"。这种传统手工艺基本是妇女创作，后来又叫"女红"。《尚书》有记载显示，距今四千多年前的章服制度，就有对"衣画而裳绣"的规定。周时，有"绣缋共职"的记录。时至今日在湖北和湖南等地出土的战国时期、两汉时期的绣品，技法都特别好。在唐宋时期的刺绣作品施针匀细，用色丰富，当时用刺绣以作书画、饰件等为多。明清时封建王朝的宫廷绣工规模很大，民间刺绣也得到进一步的发展，先后产生了苏绣、粤绣、湘绣、蜀绣，号称"四大名绣"。[19]另外，在传统四大名绣的基础上还衍生了很多具有地域特色的刺绣风格，如北方的"京绣""鲁绣""汴绣"等，南方的"锡绣""珠绣"等。民间刺绣作品往往主要依据于民众所喜闻乐见的事物形态和生活场景，并受不同地域环境、民俗文化的影响，出现了不同造型的图案、色彩、针法，构图自由随意的同时又追求饱满、华丽的艺术效果，有着"图必有意，意必吉祥"的纹饰主题；而女子刺绣在很大程度上所追求的是对自己内心情感的抒发与证明自己的出色的女工技艺，情感表达围绕着美满与幸福生活这条主旋律。总之，刺绣作为传统服饰的装饰技艺的主要表现手法承载了我国旧时女性的主要生活内容。

刺绣的针法也是多种多样，主要有平针绣、盘金绣、打籽绣、十字绣、贴布绣、锁针绣、珠绣、割绒绣等等，具体介绍如下。

（1）平针绣，是刺绣中较为常用的一种针法。其表现特点为刺绣时，线迹与线迹之间紧密平整的排列，即做到线与线之间既不留空隙也不能重叠，使其平滑而整齐。这种绣法能够对各种图案形式进行填充，因此也叫轮廓绣。对于横、直图案要求要做到平直，不能弯曲；对于圆弧形图案，要力求圆润而自然[20]（图3-4-1）。

▲ 图3-4-1　肚兜中的平针绣

（2）盘金绣，是将金线（在棉线外裹上假金而成，民间常用，而宫廷用金钱或银线相捻而成）盘绕组成预先设定的图形，再用绣线将其

▲图3-4-2　眉勒中的盘金绣

钉固于面料上的针法，效果略微凸起、生动而有一定的立体感（图3-4-2）。

（3）打籽绣，又称结子绣或环绣，传统刺绣针法。是用线条绕成粒状小圈，绣一针，形成一粒"籽"，故名"打籽"。打籽绣颗粒结构变化多样，用线可细可粗，打籽有大有小，所绣物品具有极强的质感，因此常常被用来描绘花蕊或其他花卉等动植物的形象（图3-4-3）。

（4）十字绣又称挑花绣，选用平纹组织底布，利用布丝绣出有规律的花样来。一般按横竖布丝作十字挑花，经纬清晰。常见针法有：十字针法、米字针法、人字针法、犬牙针法、蜂窝针法、双三角针法。一般荷包上运用较多（图3-4-4）。

（5）贴布绣，刺绣的一种形式，是一种传统的古老形式，起源于对破损的衣物上的缝补，后经巧手制出花样补在衣服上，即成布贴。近代贴布绣是在一块底布上通过剪样、拼贴成各种图案，然后再用针线沿着图案纹样的边缘锁边，具有浅浮雕效果的民间实用品。亦称补花绣（图3-4-5）。

（6）锁针绣，古代刺绣针法。由绣线环圈锁套而成，针法环环相扣效果似一根锁链，故名辫绣，俗称"辫子股针"。锁针绣是我国自商至汉刺绣品主要针法之一，较结实、均匀。湖北马山一号楚墓出土的21件绣品、湖南长沙马王堆一号汉墓出土的各种绣件，均为锁针绣法（图3-4-6）。

（7）珠绣，始见于隋唐。据《通典》记载，隋代京城游乐场里的艺人"盛饰衣服，皆用

▲图3-4-3　荷包中的打籽绣

▲图3-4-4　围脖中的十字绣

▲ 图3-4-5 风貌中的贴布绣

▲ 图3-4-6 荷包上的锁针绣

珠翠"。唐代《杜阳杂编》记载："宫廷有珠绣被面，以小米粒般的珍珠等绣成鸳鸯、花卉图案，五色辉映"。即用针穿引多种色彩的珠粒在纺织品上组成图案的刺绣，具有独特的装饰效果（图3-4-7）。

（8）割绒绣，常见于绣花鞋垫中，是一种在两片鞋底中间以两层网状物隔开进行两面绣花的形式制作，绣好后再从两层网状物的中间割开，从而得到两只花型、颜色、大小完全一样的鞋垫。鞋垫的柔软度完全取决于针法的密度、粗细以及松紧度，这样的鞋垫既舒适透气，又具有一定的保暖作用，使其成为我国具有特殊意义和艺术内涵的民间工艺品（图3-4-8）。

（9）拼接，是一种具有艺术性的装饰形式。服装中常常用到的拼接是将事先裁好的两片或两片以上的布片缝制加工连缀在一起，因此往往在服装裁剪时是将整片分解成需要的裁片，而在缝纫拼接时又将几块裁片拼合在一起。可以说拼接在服装中具有"分离"和"整合"两个方面的内容。古代深衣之下裳由十二幅布拼合而成，说是"制十有二幅，以应十有二月"；福州南宋黄昇墓，发掘出土的上衣是"由领子、

袖子、前片和后片四部分组成；袖子有与衣片连成一块的，也有限于幅宽分成两段缝接；后背两片却缝接在一起，在其缝接处呈现一条自上而下明显的缝脊背线；衣的这几部分不都是

▲ 图3-4-7 珠绣

▲ 图3-4-8 割绒绣

同一料子做成的"。[21]至江西德安南宋周氏墓，所出土的"袍、衣、袄，整幅料对合，然后按衣服的长度再双幅对折，以料的一边为准，按下摆、腰宽的二分之一和袖宽裁剪成"；又见"裤裆处各加一块三角形小裆"。[22]都是由于古时布幅不够而采取的应变措施。

　　在我国民间，拼接的服饰主要有独具江南水乡特色的大襟拼接衫、明代盛行的水田衣、闽南惠安女的大襟衫、"三色拼角"的包头巾、穿腰束腰、枕顶、肚兜等等，都是经过艺术化处理后制作而成的拼接式服饰。江南水乡的大襟衫拼接有"竖""横"两种（图3-4-9）。"竖"式拼接是在前中用两种色布进行左右异色拼接，另左襟约在腰节线位置上下异色拼接，也可是同色拼接，并在两袖二分之一处作竖线分割成为"掼肩头"。"横"式拼接是在腰线处作横向的上下异色拼接。

　　明代的水田衣，是当时在妇女中流行的一种服装形式，亦称"斗背褡"，是一种以各种零碎织锦料拼合缝制成的服装，形似僧人所穿的袈裟，因整件服装织料色泽相互交错，似水田界画，故名。《闲情偶寄》卷三："另拼碎补之服，俗名呼为'水田衣'……此制不畴于今，而防于（明）崇祯末年。"它具有其他服饰不具备的特殊效果，简单而又别致，在明清妇女中甚为流行。吴敬梓《儒林外史》："那船上女客在那里换衣裳，一个脱去元色外套，换了一件水田披风。"据传，早在唐代，就有这种拼制衣服，王维诗有"裁衣学水田"的描述。水田衣的制作，开始时还较注意匀称，事先将织料剪裁成方形，然后有规律地编排缝合。后来水田衣的规格形状不像以前那样拘泥，料子大小不一，参差不齐，所呈现出的形状也各不相同[23]（图3-4-10）。

　　另外，闽南惠安女的大襟衫前片部分也是以两种或两种

汉
族民间
服饰文化

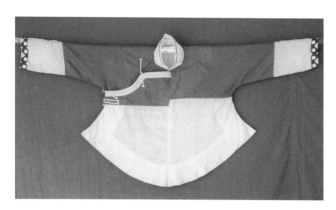

▲ 图3-4-11 闽南惠安女的大襟衫

以上的色布拼接而成，具有独特的地域符号意义（图3-4-11）；大裆裤也有本色布拼接与异色布拼接两种形式，此外，在裤管在膝盖以下位置有时还作上下拼接。还有，包头巾的"三色拼角"、穿腰束腰、枕顶、肚兜、眉勒、披风等都有拼接的艺术形式。

（10）镶绲，在服装的领口、前襟、下摆及袖子、袖口等处镶嵌宽度不等的异色布条、花边或者绣片，叫作"镶边"，古时的"衣作绣、锦为缘"即指这种传统工艺，近代还常在一些服饰品上嵌入一些珠翠或者手工编制的小花等；而只在服装某一边缘用布条包一条圆棱细条状的边线工艺，叫"绲边"，一是可以使衣料边缘美观、结实，与今日的拷边工艺相似，很实用；另一方面，"绲边"作为一种装饰技艺象征传统服饰的典雅和细腻。清末女装注重装饰，促进刺绣、镶绲等手工技艺发展，极尽奢华之能事，女装衣缘越来越宽，花边镶绲越绲越多，从三镶三绲、五镶五绲甚至发展到所谓"十八镶绲"。"十八镶绲"指的是晚清妇女服装的镶绲形式。清代女服喜加各种缘饰。嘉庆年间（1796—1820）镶绲增多。至咸丰、同治时（1851—1874）发展为多重镶绲，以十八镶绲形容其多。镶绲面积可占服装本身的十分之四。有"白旗边""金白鬼子阑干""牡丹带""盘金间绣"等不同变化[25]。民间也有相关记述"……镶绲之费更甚，有所谓白旗边，金白鬼子阑干，牡丹带，盘金满绣等各色，一衫一裙……镶绲之弗加倍，衣身居十之六，镶条居十之四，衣只有六分绫绸，新时离奇，变色以后很难拆改。又有将羊皮做袄反穿，皮上亦加镶绲，更有排须云肩，冬夏各衣，均可加工……"。可见，镶绲在清末民国时期服装装饰工艺中占有者重要的地位。民间服饰中出现的服饰镶绲如图3-4-12～图3-4-14所示。

▲ 图3-4-12 袄中出现的镶绲装饰

▲ 图3-4-13 眉勒的镶边装饰

（11）织染，在春秋战国时期，以"男耕女织"为主的小农经济基本形成，染织业、作坊在城市中蓬勃发展。布帛可充当货币，与黄金挂钩，诸侯会盟之时所馈赠的布帛动辄高达十万匹。织染业在各个诸侯国发展迅速，特别是齐国"太公……乃劝以女工之业，织作冰纨绮绣……之物，号为冠带衣履天下"。据《禹贡》载，九州中冀、青、兖、徐、扬、荆、豫丝织纺麻都很发达。[26]陈留、襄邑盛产美锦。织造技术上用脚踏提综的斜织机取代了之前的踞织机。丝织业

▲ 图3-4-14　裤脚上的缘饰

发展最快。《论语·子罕》记孔子："麻冕，礼也，今也纯，俭，吾从众。"即：古礼要求冕用麻制，而今丝绸比麻还便宜，故改用丝绸。[27]从以上记载可以看出当时织染业发展的兴盛。另外，我国的纺织历史可从汉族的纺织服饰相关的词汇形成过程看出：在殷商甲骨文中，"纟"旁的字有100多个；《说文解字》中收有"纟"旁的字267个，"巾"旁的字75个，"衣"旁的字120多个，这些都直接或间接与纺织服饰有关，也说明了我国灿烂的纺织图案历史。传统纺织服饰图案技艺一般可以分为织锦、提花、烂花、印染、刺绣或手绘等方法，民间常常应用的是各种土织花布或在纺织胚布上印花，富有地域特色的有民间土织布、蓝印花布、彩印花布等。

牛郎织女的家庭生产方式是中国几千年男耕女织家庭生产方式的典型代表，因而女子向织女乞巧风俗经久不衰，并渐渐占了主要位置。唐朝时，宫中建有乞巧楼，织染杼也在此日行"祭杼"之仪。宋朝时，每逢"七夕"，设有"乞巧市"专卖乞巧物，如七孔针、五孔针、两孔针、针线筒等[28]。可见在传统男耕女织的社会中，懂得纺织技艺对于女孩的重要性，同时它也是展示女性心灵手巧的一种方式。像黄河两岸的女孩子擅长纺织各种花布，至今仍然可以寻找到其"女织"传统，织出的图案花样繁多，别出心裁，在《山东黄河民俗》一书中有这样的记载："在从前，黄河岸边的女孩子，七八岁学纺棉，十四五岁学织布。从上布机的那一天起，花布上的各种图案都有了浪漫的名称，如'长流水'、'风绞雪'、'老朝廷'。姑娘们不满足长辈教的传统纹样，独出心裁，花样翻新，各自显示自己心灵手巧的本事，纹样越来越多，如'枣花''星星''芝麻梭''斗纹''合斗''四大朵''香椿叶''鹅眼''猫蹄''长虫皮''迷魂阵''七样字''难煞人''窗户棂子挂纱灯''双喜字轱辘钱'等等"[29]（图3-4-15）。纺织品织造工艺繁复，图案古朴，以方格几何形纹样为多，色彩丰富，具有浓厚的乡土气息，俗称"花格子布""老粗布"。杜甫《忆昔》诗云"齐纨鲁缟车班班，男耕女织不相失"，以及民间传唱的《棉花歌》中所说"经线就像坐花船，织出布来平展展，送到缸里染青蓝"等诗句都说明织染业的发达。

蓝印花布工艺在我国广为流行，尤其是江南地区。它具有青铜饰纹的高雅古朴、汉砖瓦

▲ 图3-4-15　格子布　　　　　　　　　　　　　　▲ 图3-4-16　江南蓝印花布

的粗野豪放、宋瓷的庄重不俗、苏绣的细致光滑、剪纸的简明扼要，蓝白交相呼应，在常见的棉布上形成了丰富质朴且蕴含寓意的图案纹样，体现出朴实、素雅、含蓄、优美的特点，并蕴含着浓浓的乡土民情（图3-4-16），常用于民间家用纺织品设计中，并占有重要的地位。

[1] 魏宏灿,杨素萍.曹魏文学论 [M].合肥:合肥工业大学出版社,2013.

[2] 干宝.搜神记 [M].北京:中国画报出版社,2013.

[3] 吴山.中国历代服装、染织、刺绣辞典 [M].南京:江苏美术出版社,2011:29.

[4] 江冰.魏晋南北朝服饰文化论略 [J].南昌大学学报(人文社会科学版)1991:78.

[5] 赵连赏.服饰史话 [M],北京:社会科学文献出版社,2011(08):60-62.

[6] 张祥磊,杨翠钰.中国传统服饰文化中的思想沉淀 [J].四川丝绸,2005:18-19.

[7] 王同力.中国传统服饰与文字 [J].装饰,2005(4):83.

[8] 叶朗.中国美学史大纲 [M].上海:上海人民出版社,2006.

[9] 华梅.人类服饰文化学 [M].天津:天津人民出版社,1995,12:48-49.

[10] 周礼 [M].崔记维,校点.沈阳:辽宁教育出版社,2000.

[11] 梁思成.中国建筑史 [M].天津:百花文艺出版社,2004:349.

[12] 张繁荣.中华传统服饰色彩文化探索 [J].流行色,2006(08):80.

[13] 崔荣荣. 近代齐鲁与江南汉族民间衣装文化 [M]. 北京:高等教育出版社,2011,11:159.

[14] 张元济. 四部丛刊初编·子部 [M]. 上海:商务印书馆 2016:17.

[15] 山东省地方史志编纂委员会. 山东省志(民俗志)[M]. 济南:山东人民出版社,1996:141.

[16] 王东辉,薛艳薇. 服装装饰工艺与服饰图案设计 [M]. 长沙:中南大学出版社,2009.07:1.

[17] 方福颖. 中国传统装饰吉祥图案及其艺术特色 [J]. 南京艺术学院学报(美术与设计版),2004:54.

[18] 毕圣男. 图必有意　意必吉祥——中国传统吉祥图案的装饰美 [J]. 艺术研究,2010:61.

[19] 吴山. 中国历代服装、染织、刺绣辞典 [M]. 南京:江苏美术出版社,2011:407.

[20] 吴山. 中国历代服装、染织、刺绣辞典 [M]. 南京:江苏美术出版社,2011:508.

[21] 福建省博物馆:福州市北郊南宋墓清理简报 [J]. 文物,1977,7:4.

[22] 江西省文物考古研究所,等. 江西德安南宋周氏墓清理简报 [J]. 文物,1990.9:4.

[23] 吴山. 中国历代服装、染织、刺绣辞典 [M]. 南京:美术出版社,2011:61.

[24] 江平,石春鸿. 服装简史 [M]. 北京:中国纺织出版社,2002:27.

[25] 施宣圆,王有为. 中国文化辞典 [M]. 上海:上海社会科学院出版社,1987:821.

[26] 北平禹贡学会. 禹贡 [M]. 北京:北平禹贡学会,1934.

[27] 余玉霞,等. 中外设计史 [M]. 沈阳:辽宁美术出版社,2011:26.

[28] 薛麦喜. 黄河文化丛书——民俗卷 [M]. 西安:陕西人民出版社,2001:168.

[29] 山曼,王淑铭. 山东黄河民俗 [M]. 济南:济南出版社,2005:95.

多彩的汉族服饰民俗风情

第一节　小儿衣上寄福音

在我国民间，但凡出生的孩子首先就会被服饰包裹，而且对孩子的穿着也有着诸多的"讲究"。在经济、文化、科学相对落后的年代，人们常常担心孩子不好养活，因而采取各种方式为孩子祈求幸福、祈求长寿，赋予各种吉祥寓意的儿童服饰就是其中的重要门类之一。

一、趣味童帽伴祝福

儿童戴的帽子，是儿童服饰中重要的组成部分。童帽是一种富于情趣文化的首服，它除了保暖和保护作用外，还被赋予了极强的装饰作用，甚至具有社会含义，寄托了人们对美好未来的向往之情。如民间模仿动物形态而创造的童帽，都是以联系的情感为纽带，通过一定的艺术夸张来表达他们对儿童健康成长以及对未来前途的期盼，以此来表现汉民族护生的民俗心理特征。[1]

（一）虎头帽

我国服饰与动物有着不解之缘，特别是龙、凤、虎等被赋予吉祥寓意的动物。虎作为民俗审美符号，源远流长，在我国文化史上有着重要的地位。[2]在我国的西北地区甚至存在着虎家族图腾崇拜区，当地的孩童身着"虎镇五毒"图案的马甲和虎纹肚兜，戴的是虎头帽、穿的是虎头鞋，甚至睡觉用的枕头和被子都是虎形的，或者是绣有虎纹的……这些生活中的日常穿着和用度，无不显示着人们与虎的亲密关系。

虎头帽是一种我国民间比较典型的童帽样式，且是采用纯手工制作，无论其是在形式或者内容上都展现了我国传统民俗服饰的特色。今人可从从考古角度和传世实物中发现，最初的虎头帽其实是军人的一种头盔形态，而后才又逐渐演变，最终以辟邪物形式出现，成为童帽的一种。清末民初，社会动荡，战争频繁，儿童成活率低，百姓将希望寄予威猛的老虎，想以此来保佑自家孩子远离邪魔和病痛。因此，虎头帽才一度在民间盛行起来。[3]现如今，民间的虎头帽一般是指儿童虎头帽。

我国民间的虎头帽一般无帽盖有帽檐，有的还会有护耳和披风。虎头帽帽身一般由虎头、虎身和虎尾组成，因此也被称为老虎帽。其形象一般都被塑造的有点夸张，但又憨态可掬、色泽斑斓，非常的可爱。虎头帽工序十分的复杂和烦琐，需要耗时几天，并且经过数十道工序才能真正地制作完成。虎头帽上老虎的浓眉、大眼、阔口以及虎纹等多以布贴或刺绣的工艺完成，一般选取红绿蓝等鲜艳的色彩为主，并以黑、白、金、银等色点缀其中，整体色彩十分的和谐。帽顶两旁是短小可爱的老虎耳朵，以及镶嵌了彩色绸缎的帽檐，有的虎头帽上甚至坠了银质的小铃铛，更增了一份活泼与稚气。在帽身制作完成之后，通常会在虎头帽的两侧或者后面刺绣上一些或写实或抽象的图案，并在帽身上镶嵌花边，有的为了使虎头童帽形态更为活泼生动，在老虎的五官处加上白色或彩色的兔毛进行装饰。在民间，黄色的虎头帽主通常是孩子过满月或者百日的时候穿戴的，平时一般不会穿这种颜色。我国各地制作的虎头帽大同小异，却各具特色。其中最具特色的是山东沂蒙山区的虎头帽。此地的虎头帽整体呈筒形，一般以绿色绸布为主要的面料，并用彩色的碎布进行点缀，最后用彩色的绣线绣制而成。且老虎的五官匀称，粗眉、大眼、阔口，显得十分可爱。

　　虎童帽在中原地区农村十分的流行，其按季节一般可以分为单的和棉的两种，也有仅仅只有帽圈没有帽顶的（热天戴的）；按造型来分，一般由两种，一种是只表现老虎头部的形态，另一种是把整只老虎的形象都表现出来；按地域分，一般可以分为中原地区虎头帽和北方虎头帽两种（图4-1-1～图4-1-8）。北方很多地区的虎头帽都装饰有帽后片，长长的折下来，能起到御寒的作用，而中原地区的虎头帽则没有。中原地区的虎文化较发达，通常选用虎本身的黄色和红色、绿色等对比鲜明、较为显眼的颜色作为主色，色彩层次比较丰富且十分喜庆，而且中原的刺绣工艺较为发达，因此中原虎头帽无论是样式还是风格，都更加的细腻、精巧，制作也更为逼真；北方地区（以黑吉辽地区为主）的虎头帽相较于中原虎头帽色彩稍显暗淡，多以黑色、绿色和白色为主，风格也更加的粗犷敦实。[4]

▲ 图4-1-1　中原虎头帽（摄于江南大学民间服饰传习馆）

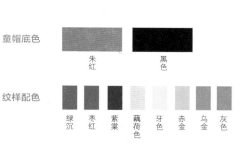

▲ 图4-1-2　中原虎头帽色彩分析图

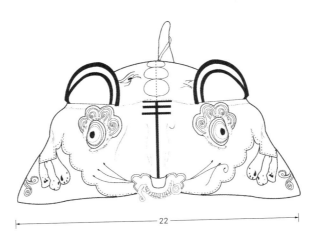

22

▲ 图4-1-3 中原虎头帽尺寸图（单位：厘米）

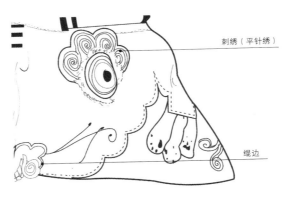

刺绣（平针绣）

绲边

▲ 图4-1-4 南方虎头帽局部分析图

▲ 图4-1-5 北方虎头帽（摄于江南大学民间服饰传习馆）

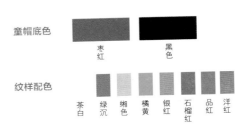

童帽底色

枣红　　　　黑色

纹样配色

茶白　绿沉　缃色　橘黄　银红　石榴红　品红　洋红

▲ 图4-1-6 北方虎头帽色彩分析图

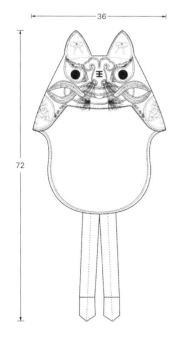

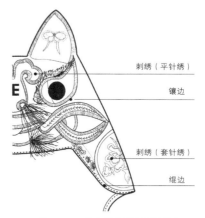

刺绣（平针绣）

镶边

刺绣（套针绣）

绲边

▲ 图4-1-7　北方虎头帽尺寸图（单位：厘米）　　　　　▲ 图4-1-8　北方虎头帽局部分析图

在我国民间除了虎头帽以外，还存在别的兽头帽。民间普遍认为，但凡额间绣有"王"字的童帽即被称为虎头帽，而无"王"字的动物形状的童帽的则被称为儿童兽头帽，其中有兔头帽、猫头帽、狗头帽（图4-1-9~图4-1-12）等。浙江宁波一带的汉族儿童有戴狗头帽的习俗。这与传说有关，传说从前有一只老黄狗救了一个小婴儿，婴儿的父母为了感谢老黄狗的恩情，特地制作了一项狗头帽给孩子戴。人们觉得狗是人类的朋友，而且这种"狗头帽"戴在小孩儿的头上，使孩子显得十分的活泼可爱，于是就一传十十传百的传开了，大家纷纷给家中的小孩子佩戴狗头帽，渐渐地这形成了汉族民间的一种风俗，其表现出了我国百姓对生命的虔诚以及对幼小生命的呵护。

▲ 图4-1-9　狗头帽（摄于江南大学民间服饰传习馆）

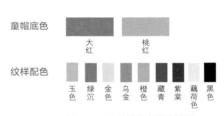

童帽底色

大红　　桃红

纹样配色

玉色　绿沉　金色　乌金　橙色　藏青　紫叶　藕荷色　黑色

▲ 图4-1-10　狗头帽色彩分析图

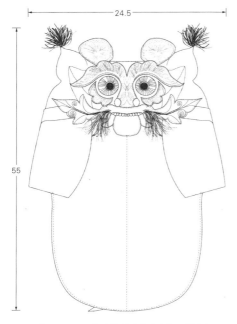

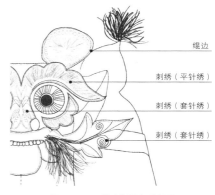

绲边

刺绣（平针绣）

刺绣（套针绣）

刺绣（套针绣）

▲ 图4-1-11　狗头帽尺寸图（单位：厘米）　　　　▲ 图4-1-12　狗头帽局部分析图

　　由于各地区的审美、习俗等都不尽相同，虎头帽的形式特点也因此而有所差异，但其中所蕴含的文化和寓意是相通的。我国民间的虎头帽是由妇女缝制给新生的婴儿及幼小儿童的。妇女用华丽的丝绸或素雅的棉布来制作虎头帽，用鲜艳的丝线绣制老虎的五官，使得原本凶猛的老虎少了一份凶悍，添了几分憨厚和可爱，这每一针每一线都倾注了母亲对孩子浓浓的爱，且老虎在她们的观念里是一种神兽般的存在，能够保佑孩子平安、幸福。虎头帽的基本功能是防寒保暖，同时又起到了装饰的作用，表达了上代对下代的期望、祝福以及呵护和保护的心愿，蕴涵着丰富的情感。[5]同时虎头帽更是一种象征符号，是我国的虎文化在生活领域的展现，反映了我国千百年来各族人民的一种美好祈愿与情感寄托。

（二）"五毒"帽

　　在我国民间普遍认为五月为毒月，当月的初五则被称为毒日。毒日当天五毒横行。在民间百姓的观念里此月注定多灾多难，甚至孩童都可能会面临夭折的危险，因此必须采取一定的措施，防患于未然，其中包括药物以及宗教手段来躲避五毒之害。因此，每逢端午节到来之际，民间百姓除了喝雄黄酒、吃蒜头以外，还要给家中的孩童穿戴上绣有"五毒"图案的服饰品，吃印有"五毒"纹样的五毒饼等。

　　"五毒"原本指的是五种体内有包括毒牙、毒液、毒腺等有毒器官的毒虫。我国的民间文化博大精深、源远流长，在岁月的长河之中，此五种毒虫在不同的时期，品种也有所不同。由于我国地域和文化的差异,"五毒"的概念在各地区也有所不同。"五毒"一说据说最早源于我国古代的宋朝,那个年代道家文化盛行。清代学者吕种玉曾在《言鲭·谷雨五毒》中指出清代的五毒指的是:蝎子、蜈蚣、蛇虺、毒蜂以及一种当时称之为蜮的毒虫。直到明末清初,有些地区出现了毒蜘蛛伤人的现象,甚者是老虎吃人都时有发生,于是部分地区便开始出现了以蜘蛛代替胡蜂,或者老虎代替毒蜂,使蜘蛛和老虎成为"五毒"家族的新成员。到了清末时期,出现鼠疫肆虐的现象,给百姓的生活以至于生命都构成了严重威胁。民间百姓便又用老鼠代替老虎,使之成为五毒之一。到了我国的近代时期,最为常见的"五毒"组合便是:蝎子、蜈蚣、蛇、壁虎以及蟾蜍。由于关中的部分地区的"五毒"之中并没有蟾蜍,取而代之的反而是蜘蛛,因此"五毒"又变成了蝎子、蜈蚣、蛇、壁虎和蜘蛛。

"五毒"这一概念最初只是为了表达"繁衍"这一永恒的主题。蟾蜍自身在我国的传统文化里就有着丰富的文化根基。早在我国的新石器时期就有以蛙作为繁衍和生殖类的图腾了。随着时代和文化的变迁,每逢端午时节,在我国的民间都会用各种各样的方法来预防五毒之害。民间的百姓在服饰上绣制出五毒纹样,并在端午节这一天穿上这象征着"以毒攻毒"的五毒衣、五毒帽,他们坚信以此就可以"日可避祸,夜可镇邪"。民间的百姓甚至在饼上印出火红的五毒图案,以此来表达他们驱除邪恶和灾难,祈求幸福和健康等美好的愿望。

"五毒"帽就是在端午节家中长辈为自家孩童制作的一款童帽(图4-1-13~图4-1-16),寄托了长者对孩子的一种良好的祝福。在我国的陕西地区一般用贴布绣制作童帽上的"五毒"纹样,通常将其贴在帽圈的前面,也有的会将"五毒"题材的香包缀于童帽之上,且童帽的两鬓下会垂有彩色的流苏。五毒帽通常用棉布制作,也有用丝绸制作而成的。我国各个地区的"五毒"帽的制作方法大同小异。在我国民间,这是一种反衬的艺术手法,通过刻画出毒虫的形象,来反衬出人们除害避邪的美好祈愿。由于"五毒"帽是在端午节制作和佩戴的,所以有的地区则称"五毒"帽为"端午帽"。

▲ 图4-1-13 "五毒"帽(摄于江南大学民间服饰传习馆)

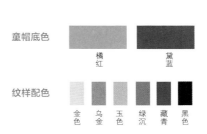

童帽底色

橘红　黛蓝

纹样配色

金色　乌金　玉色　绿沉　藏青　黑色

▲ 图4-1-14 "五毒"帽色彩分析图

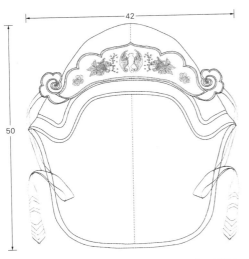

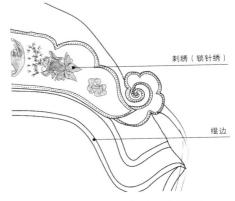

刺绣（锁针绣）

缲边

▲图4-1-15 "五毒"帽尺寸图（单位：厘米）　　　　▲图4-1-16 "五毒"帽局部分析图

（三）罗汉帽、荷花公子帽、童风帽

　　罗汉帽是我国民间的一种传统童帽样式，属于银饰帽的一种，流行于我国湖南、广西、贵州的交界地区，是一种以民间宗教内涵为祈佑工具的表现，戴上此帽就如同得到了诸神的庇佑。罗汉帽是用银罗汉（佛头）进行装饰的，所以又名曰："银佛头帽"。罗汉帽通常采用彩色绸缎或色织的棉布来进行缝制，一般分为棉的和夹的两种，北方地区甚至会采用兔毛做边缘，既保暖又起到了装饰的作用。帽前方缀有十八银铸小罗汉，有的会装饰有五尊银坐佛头，其寓意为佛祖保佑的意思。也有的罗汉帽的帽檐上有两层银饰，第一层装饰有十八罗汉，第二层有则会以十八朵梅花进行装饰，其寓意取自"十八罗汉护身，一切鬼神莫近"。通常罗汉帽的两鬓还各有一圆形的银饰，在圆形银饰下面还用银链子坠有小铃铛。所以当孩童走动或者摇头时，则银铃作响，清脆悦耳。有的罗汉帽甚至还绣有吉祥纹样，帽后垂挂着银锁、铃铛、仙桃等饰物，取"长命百岁、富贵如意"的寓意。罗汉帽通常是在婴孩满百日或周岁之时，由外祖母或姑姑赠送。

　　"荷花公子帽"是我国江南地区曾流行的一种童帽款式，帽子的前面一般以贴布或者刺绣的形式表现荷花造型，帽身后面一般装饰有五张荷叶，有的甚至每张荷叶上都用很细的银链串联上银铃铛，戴在孩童头上，摇头或者走动时都会叮咚作响，十分的悦耳动听。"荷花公子帽"帽身的前面还会镶有"八仙"纹样，有的帽子上镶有小银盘，银盘上通常会刻有算盘、笔、磨、砚等图案。这种帽子通常是为四岁以下的儿童准备的，长辈希望孩子长大后像公子一样文质彬彬，有学问、有本事，能考取功名。在我国古代，一般男孩儿童时期佩戴虎头帽，寄予了长辈希望自家孩子能虎头虎脑、茁壮成长。而女孩则大多佩戴一种莲花花瓣形的童帽，表达了家中长辈希望女孩能貌美如花、知书达理、将来嫁得如意郎君的愿望。此种莲花帽，除了帽身上绣荷花以外，通常还会搭配一些避邪的图案。"荷花公子帽"通常分为春秋冬三季佩戴的和夏天佩戴的两种，一般春秋冬三季所佩戴的是有顶的，由于夏季天气炎热，为了避免孩童中暑，则出现了无顶的"荷花公子帽"。无论是哪一种形式的"荷花公子帽"，色彩都比较清新淡雅，纹样精美，并且寄予了长辈对孩童浓浓的爱（图4-1-17~图4-1-24）。

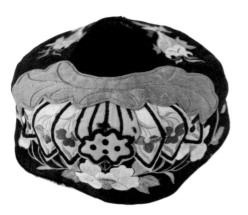

▲图4-1-17 荷花公子帽（摄于江南大学民间服饰传习馆）

▲图4-1-18 荷花公子帽色彩分析图

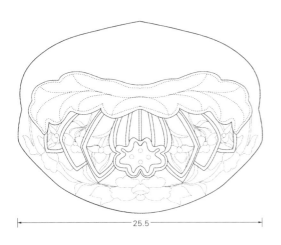

25.5

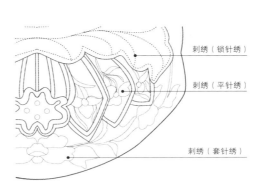

▲图4-1-19 荷花公子帽尺寸图（单位：厘米）

▲图4-1-20 荷花公子帽局部分析图

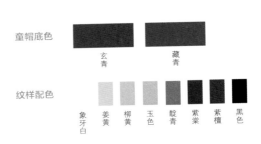

童帽底色		
玄青	藏青	

纹样配色

象牙白　姜黄　柳黄　玉色　靛青　紫棠　紫檀　黑色

▲ 图4-1-21　无顶荷花公子帽（摄于江南大学民间服饰传习馆）

▲ 图4-1-22　无顶荷花公子帽色彩分析图

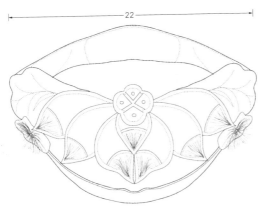

22

▲ 图4-1-23　无顶荷花公子帽尺寸图（单位：厘米）

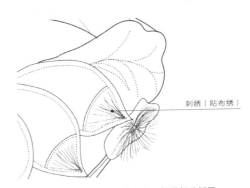

刺绣（贴布绣）

▲ 图4-1-24　无顶荷花公子帽局部分析图

　　童风帽是民间给儿童佩戴的最常用的帽子之一，又称"风兜"，俗称"观音兜"。童风帽一般是半圆顶，帽子两边有耳或者能够遮住除了面部以外头部所有的部位。童风帽可以分为棉风帽和夹风帽，也有用呢料或者裘皮制作的，是北方地区冬天主要的头部服饰品。通常会在童风帽上绣上吉祥纹样，或者装饰有动物的皮毛。

二、小儿衣上趣味多

（一）温柔襁褓

　　在我国的民间，新生的婴儿剪断脐带并擦拭干净后，会被放到一块事前准备好的红布里，并小心翼翼地将婴儿包裹整齐，并用一条软带子轻轻系好之后才放到孕妇身边。而这块红布则被称为："襁褓"或"蜡烛包"。

褓襁，通常是指背负孩童用的布兜和系带。《论语·子路》中提到："夫如是，则四方之民褓负其子而至矣。"由此我们可以了解到，旧时的褓襁与现如今褓襁的造型、功能等都不尽相同，其功能更多地体现在劳作和迁徙时方便携带婴儿。旧时的褓襁一般都采用棉布制作而成，并以棉絮进行填充。在我国有很多地方都是采取"面新里旧"的做法，甚至有的地区还有特殊的讲究，必须要用孩子的曾祖或祖父母辈的高寿老人的旧衣服来制作褓襁的里子，这一讲究有两层寓意，一是表示此家族后继有人，二是借老人的高寿来祈佑婴孩能茁壮成长。民间普遍觉得，采用旧衣物制作褓襁，不但节省，而且旧物比新布更加的柔软，更为适合婴儿娇嫩的肌肤。

　　在当代，我们所指的褓襁，与传统的"蜡烛包"并不相同。旧时给婴孩所包的"蜡烛包"就是把婴儿的胳膊和腿拉直之后，用小被子紧紧地包住。据说，这样可以防止婴儿今后变成罗圈腿。随着科学的发展，我们了解到过紧地将婴儿包裹起来，并不利于婴儿呼吸，甚至会影响到肺部的发育。同时这也会压迫到婴儿的腹部，从而影响婴儿肠胃的蠕动，影响食欲。除此之外，由于婴儿的四肢不能很好地活动，而影响婴儿骨骼和肌肉的发育。现如今的褓襁一般都是以一块柔软的小毯子包成的，首先，将小毯子上方的一个角往回折，然后把婴儿放在小毯子上面，确保婴儿的头部在折角以上的位置。其次，提起小毯子的一侧，贴着婴儿一边的小肩膀，盖过身体压到婴儿另一边身下面。最后，将婴儿脚下的小毯子的末端叠起，折到婴儿的胸前，但要确保在婴儿的脚下留有一些活动空间。然后再将小毯子的另一侧裹住婴儿的身体。在给新生的婴儿包裹褓襁的时候，有一些注意事项：①随着新生的婴儿对环境的适应能力的增强，在温度适宜的前提下，可以将婴儿包裹得相对不那么严实，甚至可以用相对轻薄的面料代替小毛毯。②新生婴儿的褓襁不能包裹的过紧，否则会使得婴儿相对更容易出汗，而新生婴儿皮肤娇嫩，大量流汗容易导致皮肤发红，那样甚至可能引起婴儿皮肤的感染。③新生婴儿最好不要整天都在褓襁之中。在白天的时候可以给小婴儿穿上衣服，并盖上一层薄被就可以了。④对于一些睡觉容易惊醒的婴儿而言，可使用包被代替褓襁将小婴儿包裹起来，但要包的相对宽松一些，不可过紧。

（二）肚兜

　　小儿肚兜是一种我国民间极为常见且具有民族传统的婴幼儿服饰。肚兜一般指的是贴挂于人体胸腹部的传统内衣，其主要功能是遮体避寒。旧时，我国民间的男女老少无论贫富，都会穿戴肚兜，但主要还是以女性及孩童服饰的形式存在。在我国民间，肚兜是一种贴身穿戴的"胸间小衣"，不同地区叫法不同，中原部分地区称之为"花兜兜"，南方则称为"肚兜"，客家人称为"肚塔"，更有一些地区将其命名为："抹腹""袜肚""兜肚""裹肚"等。

　　虽然各地对肚兜的叫法不同，但样式却大致相仿。民间大都会选用一块完整的棉布或丝绸面料制作肚兜。肚兜一般为菱形，在上端部分裁去一个角，使其呈凹状的浅半圆形，俗称"兜子口"。肚兜整体形呈五角，于"兜子口"的两边角处缀有带子，使之能系挂在脖子上；肚兜下面的三个角可按佩戴者的喜好制作，或尖或圆；横侧两角各缝制一条带子。一般而言，可选丝绳、布带、金链、铜银等材料制作肚兜的带子。在穿戴肚兜时，上面的两条带子系挂于颈后，左右两条则在背部系结，而肚兜最下面的一角则正好遮住肚脐小腹。在我国民间，除了菱形的肚兜之外，还有梯形肚兜、元宝形肚兜等。元宝形肚兜的底部类似于元宝的造型，表达了长辈期望孩子前程似锦、财源广进。

旧时，在民间普遍认为婴幼儿的肚脐最容易受凉，必须对其要加强保护。因此，家中长辈一般会给一岁左右的婴幼儿带上肚兜，起到防风御寒、保护肚脐的作用。因此，简单方便的肚兜便成了幼儿们的贴身服饰。曾经有学者指出，肚兜穿戴的形态十分的类似青蛙伸展四肢抱住幼儿的身体，由此可以联想到在我国的远古时代出现的"女娲蛙图腾"，甚至可以找到我们的保护神在民间服饰上应用的遗迹。例如我国陕西部分地区的肚兜上一般都会绣一只蛤蟆蛙、蟾蜍或者青蛙，以此确保刚出生的婴儿的可以穿上护身服——蛙图腾肚兜。

婴幼儿肚兜的纹饰题材十分的丰富，无论是人物、动物、吉祥物在肚兜上都有所展现。民间百姓将花鸟、鱼虫、几何图案等通过刺绣工艺，在肚兜上栩栩如生的展现出来，且配色十分和谐，使整个肚兜显得精致又生动。五毒纹样、老虎纹样、八仙出海图、富贵牡丹等纹样常常被应用于幼儿肚兜上，且每种纹样都被赋予了美好的祝福。如莲花纹样，寓意女性如青莲般清新芬芳、淡雅脱俗；鱼，象征着无限的生机，如同鱼儿自由自在地在水中游走，无拘无束；葫芦纹样，是"福、禄"二字的谐音，是多子多福、福禄双全的吉祥寓意；牡丹纹饰，寄寓了人们雍容华贵的生活理想，并由此繁衍出的"长命富贵""满堂富贵""富贵平安"等吉样纹饰。婴幼儿肚兜上的纹饰，表达了家中长辈对幼儿望子成龙、望女成凤的殷切期望。

（三）围嘴儿和毛衫

在我国汉族民间，过了周岁的幼儿，通常会在脖子上围一块口围。围嘴儿，吴语称之为："围馋"，是幼儿围套在脖子上，挂于在胸前的一块护围，其作用是防止婴儿的口水或者食物掉落而污染衣物。由于它靠近头部，除了其功能性以外，还可以起到一定的装饰作用，所以制作通常都十分的考究和精致。制作围嘴儿的面料通常是做衣服时剩下的边角料，但考虑到其装饰作用，所以在纹样的绣制上十分精致。

在我国民间，男孩围嘴儿的图案一般多为龙、虎等猛兽。虎是我国古代的一种图腾，象征着勇猛与康健。旧时，社会动荡，战争频繁，儿童成活率低，百姓将希望寄予威猛的老虎，想以此来保佑自家孩子远离邪魔和病痛。因此，绣有虎纹甚至是虎形的围嘴儿十分受欢迎。女孩子的围嘴儿则是以花卉、飞禽题材偏多。在我国，"石榴""莲花""葡萄"等纹样，因多籽而被赋予多子多福的美好寓意；牡丹纹，寄寓了人们对雍容华贵的生活理想，并由此衍生出"长命富贵""满堂富贵""富贵平安"等吉祥纹饰；桃，通常寓为长寿之意；凤凰、喜鹊等纹样，一般会有喜鹊报喜等美好的寓意。我国民间，为了达到趋吉避凶的目的，一般会在端午节前后采用五毒纹样作为绣花题材的，如"虎镇五毒"纹样在肚兜纹样中是否的流行，表达了长辈对幼儿健康成长的殷切期望。除此之外，麒麟送子、青龙白虎等富于吉祥寓意的纹样也是围嘴儿上常用的题材。麒麟是我国古代传说中的一种瑞兽，通常情况下麒麟与童子组合构成一组麒麟送子纹样：童子头戴冠冕，身披命服，手中握有莲抱笙，端坐于麒麟背上，有的麒麟送子图案中的麒麟脚踏祥云。麒麟送子图案始于明末清初，是我国民间常用的吉祥纹样。

我国民间，每当有婴儿出生时，家中长辈都会给这个刚出生的婴儿贴身穿上一件用薄棉布缝制衬衣，冬季则用绒布代替薄棉布，通常质地都十分的柔软，其款式一般为：无领、右衽，且不用扣子，采用布带系结，由于其门襟、下摆及袖口处都不缝边，故又名曰"毛衫"，俗称"脱毛衫"。这种毛衫穿着十分方便，是一种适宜刚初生的婴儿穿着的服装，在我国江浙一带十分流行。毛衫起源于一则民间传说：明末时出现了一位民族英雄，名叫：史可法。当时清军入侵，史将军孤军奋战，英勇抗清，最终在扬州牺牲了。史将军手下的都督名为：刘肇基，他为报国仇，最终捐躯，但死前留书给了他的夫人："国破忠烈在，复仇赖儿郎！"刘夫人为其生下腹中婴儿，并为其遗腹子穿上了明代款式的服装：右衽，周身不缝边，以此来表达：国仇家恨，铭记于心之意。此事流传于民间，百姓为了纪念这位英雄，便都学着给自己的孩子穿上这种样式的"毛衫"，以此表达期望孩子今后能精忠报国的美好愿望。

我国民间各地都有在儿童服装上绣五毒图案的习俗。在民间百姓的认知里每年的五月随着气温逐渐的升高，毒虫会比较集中的出没，病毒也因此迅速滋长了起来，甚至有民谣曰："端午节，天气热，'五毒'醒，不安宁"。因此，端午节又名："五毒日"。孩童的年龄小，还不怎么懂得防护，因此在端午节当天小孩的帽子、肚兜、背心以及鞋子上绣的都是五毒纹样，想以此作为一种符咒，起驱毒避害的作用。在我国河北地区的农村孩童在"过百岁"时也有穿五毒肚兜的习俗。

所谓的五毒通常是指：蝎子、毒蛇、壁虎、蜈蚣和蟾蜍这五种毒虫，同时也有五毒是：蝎子、蜈蚣、蛇、壁虎和蜘蛛这一说法。

在端午节，家中的长辈往往都会给自家的孩童缝制五毒背心，也有地方称之为"五毒"彩衣。五毒背心一般都是正红色的对襟背心（马甲），选用黑布银边的琵琶扣。我国的古代崇拜具有象征意义的五行之色，并且认为五色是招祥纳福的吉祥色。五色主要是由红、黄、青三色以及黑色与白色组成，每个颜色都与五行之说相对应。民间百姓无论是采用刺绣或者是贴布的工艺，通常都会将这五种颜色巧妙地应用在"五毒"图案上。丰富的色彩、明亮的色调使五毒背心上每一种毒虫的形象都变得生动了起来。除传统的五行之色外，民间美术还有一套自己的色彩观念，也同样运用到了五毒背心之中。民间还通常用红、黄、蓝、绿和白这五种颜色的布拼接缝制，然后在上面绣上"五毒"纹样，使得五毒背心看起来十分的古朴雅拙又形象生动。"五毒"是一种非常民间的图案，有着驱邪除恶、庇佑平安等寓意，淋漓尽致地展现了我国古代朴实善良的劳动人民对美好生活的殷切期盼。在端午节给孩童穿上这样的一件五毒背心，民间认为可以避邪祛病，安康纳福。

（五）百家衣

"百家衣"是我国民间为幼儿祈寿求福的一种小孩俗服，亦有地区称之为："长命富贵衣"。在旧时，婴儿的百日又有"百禄"之称，是指为婴儿出生满百天而举办的庆典活动。百姓利用"百"这个象征了圆满的数字来表达家中长辈对新生的婴儿浓浓的祝福。在吴语地区，百日的发音通"白廿"，因此百日礼意喻着长寿的意思。民间认为在幼儿满月或者百日时，为幼儿穿上百家衣，就能保幼儿长命百岁、平安康健、富贵有余（图4-1-25）。

旧时民间认为满月及百天，是幼儿成长期中遇到的一个关口，如果幼儿能顺利度过满月和百天，就意味着幼儿以及摆脱了一个厄运，从此以后就可以健康长寿了。为了达到这一期望，在幼儿满月和百岁时，通常会穿百家衣、戴百家锁、吃百家饭，以此达到集百家祝福于一身的效果。

▲ 图4-1-25　百家衣（笔者绘制，采自中原地区）

"百家衣"的制作十分的有讲究，一般是用长辈向近百户人家索要的各种颜色的碎布拼制而成。民间有俗语曰："奶奶的裤子姥姥的袄，长命富贵步步高。"是穿上这样的衣服便可长寿多福的意思。百家衣通常由幼儿的外祖母缝制上衣，祖母缝制下裤。在幼儿出生之后家中长辈便要向左邻右舍索要做衣服的棉布或绸缎剩下的边角料，特别是姓"陈""刘"的人家，在老一辈人们看来，这都是吉利的，可以像护身符一样保佑幼儿平安成长。一般索要的布头的颜色也有一定的讲究。民间认为蓝色和紫色的布头为最佳选择，"蓝"谐音"拦"，只要百家衣中有蓝色的布块，便可拦截住欲伤害幼儿的妖魔鬼怪；"紫"，取其谐音"子"，大有再生贵子、多子多福的美好寓意。家中长辈在索要完布头之后，将这些花色各异、质地不同的面料裁成一定的形状，如三角形、方形及八角形等，然后进行缝制拼接。有些讲究的人家，则会在每块布上绣上精美的纹样，纹样题材多为花鸟鱼虫及人物图案。民间百姓给幼儿穿百家衣，是希望幼儿可以集百家福，以达到趋吉避凶的目的，且希望幼儿将来能出人头地，成就一番事业。

（六）铁裹衣、鱼儿皮、"土裤"

铁裹衣是我国民间的一种婴幼儿服装。通常用黑布缝制，寓意婴幼儿被包裹于黑色服装之中，便好似被铁皮包裹，由此可以挡灾难辟邪，使婴幼儿能够茁壮成长，故而得名曰："铁裹衣"。铁裹衣的款式有点类似于"毛衫"，通常为无领、无扣，不同的是铁裹衣是无袖衫。下摆和袖口不缝边，以软带系结。由于铁裹衣是贴身衣物，所以选料必须十分柔软，适合婴幼儿穿用。在我国部分地区，在给婴幼儿穿着"铁裹衣"时，需要边穿边念祝福的话语。

"鱼儿皮"是山西地区比较流行的一种婴儿服装款式。此款服装通常选用各种不同花色、不同颜色的布料进行缝制的一款开裆连衣裤。在连衣裤的背部，一般采用绿色、黄色等色彩艳丽的布，将其缝制成鱼脊、鱼鳞、鱼尾等形状，使之从背后看像一条可爱灵活的鱼儿，由此得名曰："鱼儿皮"。此款服装展现的是鱼儿的形象，以此表达家中长辈期望幼儿能幸福安康、吉祥如意。"鱼儿皮"通常是外祖母在幼儿满月时赠送的。

土裤是一种流行与黄河流域婴幼儿服饰（图4-1-26）。不同地区的土裤形状也不尽相同。山东地区的土裤，其形态如同一个长方形的布袋，通常用棉布缝制而成，带子的顶端有

一个 "U" 型的领口，幼儿
则从这个领口里将头伸出
来。在土裤的侧面各开一
个袖洞，方便幼儿的手臂
可以自由活动。在领口与
袖洞的连接处，用纽扣或
者布带系住，穿着十分的
方便。土裤为了保证其保
暖功能，在底部通常被缝
死。也有地区会在底部开
两个口子，方便幼儿腿部
的活动。旧时，有些人家
的孩子到三四岁还穿土裤，

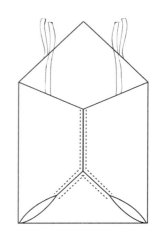

▲ 图4-1-26 土裤（笔者绘制，采自华梅《服饰与人生》，中国时代经济出版社，2009年版）

土裤的大小依据幼儿的身高而定，通常长为50～60厘米，宽为40厘米左右。家庭相对穷苦的人家一般采用旧布缝制土裤，富人家则用新布，并且会在土裤上进行相应的装饰，如镶上花边或者绣上一些吉祥纹样。通常，在幼儿尚未出生之前，家中便已将土裤准备好了。等到孩子出生时，产婆则会将准备好的沙子炒热，待沙子冷却之后，便装进土裤之中。待孩子一出世便可躺到温暖的土裤之中，这便是 "土生土长" 的由来。当地民间普遍认为，土裤比婴幼儿的褓褓更为舒适，甚至可以 "随时随地大小便"，十分适合婴儿穿着。

三、足下 "兽鞋" 保平安

给幼儿穿 "兽鞋" 是我国很普遍的象征避邪驱魔的民间习俗。"兽鞋"，是一种带有兽形纹样或者整个鞋身为兽形的鞋子。这是一种汉族民间育儿的风俗习惯，通常在幼儿出生之前，由家中长辈为其准备 "兽鞋"，而且多多益善，但民间讲究其数量只能是单数，据说以此可以为幼儿消灾解难，使其健壮成长。冬季的兽鞋一般为棉鞋，夏季则为单鞋，讲究的人家会采用手工刺绣的工艺绣出兽文，其他则是将彩色的布料剪成相应的形状，并粘贴而成。"兽鞋" 种类繁多，通常其造型都比较的夸张，千姿百态且色彩艳丽，充满童趣。但由于我国各地区的风俗有所不同，所以兽鞋的造型、色彩也都有所差异。在我国民间，"兽鞋" 有各种各样的兽形，如虎头鞋、豹头鞋、羊头鞋、狗头鞋、龙头鞋、兔儿鞋、猪头鞋（图4-1-27～图4-1-30）等等。这些 "兽鞋" 的造型在民间都是普遍被认为是生命力顽强的动物，幼儿穿上这种鞋子，就会像这些兽类一样易于养活，而且繁衍旺盛。

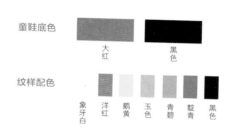

童鞋底色

大红　黑色

纹样配色

象牙白　洋红　鹅黄　玉色　青碧　靛青　黑色

▲图4-1-27　猪头鞋（摄于江南大学民间服饰传习馆）

▲图4-1-28　猪头鞋色彩分析图

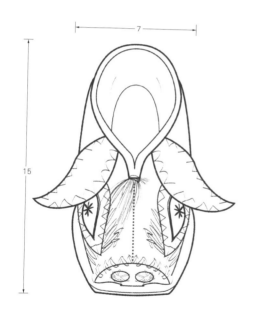

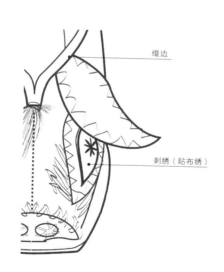

绲边

刺绣（贴布绣）

▲图4-1-29　猪头鞋尺寸图（单位：厘米）

▲图4-1-30　猪头鞋局部分析图

（一）虎头童鞋

老虎是我国民间公认的最具力量的猛兽，且虎是我国远古时期的一种图腾，自古便有虎纹崇拜一说，因此虎头鞋是"兽鞋"中最为常见的一种。在古人的观念里，虎是"百兽之王"，由于其额头上有"王"字纹样，因此力大无穷的老虎便有了"百兽之王"的美称，并成为勇敢、胆量的象征。民间百姓相信老虎威震四方，必然能够给人们带来平安，更可以阻止邪气靠近。

老虎威猛的形象满足了民众祈福辟邪的心理和愿望，因此，在我国民间不论幼儿是男是女，通常会在幼儿能下地学走路时为其穿上虎头鞋，取"立得稳"之意。一般幼儿的虎头鞋多是由家中长辈亲手缝制，寄托着长辈对子女能健康成长、出人头地的殷切希望。虎头鞋通常采用夸张脸、眼、嘴的方式来表现老虎威猛的神态，而且被夸大的脸部和五官更能突显孩童的出天真、稚气、憨态。儿童虎头鞋多由农村妇女设计并制作而成，她们将自己对孩子的期望一起缝进鞋里，希望自家孩子像老虎那样勇敢、强壮、健康，同时也期望老虎能够成为孩子们的保护神。虎头童鞋通常选用棉布或绸缎来制作，运用绣花或者贴布等工艺。由于幼儿好动，鞋头特别容易磨坏，采用贴布的方式在鞋上缝制成虎头的纹样，不仅充满童趣，而且极具实用价值。部分地区的百姓别出心裁，将虎头鞋做成两个虎头的形态，使之既方便实用，又为传统的虎头鞋造型增添了一丝情趣（图4-1-31～图4-1-37）。

▲ 图4-1-31　儿童虎头鞋（摄于江南大学民间服饰传习馆）

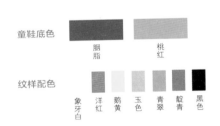

童鞋底色
胭脂　桃红

纹样配色
象牙白　洋红　鹅黄　玉色　青翠　靛青　黑色

▲ 图4-1-32　儿童虎头鞋色彩分析图

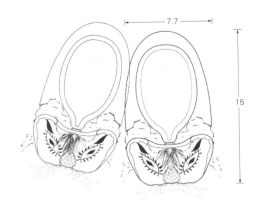

▲ 图4-1-33　儿童虎头鞋尺寸图（单位：厘米）

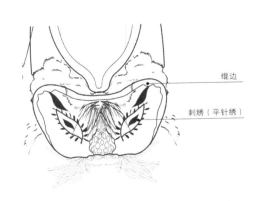

绳边

刺绣（平针绣）

▲ 图4-1-34　"五毒"帽局部分析图

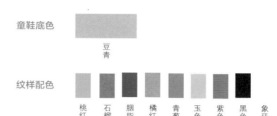

童鞋底色

豆青

纹样配色

桃红　石榴红　胭脂　橘红　青葱　玉色　紫色　黑色　象牙白

▲ 图4-1-35　虎头鞋（摄于江南大学民间
服饰传习馆）

▲ 图4-1-36　虎头鞋色彩分析图

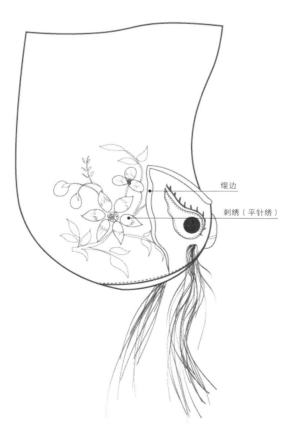

绲边

刺绣（平针绣）

▲ 图4-1-37　虎头鞋线描及局部分析图

虎头鞋是我国民间颇具的文化底蕴且蕴含丰富内涵的一种儿童服饰类型。虎头鞋以虎为原型，并以劳动人民的智慧和审美，将其进行夸张和变形，再通过考究的装饰手法制作而成，展现了我国民间不朽的传统技艺，并渗透出浓郁的民间文化色彩，彰显着生生不息的生命意识。

（二）兔儿鞋

兔儿鞋是我国旧时流行于民间的一种儿童俗服（图4-1-38）。兔儿鞋通常是给家中幼儿穿用的，民间流传着这样的说法：凡是幼时穿上兔儿鞋，便可以像活泼可爱的兔儿一样手脚利落、行动敏捷。因此，家中的长辈给幼儿穿兔儿鞋是想以此祈求自家孩子能够健康吉祥之意。民间的兔儿鞋一般选用蓝色、红色或者黑色的布料缝制，并在鞋面上绣上兔儿的五官：鼻子通常用白色的丝线或者棉线绣成，眼睛则为红色，最后再在鞋面

▲图4-1-38　兔鞋（笔者绘制，采自吴山《中国历代服装、染织、刺绣辞典》，江苏美术出版社，2011年版）

上缝上一堆长长的耳朵，一般而言，兔儿鞋的后口一般会缝上一根绣带，既可以充当兔子的尾巴，又可以绑在幼儿的脚踝上防止走动时鞋子掉落。我国民间的兔儿鞋展现了浓郁的民族特色和生活情趣。在我国的天津地区，每逢中秋佳节，家中长辈都会为幼儿穿上兔儿鞋，以祈佑幼儿健康成长。

四、幼儿配饰祈愿多

旧时，我国医疗水平落后，加上常有战乱，孩子生下来很难养活，因此民间的百姓则采取各种各样的方式，祈求孩子能健康成长、长命百岁。民间普遍认为，可以用"锁"将幼儿的命"锁"住。旧时，民间称孩子出生的第三天为："喜三"，在这一天，家中长辈会请专门从事这种事的老太太到家里来，先给孩子洗澡，洗去不好的东西，再用一把大锁在孩子的头顶上象征性地"锁"一下，且老太太口中不断说着吉祥话，最后再帮孩子带上一把"银锁"，以此象征孩子会健康成长。这种"银锁"名为："长寿锁"，又名"寄名锁"，是挂于幼儿颈上的一种银制装饰物。"长命锁"取"长命百岁、辟灾去邪"之意，"锁"住幼儿脆弱的生命，因此在我国民间，通常是婴儿出生不久，家中长辈便会为其挂上"长命锁"，直到其成年为止。

在我国民间，无论是给幼儿"加锁"或者"脱锁"，都会举办一个比较正式的仪式。通常在幼儿满周岁的时候，家中的长辈会带着孩子到女神庙去许愿，期望孩子能得到女神的庇护。许完愿之后，则在孩子的脖子上挂上由红绳串起来的银锁或古钱等，这就完成了幼儿的"加锁礼"。待孩子长到16岁，要为其脱锁，还必须去当初许愿的女神庙里还愿，之后才能把锁摘下来，这就是民间所说的"脱锁礼"。

汉族民间除了"长寿锁"，还有为幼儿挂"百家锁"的风俗，取"健康成长"之意。在孩子出生后，家中长辈会用红纸包上七粒米和七片茶叶，包好之后，分送给家中的亲戚朋友，但凡收到这个小红包的亲友，则要给孩子送一份回礼。幼儿的父母则用这些礼钱去买一个银锁，并为孩子带上。通常所购买的银锁上都刻有吉祥寄语，一般正面是"百家宝锁"，背面是"长命富贵"或"长命百岁"的字样。因此民间称这样一款银锁为："百家锁"。民间百姓认为乞丐的钱是从百家要来的，因此也有家庭会用较多的钱找乞丐换来一百钱去购置"百家锁"，为幼儿祈福。

第二节　　新人嫁衣皆为喜

自古以来，婚礼服都是婚礼中必不可少的重要组成部分，同时也是最能展现一个民族服饰特色的服装之一。婚礼服是礼服的一种，特指新郎、新娘在举行婚礼时所穿的服装和服饰品。通常婚礼服有着统一的色彩、样式及寓意，是营造喜庆气氛、扮靓新人、表达美好寓意的主要手段。汉民族的婚礼服与其他各民族的婚礼服一样，都是本民族传统的积累和固定，是约定俗成的、代代相传的，且在短期内基本不会有所改变的服装。

一、我国古代传统婚礼服饰

我国享有"礼仪之邦"的美名，拥有几千年的服饰文明，婚礼服作为服饰的一部分有悠久的历史渊源。自我国周代出现礼服，婚礼服便也应运而生。在经历秦汉时期的发展后，婚礼服在唐宋时期达到一个新的高峰。我国古代传统的婚礼服，以其自身造型、色彩、材质、纹样、配饰、寓意等艺术特征，无不体现了我国古代的民族文化，展现了一种东方独有的含蓄美，洋溢着一种喜庆的氛围。

我国古代传统婚礼服在结构上，普遍采用平面的直线裁剪法进行剪裁，服装款式强调飘逸与含蓄的感觉，因此剪裁衣片时通常都较为宽松，婚礼服的款式象征着平衡、和谐。我国传统婚礼服十分注重色彩搭配，通常会选取较为浓艳的色彩，搭配精致夺目的配饰。其色彩在先秦时是以玄、纁色为主，然后逐渐被红色取代。明朝之后，女子婚服的颜色几乎都是大红色，而男子婚礼服，从唐宋时期开始一直到明朝都是红色的。因此，红色是当之无愧的、我国传统婚礼服饰的主要色彩。且在我国，红色是吉利的色彩，象征着喜庆、吉祥。传统婚礼服上纹样种类繁多，主要是龙凤呈祥、鸳鸯戏水等蕴含吉祥寓意的纹样。在我国，图案除了比装饰意义之外，还有另一层意思：我国古代统治阶级所穿着礼服的颜色和图案是划分阶级尊卑的符号；而民间礼服上的颜色和图案，则只是代表着人们对礼俗的区分，以及对美好生活的向往。而婚礼服的材质多为丝绸、锦缎、棉麻等天然面料。古代婚礼服的配饰十分讲究，基本都是金银及玉器，如唐朝时期新娘的发簪金翠花钿，新郎的金花，明清时期新娘的凤冠、项圈天官锁等。

我国古代婚礼服的款式、色彩、纹样及佩饰，在朝代的更替轮转中不断得到了发展，逐渐形成了一个相对完备的婚礼服饰体系。古代婚礼服制式主要有三种："爵弁玄端——纯衣纁袡""梁冠礼服——钗钿礼衣""九品官服——凤冠霞帔"。

（一）周代及秦汉时期婚礼服

西周时期冕服制的出现奠定了我国"衣冠王国""礼仪之邦"的基调。此外，我国汉民族传统服饰的基本形制如上衣下裳等，均起始于西周时期。且周代的婚礼服饰几乎可以称之为我国婚礼服饰的源头。在当时举办婚礼，通常是在黄昏时分去新娘家迎亲（周朝时称之为"亲迎"），因此称之为"昏礼"。在我国周代，婚制中的礼服色彩有着明文规定，通常遵循"玄纁制度"。这与后世婚服的色彩有着极大的不同，周代无论民间还是达官贵人，都普遍崇尚庄重的色彩。

在《仪礼·士昏礼》中便有这样的记载："主人爵弁，纁裳缁袘。从者毕玄端……女次，纯衣纁袡……"（图4-2-1）。由此可以看出，新郎的婚礼服是指：头上戴黑色礼帽，且礼帽用红色包裹帽边缘，上身穿玄色礼服，下身则是纁色的下裳，脚上穿着红色的鞋子。文中指出，新娘的婚服指的是"次，纯衣纁袡"，这里的"次"指的是戴在头上的一种假髻，通常是用假发进行编制的，在婚礼当天将其套于头上，并用簪钗等首饰对其进行固定；这里的"纯"，指的是丝质的衣服；"纁"通常指落日的余晖中那种黄色中微微泛红的颜色，"袡"是指衣缘，所以"纁袡"指的是黄中微微泛红的衣缘。整句的意思是：新娘头上戴有假发发饰，身穿带有纁色衣缘的黑色丝衣，且新娘所乘坐的马车上挂有黑色的车帷。由此可以看出，当时新娘的婚礼服一般是黑色的丝质礼服。新娘在离开娘家前通常会用一块薄纱幪（景）蒙在新娘头上。这里的"景"指的是一种单层的纱衣，通常罩在婚礼礼服外面，起到遮挡风尘的作用，这类似于后世众所周知的新娘红盖头，实际上这也的确是红盖头的前身。

▲ 图4-2-1　周制士婚服线描图

在婚礼服的形制上，西周时期一般是以"上衣下裳"作为婚礼服的基本形制。在我国先秦时期新娘的服饰相对比较朴素，且不会出现庆贺和举乐的仪式。

从汉代开始，我国的婚礼便向着奢靡的方向在不断发展，因此婚礼服也变得越来越奢华。在我国汉代，婚礼服通常是以袍服的形式呈现的，式样大多都是倒大袖。在汉代，皇族及达官贵族之女的嫁衣，用色多达到12种，且面料都是选用上等锦绮罗。由于婚礼服是缘双重边的，所以称之为"重缘袍"，且通常袍服都是开的交领，婚礼服的交领开领相对比较低，因此可以露出里面衣服的领子，最多的时候会露出三层领子，当时被称为"三重衣"。在我国汉代时期，由于"重农抑商"，商户的地位极其低下，因此规定商户家如果有女儿要出嫁，其婚服的级别也只能是最低的，嫁衣上只能出现浅黄（缃）和浅青（縹）两种颜色，而且可选择的面料也是最少的。自东汉以来，新娘出嫁"以物障面"的习俗变得颇流行。

（二）唐宋时期婚礼服

我国的隋唐时期，国势强盛，疆域广阔，且当时经济发达，出现了频繁的中外交流，与异族来往密切，这都对汉族服饰的发展起到了推动作用，可以说，唐朝是一个文化思想等都十分开放交融的时期。我国唐代有着最辉煌灿烂服饰文化，当时的服饰百花齐放、绚烂多姿。从《新唐书》《唐六典》等古籍中可以看出，当时的婚礼服饰独具特色，融合了先前庄重神圣的婚礼服饰和后世热烈喜庆的婚礼服饰的特点，如命妇所穿的翟衣、花钗礼衣等。通常新郎服饰为绯红，而新娘服饰则为青绿（图4-2-2）。

我国唐朝时期，新娘礼服通常为青色，其形制上多为深衣的衣裳连属制，隐喻出嫁女

▲ 图4-2-2 唐制士婚服线描图

子"德贵专一"。命妇所穿戴的翟衣上绣有翟鸟纹饰，在形制上与花钗礼衣并没有太大的区别。钗是我国古代妇女专门用来固定或装饰发髻的造型。发钗的钗头通常选用金、银或琉璃等进行装饰，是整支钗的精华部分，其造型也十分丰富，一般将钗头做成凤凰的形状，则称之为"凤钗"；做成花朵的形状，称其为"花钗"。由于当时新娘头上簪有金翠花钗，因此这种礼服被称为"花钗礼衣"。不同等级的妇女所穿着的花钗礼衣的形制有所不同，且花钗的使用有着十分森严的等级规定。当时，民间通用的婚嫁礼服一般是指在唐朝晚期宫廷命妇所穿的礼服——钿钗礼服。钿钗礼服是指由花钗大袖襦裙或连裳为基本形态发展而来的礼服形式。其基本形制是大袖衫长裙加披帛，通常层数比较多，产生一种层层叠叠的感觉，最后在外面套一件宽大的广袖上衣。这种烦琐、复杂的婚礼服饰在唐代以后得到了简化，基本上成为花钗大袖衫。如宋代尚简，婚服索然已经不是隆重繁重的钿钗礼衣，但依然是花钗大袖礼服。但唐朝婚礼服饰中的首服，依旧沿袭了先秦时期，当时新娘出阁皆用障面已成惯例。其中比较流行的一种是以纱遮面，由新郎挑起面纱（红盖头）；另一种是用团扇遮面，在洞房花烛夜，房中只剩下一对新人时，新娘才敢大胆拿下团扇，露出自己的容貌，这就是古人所说的"却扇"。尽管当时的婚礼服饰受衣规服制的约束，但当时皇宫与民间的婚礼服饰并未统一，宫中是按照唐律，采用衣裳连属制，而民间却是上襦下裙制。

（三）明清时期婚礼服饰

公元1368年，明太祖朱元璋取代元朝建立了大明朝，随之采取了一系列措施巩固政权，在服饰方面主要表现在全面恢复对汉民族衣冠制度。我国汉族古代的婚礼服饰在这个时期，无论是形制还是色彩上都形成了一个更为成熟和典型的造型，其形制基本沿用唐宋时期。

在当时科举制度的影响下，男子娶妻被称作是"小登科"。在科举制度的影响下婚礼服饰

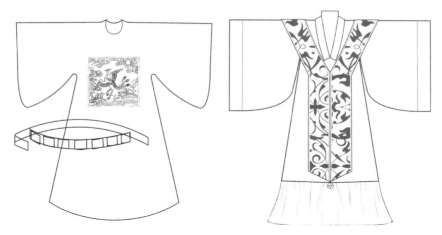

▲ 图4-2-3 明制士婚服线描图

中出现了"假服",即男子在婚礼当天可以穿用九品官员的官服,即青绿色的九品幞头官服,贵族子孙婚娶时甚至可以穿着冕服或弁服,女子可以穿戴凤冠霞帔,但凡是官员的女儿,在出嫁时是可以穿用与其母亲身份等级相符合的命妇服饰的,而平民百姓婚娶时,则可以穿戴绛红色的公服(图4-2-3)。

在明代,大袖又被称为大衫,是礼服的一种,通常是宗室的女眷及大臣命妇所穿着的礼服,也用于婚礼服饰。明代霞帔的基本形态及功能都继承了宋代的,其形制通常都是两条,将霞帔的前端裁成斜边,然后进行缝合,再在底端挂上坠子,霞帔的后端一般保持平直。可以说,我国明代是"大衫霞帔"的定型期。明朝洪武二十四年,由朝廷制定了一套完备的礼仪制度:文武百官的等级由鸟兽图案的补子来区分,而命妇的等级则由大衫霞帔来区别,这一礼仪制度大大地推动了大衫霞帔在民间的流行。明代的凤冠与宋代的也大致相同,在当时大量的肖像画中,我们可以看到宫廷皇后及后妃皆头戴凤冠,身披霞帔,甚是隆重与华丽。明朝制礼沿袭唐宋时期的民俗,并规定庶民在婚礼中可以穿用命妇服饰,即平民结婚,新娘可使用九品命妇穿用的凤冠霞帔,但霞帔上的图案不能使用龙凤纹样。自此,凤冠霞帔逐渐成民间流行的新娘礼服,也成了我国传统汉族女性的婚礼服饰。沿袭唐宋婚礼习俗,明代新娘戴盖头的风气依然保留,且为了增添喜庆的感觉,一般会选用大红布帛为新娘的红盖头。

由于我国的清代是由少数民族统治的政权,当时的服饰发生了一次全国性的大变革,在主要以适合满族骑射生活的袍服、马褂等代替汉族的上衣下裳、宽袍大袖等传统服饰。但由于当时"男从女不从"的规定,无论是满族还是汉族的女子服装制式都基本保持不变。

清朝满族女子的婚礼服通常是袍和褂,一般都是马蹄袖,并且绣有海水江崖纹,无论形制、纹样还是用色,都展现了典型的清朝满族服饰的特点。典型的旗人婚礼服——袍服外罩褂,头戴朝冠。清朝光绪皇帝大婚时,孝定景皇后叶赫那拉氏所穿戴的便是绣有八团龙凤的大红色绸缎的同和袍和石青色绸缎并绣八团龙凤褂。其中大红色袍子为圆领、右衽、马蹄袖，左右大开裾的直身袍；而石青色龙凤褂则是圆领、对襟、阔袖。且在衣身上部绣八团龙凤纹，下摆处则绣有海水江崖纹及象征财富的八宝纹样。明朝之后，中国的传统服制基本都已经被废，但以凤冠装饰妇女首服的形式却得以保存。在清代，为了与明朝的制度相区别，便将这种首服称为"朝冠"，事实上这也是凤冠的一种。明朝时期的霞帔到清朝已经发展为背心状的褂子了，这一时期的霞帔是在前朝的基础上进行了三处改制：一是将霞帔本身放宽，将两片进行合并，并在霞帔的基础上增加了后片和衣领，其形制似背心状；二是在霞帔前胸及后背的正中处缀有与其新郎礼服上相应的补子，以示其身份；三是霞帔的下部不再坠有帔坠，并以流苏代替。

汉族女子由于当时"男从女不从"的规定，婚礼服饰基本沿袭前朝的凤冠霞帔制，且婚礼服仍为大红色。同明朝一样，霞帔虽然是命妇之服，但士庶妇女在婚礼中也可以穿着，这就是旧时所说的"假借"。"假服"发展至清朝，新郎通常穿着青色长袍，外面罩一件绀色（黑中透红）的马褂，头上戴有一顶暖帽，并插有赤金色的花饰（俗称金花），拜堂时身披红帛（俗称披红）；新娘一般穿着红底绣花的袄裙或旗袍，外面要"借穿"诰命夫人专用的背心样式的霞帔，头戴凤冠，簪红花，拜堂的时候要蒙红盖头。尽管清朝时期的凤冠霞帔已经成为每位汉族女子出嫁时的一个梦想，但受经济条件的制约，普通妇女的婚礼服饰更多的依旧是"上衣下裙"的式样。通常婚礼服的上衣是大红色或石青色的绣花女褂（或袄），下裙的形式则相对丰富许多，如红喜裙、凤尾裙等，但通常都是大红色并绣有花朵纹样。

在当时，在妇女中兴起一种十分流行的服饰——云肩，在婚礼服饰中也经常被使用。云肩，其形似如意，披于女性肩上，具有极强的装饰性。通常贵族妇女所穿用的云肩，都制作精美、华丽，有剪作莲花形，或结线为璎珞，周垂排须。即使是贫民女子的云肩，也十分的精巧细致。

二、我国近代"中西混合"式婚礼服饰（民国时期）

随着西方帝国主义的侵略，西方文化对我国人民的影响逐渐扩大，传统服饰在此时产生了根本性的转变，中西合璧的服饰或纯西式的服饰逐渐深入到我国人民的日常生活之中，我国传统的婚礼服饰也面临着一场大变革。

在五四运动之后，由于受到西方文明的影响，西式的婚礼习俗传入，我国开始兴起"文明新婚"，即"新式婚礼"。"文明新婚"主要是指男女双方经别人介绍或者自己认识，然后经过一段时间的自由的交往，在经过双方家长的同意后便可以举办一场带有西洋色彩的文明、进步的婚礼，这是一种中西合璧但以西方习俗为主的婚礼形式。"文明新婚"打破了我国旧时的封建伦理色彩，而更多的是融入了自由、开放的现代婚礼情调。当时的进步人士在举办婚礼时多采用"文明新婚"，甚至有些基督教徒会借用教堂为举行婚礼仪式的礼堂，并请牧师为其主持婚礼。在这一时期，伴郎、伴娘及花童都开始出现在了婚礼仪式之中。

民国时期的婚礼服的变革一开始表现出亦中亦西的特点。这种表现形式主要分为两种：一种是将西式的礼服元素融入我国传统的婚礼服之中。当时的婚礼服饰，通常上衣是兼具西装特色的对襟翻领或者立领的款式，纹样的运用上依旧为龙凤图案或者团纹等吉祥纹样，西化却又不失传统的风格。这样的款式，是典型的民国时期婚礼服形式，如图4-2-4所示这件收藏于江南大学民间服饰传习馆的新娘礼服：这是一件大红色的绣花对襟上衣，在领口、袖口及下摆处均采用我国传统的盘金绣手法，绣满了精美富贵的纹饰，在衣身上也绣有盘金绣的花朵纹样，整件婚礼服的十分精美别致，且采用了西方西装领的款式结构（图4-2-4～图4-2-7）。新娘礼服的下装通常会选择红色且绣有吉祥纹样的马面裙、凤尾裙（图4-2-8～图4-2-11）等。凤尾裙是一种在裙腰下垂缀有各种颜色的彩带的裙子，且在每根彩带的底部都绣有葫芦、石榴、牡丹或梅兰竹菊等带有吉祥寓意的精美图案，有的凤尾裙甚至会在每条彩带的底端缀有银质的小铃铛，使新娘走起路来叮当作响，十分悦耳，因此凤尾裙又被

▶ 图4-2-4 近代西装领盘金绣对襟婚礼服（摄于江南大学民间服饰传习馆）

上衣底色

大红

纹样配色

金色　青白

◀ 图4-2-5 近代西装领盘金绣对襟婚礼服色彩分析图

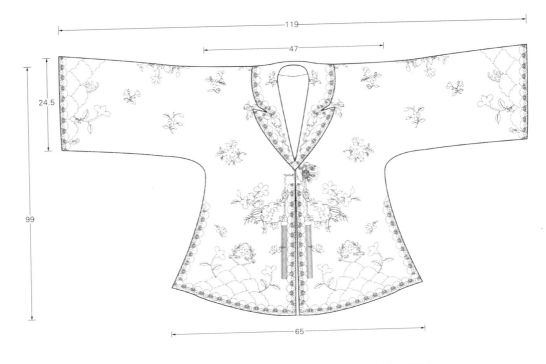

▲ 图4-2-6　近代西装领盘金绣对襟婚礼服尺寸图（单位：厘米）

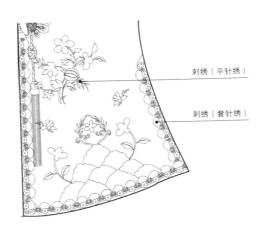

刺绣（平针绣）

刺绣（套针绣）

▲ 图4-2-7　近代西装领盘金绣对襟婚礼服局部分析图

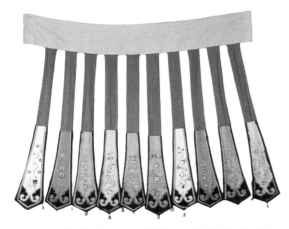

▲ 图4-2-8　蝶恋花刺绣凤尾裙（摄于江南大学民间服饰传习馆）

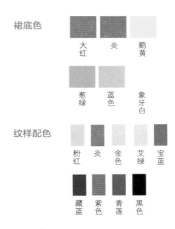

▲ 图4-2-9　蝶恋花刺绣凤尾裙色彩分析图

裙底色

大红　炎　鹅黄

葱绿　蓝色　象牙白

纹样配色

粉红　炎　金色　艾绿　宝蓝

藏蓝　紫色　青莲　黑色

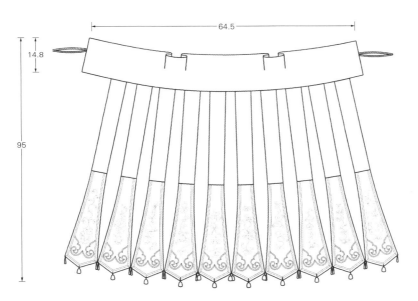

▲ 图4-2-10　蝶恋花刺绣凤尾裙尺寸图（单位：厘米）

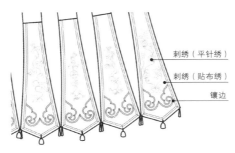

刺绣（平针绣）

刺绣（贴布绣）

镶边

▲ 图4-2-11　蝶恋花刺绣凤尾裙局部分析图

称为"响铃裙"。新娘脚上穿有绣花婚鞋，通常为绣有吉祥纹样的弓鞋或精美的平底绣花布鞋。沿袭我国"以物遮面"的传统，在新娘的头上通常会搭配有一块红盖头。

另一种是将西式的元素融入婚礼服饰中，主要表现为在传统婚礼服之外再搭配西式的头纱。新娘在婚礼当天穿着"上袄下裙"形式的传统婚礼服，通常是穿着带有从清末开始流行的带有高高的元宝领的上衣，头上披有及地的长纱，手中会有一束捧花。伴随着西式的裁剪方式流入我国，旗袍成为民国时期流行的服装款式，很多都市时髦女性会选择旗袍作为婚礼服饰，与"上袄下裙"的婚礼服形式一样，旗袍通常也会搭配西式的白色拖地头纱。1935年上海市政府组织的"集团结婚"，新郎着蓝长袍黑马褂；新娘也是粉色软缎旗袍，头披白色西式婚纱，手持鲜花。

伴随着婚礼服饰变革的进一步发展，民国时期的婚礼服饰，尤其是女性婚礼服饰逐渐转变为了西式的礼服。新娘礼服开始出现一身都是西式婚礼服的打扮：头披白纱，身着白色连衣裙，手捧鲜花。

民国时期，无论是革命者、文艺界名流或者是普通老百姓，其婚礼服饰基本可以分为三大类：西式礼服（婚纱、西式套裙等）、中西合璧式礼服（袄裙或旗袍加头纱）、传统婚礼服（凤冠霞帔、上袄下裙）（图4-2-12、图4-2-13）。

▲ 图4-2-12 邵召棠君与曹淑真女士结婚摄影，1916年（采自大成数据）

▲ 图4-2-13 河南都督兼巡按使田文烈先生哲嗣章燕君及万作孚女士结婚摄影，1915年（采自大成数据）

第三节　逝者行装表哀思

丧葬服饰作为丧葬文化的一种表征，完整地记录了丧葬文化的发展。我国丧葬服饰在几千年的发展过程中，沉积了厚重的文化传统，并且与人们的日常生活有着千丝万缕的联系。"丧"是规定活人即死者亲属在丧期内的行为规范，"葬"是规定死者的应享待遇。丧葬服饰则分为丧服和葬服。

一、丧服

丧服就是指亲人去世后，家人及亲朋为哀悼、追念死者而穿的衣帽服饰的总称。它属于中华礼服的一种，除衣裳外，还包括传统的冠、带、屦、杖，以及现在城市流行的白花、黑纱等附属物。

晚辈为长辈穿的丧服称孝衣、孝服。而在古代，除了晚辈应为过世的长辈穿丧服外，长辈也要为五服亲内的晚辈穿丧服。丧服除了回避、吓鬼神、表悲痛等原始文化意义外，还具有尊重死者，明亲疏、显贵贱、别等级等特征，在中国传统丧葬文化中占有重要地位。丧服的形制大致可分传统丧服和近现代受西方文化影响出现的"中西合璧"式丧服两类。

（一）古代传统丧服的形制

我国汉民族一般所说的丧服是指"五服"，它源于西周宗法制，并旨在巩固这一制度。五服根据血缘关系亲疏不同分为：斩衰（cui）、齐衰（zi cui）、大功、小功、缌麻五种，他展现了穿戴者服丧的时间，所穿丧服的缝制方法以及服丧期间应遵守的礼仪规则等内容均有一定的区别。在城市的葬礼中已经很少出现，但在我国广大农村及不少地区还保留这一习俗。

1. 斩衰

丧服，上衣叫"衰"下衣叫"裳"。斩衰之服是五服中最重的一种丧服，其服饰最为粗重，且杖期最长——三年（斩衰衣和裳的款式图如图4-3-1所示）。《礼仪·丧服》："斩衰裳，苴绖（zū dié），杖，绞带，冠绳缨，菅屦者。"（衰，是披于胸前的麻质布条，斩，是不缝边的意思。）斩衰是子为父，女子在室为父，承重孙（父为嫡长子已死），嫡长孙为祖父，为

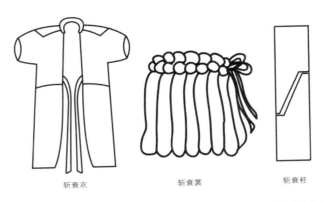

斩衰衣　　　　　　　　　斩衰裳　　　　　　　斩衰衽

▲ 图4-3-1　斩衰衣和裳的款式图（笔者绘制，采自宋《新定三礼图》斩衰衣裳图）

人后者为所后之父，归宗女为父，旧时妻妾为夫，臣为君，甚至父为长子所穿的丧服。斩衰并非贴身穿着，内衬白色的孝衣，后来也有用麻布披在身上代替，也就是人们所说的披麻戴孝。

　　斩衰用每幅三升或三升半的最粗的生麻布制作，质粗而贱，且左右和下面都不缝边，用以表示对死者最深的哀痛。斩衰衣裳主要采用平面裁剪法进行裁剪，不进行缝边。其中斩衰衣的前片主要是领、袂（袖）、衽以及衰（披在胸前的麻布条）组成，后片背部正中钉有一块长麻布名为"负版"。斩衰裳主要是前三幅、后四幅的形式，整体类似于现代的围裙（斩衰衣裳的形制结构如图4-3-2～图4-3-5所示）。

　　斩衰服除了斩衰衣裳之外，还有配套的梁冠、鞋子等。如"绞带"就是指用已结子的雌

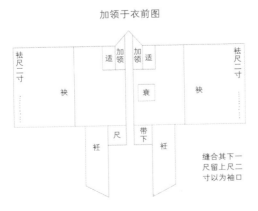

▲ 图4-3-2　斩衰衣正面形制结构图
　　（笔者绘制，采自元《五服图解》斩衰衣裳图）

▲ 图4-3-3　斩衰衣背面形制结构图
　　（笔者绘制，采自元《五服图解》斩衰衣裳图）

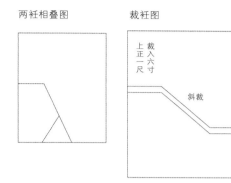

两衽相叠图　　裁衽图

裁入六寸
上正一尺

斜裁

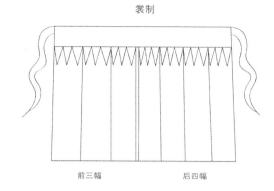

裳制

前三幅　　　　后四幅

▲ 图4-3-4　斩衰裁衽图
（笔者绘制，采自元《五服图解》斩衰衣裳图）

▲ 图4-3-5　斩衰裳的形制结构图
（笔者绘制，采自元《五服图解》斩衰衣裳图）

麻纤维织成两条粗麻布带子，一条用作腰带，一条用以围发固冠，有绳缨下垂。手执竹制的杖（哭丧棒），只有孝子用杖。冠绳缨，指以麻绳为缨的丧冠，冠身也是用粗麻布制作。用菅草编成的草鞋，粗陋而不作修饰。如持丧者是女子，与男子相同，但不用丧冠，而是用一寸宽的麻布条从额上交叉绕过，再束发成髻，这种丧髻叫作鬖（zhuā）。

2. 齐衰

　　齐衰是仅次于斩的丧服，用熟麻布制成，因其缉边故叫齐（齐衰衣和裳的款式如图4-3-6所示）。齐衰分为四等：齐衰三年、一年齐衰杖期、一年齐衰不杖期、齐衰五月或三月。齐衰三年：适用于在父卒子为母，继母如母、慈母（养母）如母，母为长子，妾为夫之长子，及未嫁之女、嫁后复归之女为母，母为长子；一年齐衰杖期：父在为母、夫为妻、子为出母、为改嫁之继母；一年齐衰不杖期：为祖父母、为世父母或叔父母、大夫之嫡子为妻、为昆弟、为嫡孙等；齐衰五月：为曾祖父母；齐衰三月：为高祖父母齐衰，齐谓衣边经缝缉而显齐整，丧冠所用麻布也较斩

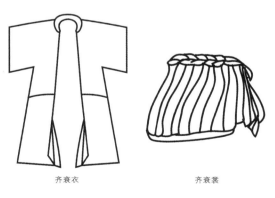

齐衰衣　　　　齐衰裳

▲ 图4-3-6　齐衰衣和裳的款式图
（笔者绘制，采自宋《新定三礼图》齐衰衣裳图）

衰略细，并以麻布为缨，叫冠布缨。杖用桐木制作，叫削杖。布带为麻布所作，用如绞带。疏屦也是草鞋，妇女则无冠布缨（齐衰衣裳的形制结构如图4-3-7、图4-3-8所示）。

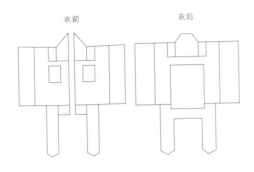

▲ 图4-3-7 齐衰衣形制结构图
（笔者绘制，采自明《御制孝慈录》齐衰衣裳图）

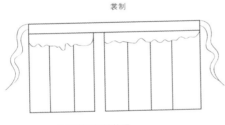

▲ 图4-3-8 齐衰裳形制结构图
（笔者绘制，采自明《御制孝慈录》齐衰衣裳图）

3. 大功

大功是用粗麻布所制的丧服（大功衣和裳的款式如图4-3-9所示）。大功的丧期为九个月，仅次于三月齐衰，是男子为堂兄弟、已嫁姊妹、姑母等穿的丧服，是出嫁女为丈夫的祖父母或叔伯、为自己的亲兄弟所穿的丧服。《丧服》云："布衰裳，牡麻绖，冠布缨，布带三月，受以小功衰，即葛，九月者。"（大功衣裳的形制结构如图4-3-10所示）这里的布是指熟麻布，较齐衰用布细密。妇女不梳髻，布总亦用熟麻布。

4. 小功

小功是为本宗曾的祖父母、叔伯祖父母、堂伯叔父母、未嫁的祖姑、堂姑、已嫁的堂姐妹、嫡孙媳妇（妻均缌麻）兄弟妻、堂侄、侄孙、未嫁堂侄女、侄孙女（妻均从夫服）、外祖父母、母舅、母姨、妯娌等所穿的丧服。《丧服》云："布衰裳，牡麻绖，及葛，五月者。"（小功衣裳的形制结构如图4-3-11所示。）小功丧期为五个月，所用的麻布较大功更细。小功是轻丧，不必专备服丧用的鞋，日常所穿的鞋，即可。

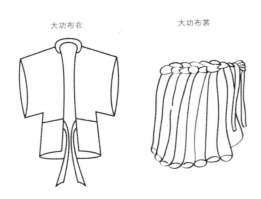

▲ 图4-3-9 大功衣和裳的款式图
（笔者绘制，采自宋《新定三礼图》大功服饰）

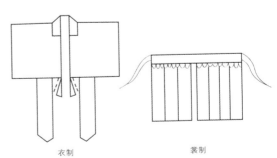

▲ 图4-3-10 大功衣裳的形制结构图
（笔者绘制，采自明《御制孝慈录》大功服饰图）

汉
族民间
服饰文化

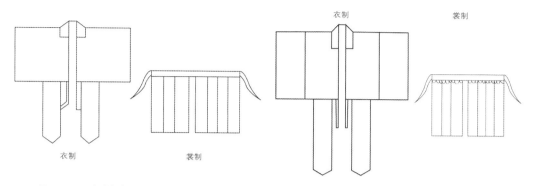

衣制 　　　　　　　裳制 　　　　　　　　衣制 　　　　　　　裳制

▲图4-3-11　小功衣裳的形制结构图　　　　　　　▲图4-3-12　缌麻衣裳的形制结构图
　（笔者绘制，采自明《御制孝慈录》小功服饰图）　　　（笔者绘制，采自明《御制孝慈录》缌麻服饰图）

5. 缌麻

缌麻丧期仅为三个月，是为本宗的高祖父母、曾伯叔父母、族伯叔父母、中表兄弟、岳父母、婿、外孙等穿的丧服。当时用来制作朝服的最细的麻布每幅十五升，如抽去一半麻缕，就成为缌。因为其细如丝，正适宜用作最轻一等的丧服（缌麻衣裳的形制结构如图4-3-12所示）。

江苏地区古代传统丧服制度横跨礼制和法制两大领域，是在我国古代自然经济下产生的，源于西周宗法制，并旨在巩固这一制度。丧服服饰作为丧服制度的外在符号标志，具有鲜明的特征。

古代传统丧服除了麻质的衣和裳以外，还包括冠、带、履、杖等。且服丧服有严格的规定，只有"五服"以内的亲属需要穿丧服，并以宗法血缘的亲疏依次划分为：斩衰、齐衰、大功、小功和缌麻（五服形制的具体运行见表4-3-1）。即《礼记·丧服小记》中提到的"亲亲"，体现了以父系为本的宗族体系，其旨在崇扬同姓己族，相对压抑异姓外亲。古代传统丧服除了晚辈为长辈服丧服以外，长辈也需要为晚辈服丧服。

表4-3-1　古代传统五服形制运行简表

丧服类别	服　期	服　质
斩衰	3年	最粗的麻布不缝边，断处外露
齐衰	3个月至3年	粗麻布，缝边
大功	9个月	熟麻布
小功	5个月	较细的熟麻布
缌麻	3个月	细麻布

《礼记·丧服小记》中提到的"尊尊"则是指：古代传统丧服根据死者身份地位的尊卑、贵贱为标准，确定丧服轻重，且具有单向的政治关系：臣为君服斩衰，民为君服齐衰。"尊尊"是宗法观念的核心，以此显示死者的社会等级。

古代传统丧服除了明宗法、显等级之外，还有很深的礼的观念，"孝，礼之始也"（左传文公三年），古人倡导孝道，以孝道敦厚人心，强化代际联系，进而促进社会治理。

（二）近现代"中西合璧"的丧服形制

我国近代丧服形制主要受西方文化影响。西方丧葬礼俗是一种宗教式的丧葬习俗，受到基督教的影响。基督教认为人死后灵魂需要宁静，所以西方丧礼都是肃穆而庄严的。前来参加丧礼的人要穿深色正装，男士应系黑色领带。西式丧服是指清末民初时由于受西方文化的影响，出现以臂缠黑纱、胸前佩戴白花等特点的丧服形式。

新中国成立初期，丧礼中佩戴黑纱的形式为最多见。死者的家属统一穿着深色外套，佩戴黑纱，子女的黑纱上印（或绣）有一个"孝"字，某些地方死者的孙辈在黑纱上加一块红布条。前去吊唁的宾客，也要穿深色服装，表示对丧家的同情与尊重。客人的黑纱没"孝"字。男宾将黑纱戴在左上臂处，女宾佩白花于胸前（丧服配件中黑纱和小白花的含义及制作方法见表4-3-2）。

表4-3-2　丧服配件中黑纱和小白花的含义及制作方法

名称	含义（用途）	制作方法	实物图片[1]
黑纱	人们在治丧活动中通常佩戴于左臂，是文明哀悼死者的标志。黑色服装显得庄重、肃穆，可以比较强烈的表达人们对死者的悲痛哀悼之意，也可表示对丧家的同情与尊重。因此成为世界大多数地区通用的丧葬服饰。但人们偶尔参加丧葬仪式，不可能及时制作黑色服装，因此就产生了代替品——黑纱，以此来表达哀思	将一块黑布裁成约15厘米宽，45厘米长的布条，对折，缝合，使之呈筒状。近亲需要在黑纱上绣上"孝"字	
小白花	通常佩戴于左胸前，表达人们对死者的哀思，寄托人们对死者的深情。小白花有两层含义：一是表明死者洁白如玉，情操高尚；二是表示人们对死者最纯洁神圣的哀思。	小白花直径以5厘米为佳，将韧性好的白纸裁成约8厘米宽，10厘米长的长方形，并折成"折扇状"（每折0.5厘米宽），用铁丝在中间扎紧，并在正面中间剪出齿状的花心，稍加整形即可	

① 实物图片摄于无锡某殡仪馆，非近代丧葬物品。

民国时期，江苏地区的丧葬礼仪出现由繁到简的趋势，相对文明的西式丧礼在中国初步的确立。长达数千年的传统丧服制度在这一时期仅存名义，甚至出现无衰服而仅黑纱[13]。且1912年10月3日公布的《服制》中指出："遇丧礼所穿礼服时，男子于左腕围以黑纱，女子于胸际缀以黑纱结（图4-3-13）。"这一规定在实际生活中既改变了向吊客散"孝帕"或白布的风俗，又冲击着斩齐缌麻之丧服制度。

由于清末民初近代江苏地区丧葬习俗的演变是由进步知识分子率先实践的，其他阶层，尤其是农民阶层则相对迟缓，甚至处于静止状态，所以广大农村地区依旧沿用"披麻戴孝"的丧服形制，相较于传统丧服，已

▲ 图4-3-13　民国时期佩戴黑纱和小白花的丧服形式 ❶

经大大地简化了。其形制主要表现为：白色布袍、布帽、白帽结、白棉鞋以及黑纱。

（三）当代"中西合璧"的丧服形制

当代的丧服具有极强的"包容性"，沿袭了传统"丧事尚白"的理念，并与西方黑色丧礼的概念相结合，其形制呈现出一种中西并存的状态。我国当代丧服形制大多为"中西合璧"的形式。在我国多数汉民族地区，丧服的形制大致有三种。一是由传统五服大大简化而来的披麻戴孝的丧服形制（图4-3-14、图4-3-15）；二是由西方传入我国的佩戴黑纱、小白花；三是由中国传统"五服"简化而来的白衣、白帽等与西方的黑纱、小白花等配饰相结合的形式。

▲ 图4-3-14　丧服（摄于上海殡葬博物馆）

▲ 图4-3-15　披麻戴孝的孝子（摄于上海殡葬博物馆）

❶ 油画《民族魂》的局部图，作者：姚尔畅。此作品为上海市文化发展基金会资助项目。笔者摄于上海殡葬博物馆，虽此图不是描绘江苏地区民国时期丧礼，但其丧服形制基本形同。

例如在当代江苏地区，其丧服的主要形制主要为：白孝衣、孝帽、孝鞋以及其黑臂章等配饰。

江苏地区孝衣主体为白色，领子一般为立领或者西装领，通常采用系带的方式固定，也有用纽扣固定的，类似于医生的白大褂，且腰间系一条白腰带（图4-3-16）。部分地区孝子白衣外需要围一条青色（藏青色）的围裙（图4-3-17），围裙的系带是白色的，从后面绕过来系在前面，且孝衣后面钉有一块长5~6寸，宽两指，与白孝衣同一材质的布条；有些地区的女儿和女婿则是"披孝衣"，将一块白布对折之后类似一件双层披风披在身上，腰间系白腰带（图4-3-18）；有的孝子脖子上会挂一条麻绳；少数地区采用白色文化衫代替白色孝衣（图4-3-19）。

▲ 图4-3-16　白孝衣（摄于无锡）

▲ 图4-3-17　藏青围裙

▲ 图4-3-18　"披孝衣"（摄于南通）

▲ 图4-3-19　文化衫（摄于徐州）

▲ 图4-3-20　筒形孝帽

▲ 图4-3-21　方顶孝帽

▲ 图4-3-22　圆顶孝帽

▲ 图4-3-23　三角形孝帽

▲ 图4-3-24　"白披头"

▲ 图4-3-25　红色方顶孝帽

　　江苏地区孝帽主要分为筒形孝帽、方顶的孝帽、圆顶孝帽和"三角"孝帽（也称元宝形孝帽）。孝子的方顶孝帽用白线缝合，其他人用非白线缝合，部分地区孝子的孝帽上要钉带籽的棉花；一般女婿为"三角帽"；女性则多为"白披头"。孝帽一般为白色，但曾孙等第四代亲属用红色，玄孙等第五代亲属用绿色，偏远一些的农村出现过黑色孝帽，并在孝帽上钉麻布（当代江苏地区孝帽种类如图4-3-20～图4-3-25所示，其形制结构图如图4-3-26～图4-3-29所示）。

　　江苏地区孝鞋一般为黑色，并在上面钉一块麻布或白布，但现今大部分地区穿白色孝鞋，农村任保留了在直系子女鞋面上钉布的习俗，其余近亲统一着白鞋。江苏部分地区用白布缠裹小腿，并用黑布系住，孝子的鞋跟不能提上。如公婆，而自己亲生父母健在，则需要在鞋后跟处用蓝笔或黑笔画一道（当代江苏地区孝鞋如图4-3-30～图4-3-32所示）。

第四章　多彩的汉族服饰民俗风情

223

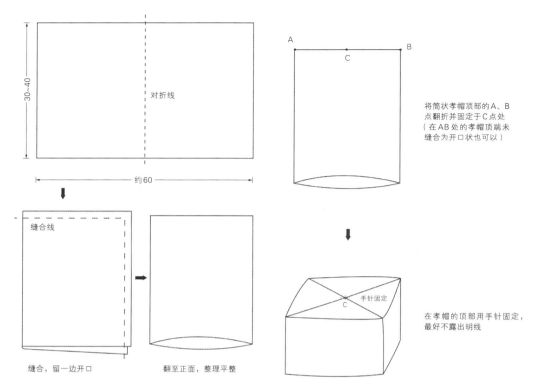

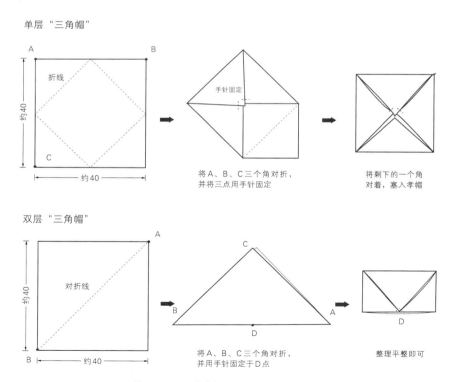

単层 "三角帽"

双层 "三角帽"

▲ 图4-3-26 筒形孝帽的形制结构图（单位：厘米）　　　　▲图4-3-27 方顶孝帽的形制结构图

▲ 图4-3-28 三角孝帽的形制结构图（单位：厘米）

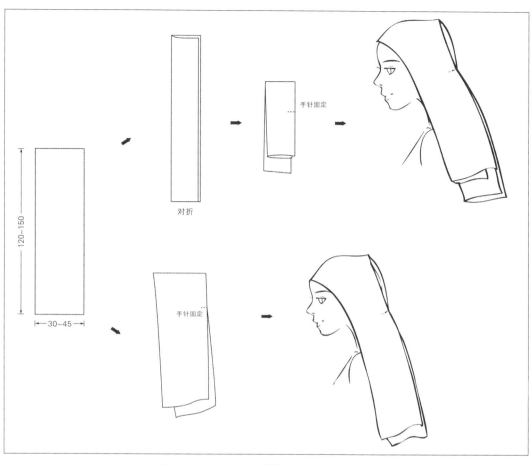

対折

手针固定

手针固定

120~150

30~45

▲ 图4-3-29 "白披头"的形制结构图（单位：厘米）

▲ 图4-3-30 黑孝鞋上钉布

▲ 图4-3-31 孝子"拖鞋"

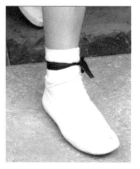

▲ 图4-3-32 脚踝缠裹白布

当代江苏地区丧服中的配饰主要是黑臂章和小白花（图4-3-33~图4-3-36）。孝子、孝女佩戴的黑色臂章，印有"孝母""孝父"字样，如死者无子，则侄子代儿子为其"戴孝"，臂章上印有"孝伯父""孝伯母"字样，其他人则是纯色的臂章；部分地区的黑臂章上面会钉有红色或白色的圆形布片，曾孙辈佩戴红臂章；部分地区不需要佩戴黑臂章。小白花一般佩戴于左胸，部分地区小白花上会写有"哀念"字样；部分地区还有小黄花，固定在臂章上；部分地区则是剪一段白色或黄色的头绳，绕成花朵样式，别在耳鬓；部分地区不佩戴小白花。

▲ 图4-3-33 孝字黑臂章

▲ 图4-3-34 黑臂章

▲ 图4-3-35 小白花

▲ 图4-3-36 小黄花

二、葬服

葬服，又称寿衣，是指逝者穿着的服装（图4-3-37、图4-3-38）。

在我国民间，对寿衣的用色十分讲究。在我国清代，官员过世后所穿戴的寿衣有着详细的明文规定：一二品的官员在其殓衾时用绛色，三四品的官员在其殓衾时则用黑色，五品官员在其殓衾时是青色，六品官员殓衾用绀色（深青色中微微透红的颜色），七品小官殓衾则只能使用灰色。且当时又有明文规定，用于遮盖尸体的衾被的颜色必须与死者所穿戴的寿衣的颜色一致。在民间，通常人们在为死者制作寿衣时，大多选择蓝色，且禁忌使用黑色。民间认为黑色是凶色，为死去的亲人穿上黑色的寿衣，便会让死者来生不能在为人，只能投胎当驴。也有些地区则要求为死者穿戴的寿衣中必须要有一件红色的，他们认为但凡人过世，到了阴曹地府都是要上剥衣亭的，如果死者身穿红色的寿衣，鬼吏就会误以为已经将其剥出了血，便会停手不在折磨死者，如若只穿了黑色的寿衣，鬼吏则会将其皮肉剥烂，直到剥出血为止，让死者受尽苦楚。在我国古代并没有在制度上明文规定寿衣不能使用黑色，关于寿衣忌黑的说法，也只是在民间流行，其忌讳黑色的习俗，是可以根据不同地域内民众的自身意识而自然调节的。在我国的部分地区，死者穿戴的寿衣的颜色是以性别来区分的，如江苏常武地区，男性死者所服的寿衣通常为蓝色，而女性则为红色；河南一带，男性死者的寿衣多用白色、蓝色及黑色，而女性寿衣的颜色则多为白色、红色、黄色、绿色及蓝色；洛阳地区则讲究女性的寿衣中至少要有一件红衫；在我国的北方地区，人死后一般会贴身穿有一套白色的衬衣和衬裤，再穿上黑色的棉衣和棉裤，最后在外面套上一件黑色的长袍，头戴一顶挽边黑色帽子，且会在帽顶上缝一个用红布做的小疙瘩，民间认为可以以此驱除煞气。

我国汉族给死者穿着的寿衣的材质也有一定的讲究。通常民间制作寿衣的面料多为绸料，禁忌使用缎料，民间认为"绸子"与"稠子"同音，取保佑其子孙兴旺之意，而"缎

男寿衣全套

包括寿衣、棉衣裤、绒衣裤、寿鞋、袜子、帽子、黄腰带、枕头搁脚、垫盖被

女寿衣全套

包括寿衣、棉衣裤、绒衣裤、寿鞋、袜子、帽子、黄腰带、枕头搁脚、垫盖被

▲ 图4-3-37 男寿衣全套（采自无锡殡仪馆官网）　　▲ 图4-3-38 女寿衣全套（采自无锡殡仪馆官网）

子"则与"断子"同音，大有断子绝孙之嫌。旧时民间是禁忌使用"洋布"制作寿衣的（过去洋布是相较于农家自制的土布而言的），虽然洋布相对于土布来说质地更佳，色泽更为鲜艳，且价格较低，但民间认为洋布的"洋"字与阳间的"阳"字同音，寿衣是让死者穿着去往阴曹地府的，而洋布制作的寿衣会带有"阳间"的意味，死者去到阴间就不能穿了。

我国汉族的寿衣样式方面也有一定的讲究，如寿衣的衣袖必须比正常的衣袖长，我国民间死者是忌讳露手的，所以寿衣要将死者的整个手全部盖住，否则会为子孙带来不幸，将来是要去乞讨的。我国山东一带禁忌寿衣下摆出现毛边，当地人认那是丧服的款式，死者穿这样的寿衣会招来晦气。除此之外，山东地区有句俗话说"四六不成材"，所以寿衣扣子的个数必须为单数，忌讳偶数，民间认为那样会影响穿衣人的事业发展。

[1] 崔荣荣,张竞琼. 近代汉族民间服饰全集 [M]. 北京:中国轻工业出版社,2009:88–89.

[2] 华梅. 服饰与人生 [M]. 北京:中国时代经济出版社,2010:33.

[3] 杨景平. 虎头帽小考 [J]. 群文天地:下半月,2011(4):91–92.

[4] 田玉玲. 浅析虎头帽传统文化的传承 [J]. 大众文艺:学术版,2012(13):204.

[5] 苑国祥. 中国传统儿童服饰——虎头帽 [J]. 饰:北京服装学院学报艺术版,2007(3):41–42.

多元的汉族服饰意蕴

民间服饰，特别是民间服饰图案具有强烈的情感因素，它用静止的艺术语言细语、传播着民间的对美好生活的思想和情感，深深根植在人们的思想意识里。

第一节 "祈福益寿"主题

巴金说过："生，是美丽的，乐生，是人的本分。动物不怕死，是它不知道有死这回事。怕死恋生，这是最正常最根本的人性。"在民间，人们常用"福如东海长流水，寿比南山不老松"来表达对他人福气多多、长命百岁的祝福。《尚书·洪范》中记载，"五福，一曰寿，二曰富，三曰康宁，四曰攸好德，五曰考终命"，其意包括两个方面，一来是说在物质生活方面的富贵和身体的健康长寿，二来则是说对精神生活的安宁祥和、有美德，这两者的和谐交融才是"福"。长寿被人们视为五福之首而受到顶礼膜拜。

民间服饰图案作为人们传递一定的社会文化信息及审美情感的载体，具有重要的传情达意的作用。自古以来，在人们的心中，都期冀自己能更加长久的生活在世间，因而表达延年益寿、长命百岁的图案随之而生。而长寿包含了两层含义，一是生命的延续即个人长寿，二是家族血脉的延续。[1]因而"祈福益寿"的题材往往和"多子多福"的祈愿是相伴的，它代表的是对生命的崇拜，表达了中国传统文化中的长寿观念和生育观念，只有永久性的生命延续才能具有"多福"和"多寿"的意义。其最具表现力的题材当属"三多"纹样，以石榴、佛手与桃子分别代指"多子""多福"与"多寿"（图5-1-1~图5-1-5）。

民间服饰中表现"祈福益寿"主题常见的图案有：蝙蝠、桃、猫、蝶、鹿、鹤、松、柏、灵芝、白头翁等。蝙蝠因"蝠"与"福"谐音，常被作为象征"福"的吉祥图案，有以蝙蝠和寿组合表达"福寿双全""五福捧寿"（图5-1-1）、"五福临门"（图5-1-2）、"福在眼前"（图5-1-3）的意涵；

▲ 图5-1-1 "五福捧寿"暖耳

▲ 图5-1-2 "五福临门"云肩

▲ 图5-1-3 "福在眼前"童帽

▲ 图5-1-4 山西童帽上的"三多纹样"

喜字、蝙蝠、磬、梅花的组合，意为"喜庆福来"；团寿字、海棠与蝙蝠的组合，意为"寿山福海"；蝙蝠、寿桃、荸荠和梅花，取其谐音"福寿齐眉"等等。寿桃，在民间被认为可以使人延年益寿，《神异经》说"东方树名曰桃，令人益寿"。因而寿桃图案在民间服饰中极常出现，有桃子与彩蝶的组合为"花蝶庆寿"；寿桃、金鸡、仙壶和牡丹组合的"金鸡贺寿"；寿桃与花瓶、牡丹组合的"富贵长寿"；"暗八仙"与寿桃组合的"八仙捧寿"；还有"猴子摘仙桃""蟠桃献寿"以及佛手与寿桃的组合（图5-1-5）均有表达长寿之意。鹤为长寿的象征，是代表长寿的仙禽，在中国的传统观念中，鹤与龟同为长寿之王。《相鹤经》称鹤为"寿不可量"。《淮南子·说林》曰："鹤寿千岁，以极其游"。[2]古人常以"鹤寿""鹤龄"作为祝寿之词，如"鹤鹿同春""龟鹤齐龄"等。古人以松为"百木之长"。孔子在《论语》中也赞叹道："岁寒，然后知松柏之后凋也。"《太平御览》引《汉武内传》云："药，有松柏之膏，服之可延年。"其终年葱郁、岁寒不凋的品性成为顽强不屈、品质高洁的象征。因而松与鹤常组合出现以寓意延年益寿，如"松鹤同春""松鹤延年""鹤寿松龄"等纹样。另外，白头翁与万年松的组合名为"白头长寿"亦是用来表达"长寿"的愿望。许多服饰直接以文字（图5-1-6、图5-1-7），或文字变形的"寿纹"（图5-1-8），或团寿字与其他图案的组合，如水仙与团寿的组合，意为"群仙祝寿"；福字、桃子与天竹的组合，意为"福寿天齐"；均表述"长生不老"和"长寿"的意涵。

▲ 图5-1-5　佛手与寿桃的组合

▲ 图5-1-6　"长命富贵"枕顶

▲ 图5-1-7　山西肚兜上的长命百岁、富贵文字

▲ 图5-1-8　寿纹

汉
族民间

服饰文化

第二节　"祈富求名"题材

在中华民族的传统文化中，福、禄、寿、喜、财、吉被视为六大吉祥，民间百姓视福、禄、寿或名和利是幸福生活的理想目标，反映了人们期望获得高官厚禄、享尽荣华富贵的文化心态，这也表露了数千年来以官为本或以官为贵的人生价值取向。

中国有句俗话："人为财死，鸟为食亡"[3]，可见财富对人们的重要性，人们认为拥有财富方可富贵。这种情感的表达表现在服饰上有："富贵平安""富贵长春""刘海撒钱""五谷丰登""刘海戏金蟾""年年有余"等图案形式，体现了人们在获取物质财富方面所形成的理想目标与奋斗精神。如具有"富贵花"之称的牡丹，有直抒情意的"花开富贵"之意（图5-2-1）；也有相对来说含蓄委婉的，用谐音的方法与动物、其他植物组合较为含蓄的表达

▲ 图5-2-1 花开富贵

▲ 图5-2-2 富贵满堂

▲ 图5-2-3 中原刺绣肚兜

▲ 图5-2-4 耄耋富贵

▲ 图5-2-5 中原马面裙上富贵万代纹样

祈富之意的,如玉兰花、海棠、牡丹,组成"玉堂富贵"和"满堂富贵"(图5-2-2);用金鱼、海棠和童子等形成"金玉满堂";花瓶里插着牡丹花,用苹果做旁衬来祝愿"平安富贵"(图5-2-3);常春藤、牡丹的组合来表达对"富贵长春"的愿望;桂圆和牡丹体现了人们对"富贵姻缘"的渴求;用山石、梅花和牡丹表达了"长命富贵";大公鸡和牡丹的"功名富贵"之愿;白头翁鸟与牡丹的组合构成"白头富贵";猫、蝴蝶、山石还有牡丹表达了"富贵耄耋"(图5-2-4);蔓藤类枝蔓还有牡丹相组合就成了"富贵万代"(图5-2-5);"神仙富贵""荣华富贵""一路荣华"分别使用了水仙和牡丹、芙蓉花和牡丹、鹭鸶和芙蓉花等纹样[4],还有表达富贵长久之意的盘长纹样(图5-2-6);表达"富甲天下"的意涵的螃蟹纹样(图5-2-7);以及云肩上金黄色的金属饰物更是民间追求财富的通俗表现(图5-2-8)。

另外,服饰图案亦有大量表现求名情结的题材,或

▲ 图5-2-6 江南肚兜上的盘肠纹

▲ 图5-2-7 山东螃蟹纹

▲ 图5-2-8 山东云肩

直接将"禄"字绣在服饰品上，或以钱币的形式来祈愿（图5-2-9），或采用动植物纹样，以谐音的手法交叉组合，表达美好的寓意。比如"连中三元"，因为圆形的"圆"与状元、会元和解元的"元"是谐音，是用桂圆、核桃、荔枝这三种圆形果实的组合图形，寓意考生金榜题名；"鲤鱼跳龙门"是仕途得意、飞黄腾达的祝语，祝愿被祝愿人就像鲤鱼一样跃过高高的龙门变成一条龙一样一举成名；"状元及第"描绘的是戴冠的童子手里拿着如意骑在龙身上，因"冠"字与"官"字是谐音，比喻指因科举成功然后加官晋爵；"封侯挂印"，以猴子、枫树和官印，因"枫"字与"封"字谐音，喻为封赏之意，"猴"字与"侯"字同音，寓官位，印就是官印，意指求得禄位。[4] 其中动物鸡，由"鸡""鸣""冠"的谐音及鸡的特性而形成的组合纹样多表达仕途升迁的寓意，如"状元及第""功名富贵""英雄斗志""官上加官""五子登科"等。此外，还有"鲤鱼跃龙门""喜庆三元""五子夺魁""步步登高"（图5-2-10）、"加官晋爵""官居一品""一路连科""步步高升"（图5-2-11）、"月中折桂"等等。

▲ 图5-2-9 钱币纹

▲ 图5-2-10 步步登高鞋垫

▲ 图5-2-11 步步高升鞋垫

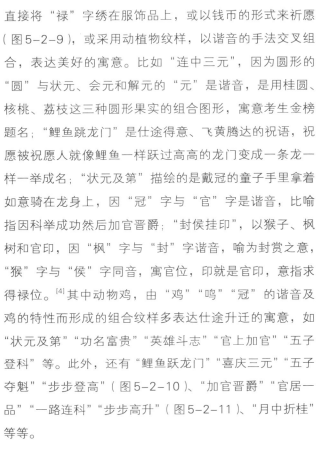

第三节 "趋吉避凶"祈愿

远古时期，人们依赖自然而生存，但对自然却知之甚少，在自然灾难面前束手无策，例如疾病、瘟疫等，更是让他们无从防御与抵抗。加之人们缺乏对大自然的科学认识，鬼怪观念盛行，促使他们不得不祈求圣灵的庇佑来达到一种理想化的主题意识和圆满的思想。他们不仅祈求多子多福，还希望能辟邪、消灾消难，这种"趋吉避凶"的心理文化是人们表达美好愿望、非产理想化的主要意识。例如建筑的"风水理论"、服饰图案的"仿生图腾纹饰"、石窟艺术中的"神佛形象雕刻"等等都是"趋吉避凶"理想化主题意识在社会生活中的广泛运用。而表现在服饰上就是在各种服饰品上绣缀各种吉祥图案和模仿动物的造型来传达"趋吉避凶"的情感意识。其主要表现在四个方面：一是民间民俗宗教文化在服饰的反映；二是我国古代"五行五色"色彩理论与民间"尚红"情结；三是具有辟邪作用的动物纹样在服饰上的体现；四是体现在后世的精神寄托上。

民间民俗宗教是极为复杂的精神文化现象，包括图腾崇拜、自然崇拜、祖先崇拜、神灵鬼魂崇拜等，不同地域吸收了当地民俗事项的成分，具有很强烈的自发性、功利性、神秘性、民俗地域性、散漫性及复杂性。[4]表现在服饰中，人们会在服饰中把一些与宗教内容相关的元素巧妙运用，以此来寄托精神需求，或是通过求神拜佛这种形式来祈祷圣灵保佑，或是把有宗教内涵的纹样，比如佛教中的"万字符""八宝吉祥物"，道教中的"暗八仙"纹样

▲ 图5-3-1 "暗八仙"云肩绣片

▲ 图5-3-2 八卦纹围脖

第五章 多元的汉族服饰意蕴

235

（图5-3-1），太极图、八卦图（图5-3-2）等所构成的图案运用于服饰上以表达"趋吉避凶"的精神寄托，其中"万字符"在近代服饰中常以印花的形式出现，也常常应用于装饰花边中。"暗八仙"图案在民间服饰中最为常见，多用于民间绣花袄、褂、裤以及云肩中，或应用其部分形态，或将全部纹样分散于各个位置。江南大学民间服饰传习馆中收藏的10多件绣花袄褂全部绣有"暗八仙"中的部分形态。

色彩对人们意识的冲击非常大，不但能让个体形成独特的审美观，还会影响、决定一个民族的基本审美、左右本民族特有的性格、精神、气质[5]。从色彩角度看，民间"尚红"习俗主要就是体现了"趋吉避凶"的含义。古代民间受到血液禁忌与鬼神观念的影响，将红色与巫术联系到一起，《宋史·礼志》有用"四隅萦朱丝绳三匝"来制止日食的记载。[6]后来，红色的厌胜功能不断延伸，不仅能救日食、止淫雨，而且能避灾邪，去瘟疫，降恶鬼。[7]《说文》云"赤南方色也，从大从火"。《释名·释采帛》云"赤太阳之色也"，红色属阳色，具有"驱邪护身"和"消灾免祸"的作用。宋朝蔡绦《铁围山丛谈》卷四记载："花判府有寡妇诣讼庭投牒，而衣排垮，即大书曰：红垮白档，礼法相妨。臀杖十七，且守孤孀。"[8]这是宋代人喜穿红裤的记载。而现如今，仍然可见大人会给小孩穿上红肚兜、本命年的时候人们会扎系红腰带、穿上红色的虎头鞋以及民间家庭有新生儿出世会送上红鸡蛋寓意驱避流年厄运。

古代劳动人民在长期艰苦的生活中，运用勤劳与智慧创作了各种民间艺术品，符合传统的"真、善、美"的审美原则，人们将生活中无法实现的美好愿望通过各种艺术形象来表现，以实现精神领域和视觉领域的寄托，主要是通过将自然形态与主观意识相结合来表达"趋吉避凶"的情结。最为典型的当属童装上动物纹样的运用，因民间物质水平低下，无法满足人们的基本医疗条件，而孩童又是抵抗力最差，极易受到伤害的群体，因而童装上"趋吉避凶"情结较为明显。这里既用吉祥道符祈求孩童能够健康成长，驱避人力不测的祝福还有辟邪的含义，又希望儿童能够在充满阳光的五彩世界中生活的民俗思想。[4]民间常将各种动物纹样绣于孩童服饰上，特别是兽中之王、鸟中之雄，如虎、狮、鸡等，因壮美威武，而常常成为人们心理驱邪意识的崇拜物。如民间视虎为辟恶驱邪之物，因此就有了孩童的"虎形围脖"（图5-3-3）、"虎头帽"（图5-3-4）、"虎头鞋"（图5-3-5）等，取其能保护儿童不得恶遇、健康成长之意。还有"鸡公鞋""猪头鞋"（图5-3-6）、"兔头帽"等，这些造型大多形态都比较夸张、传神，色彩上以鲜艳颜色为主，多采用对比色且纯度较高，装饰性与趣味性并存。还有，平针绣的纹样运用于服饰上（图5-3-7），如"虎食五毒"（图5-3-8），将老虎、五毒如蛇、蜈蚣、蝎子、蜥蜴、蟾蜍绣在小孩的衣服上，暗示毒虫见了就不敢伤害小孩，可保孩子健康等等。民间还给孩子穿上红色罩衣、戴上长命锁或者项圈，以此来保佑孩子健康茁壮成长，同时获取精神上的慰藉。这些习俗正是满足人们心理驱邪的精神感受。

▲ 图5-3-3 虎头围脖

▲ 图5-3-4 虎头帽

▲ 图5-3-5 虎头鞋

▲ 图5-3-6 猪头鞋

▲ 图5-3-7 虎纹肚兜

▲ 图5-3-8 "虎食五毒"肚兜

民间不满足于生前的状况，便会把"趋吉避凶"情结表现在后世的精神寄托上。民间往往有在绣花鞋上表达对后世的情感寄托的习俗。如处于中原地界的徐州地区，妇女都会为自己准备一双老人鞋，绣在鞋面和鞋底的内容为通过民间宗教仪式渡过奈何桥以顺利到达阴间的纹样，以寄托来世拥有好运和富贵的理想期望（图5-3-9）；江南地区也有这样的习俗，也许因为莲是释、道二教的圣物之一，女子常在鞋上装饰有美丽的莲花，象征着人世间的善与美，或是民间女子通过宗教教义的方式来实现自己精神上的寄托（图5-3-10）。如江南大学民间服饰传习馆内收藏有两双民国时期的绣花鞋，一双黑色，为江南女子日常穿着的样式；一双红色，是为百年以后准备的，鞋面和鞋底均绣有莲花图案。莲花"出污泥而不染"，具有高洁的品格和"超凡脱俗"的个性，《阿弥陀经》中所载西方极乐世界的"圣湖中每朵开放的荷花被视为一个灵魂的居所"，"特别虔诚的人死后荷花会为他立即开放，佛会立即接见他云云。由于对这些神圣而辉煌的境界之向往，中国民间若有人死去，多要'头枕莲花，脚跺莲花。'"[9]因此，莲花被赋予了神圣、纯洁、复活、高雅的意义。在山东邹县元代李裕庵墓，挖掘出了一双穿在李裕庵棺内女骨架脚上的绣花鞋，这双鞋形状为三角形，鞋底绣荷花和水草纹样，采用的是套针和平针。鞋面的两侧都绣了蝴蝶好几只。绣花部分在鞋头、接

▲ 图5-3-9　老人鞋　　　　　　　　　　▲ 图5-3-10　莲花鞋

口的地方用的针法是网绣。该墓还出土一双男鞋，暗花绸纳帮鞋[10]；我国台湾著名收藏家柯基生收藏了很多"三寸金莲"，鞋子上也绣有各种开放形态的荷花纹样。

第四节　"求美表爱"情感

　　中国民间常用"好事成双"的说法来表达对美好爱情的向往和期待。自古以来，爱情与婚姻在人的生命历程中起着重要的作用，也是人们生活中极富戏剧性的内容之一。一方面，人们期盼着能够获得一份理想中的爱情，拥有一份美满的婚姻；另一方面，当人们在追求爱情、婚姻的同时，又会遇到一些曲折和艰辛。然而在古代，男女之间的情感生活和互动一向较为含蓄，男女从相识、恋爱、情感交流都隐喻在各种民间艺术如剪纸、刺绣等图案纹样的意涵中，只可意会，不可言传。[4]孔子曰："好德如好色，诸侯不下渔色，故君子远色以为民纪，故男女授受不亲。"[11]在成亲前，青年男女对繁衍后代的知识几乎一无所知，因而，在服饰中，人们也是通过生动的艺术形象，含蓄、委婉地表达自己对幸福爱情的憧憬、对美满婚姻的愿望。

　　民间女子在服饰品上刺绣各种纹样装饰来传情达意，寄托美好爱情与祝福。使得服饰品成为传达视觉、表达情感的符号语言，成为青年女子表达自己深厚情意的信物，如荷包，年轻女子在荷包上绣上传情达意的图案以作信物送给情人传递爱情（图5-4-1）。在我国黄河流域的大部分地方，制作绣花鞋垫是当地女人们的基本女红手艺。女青年给情人做绣花鞋垫，而母亲为儿子、妻子为丈夫缝制绣花鞋垫，将自己真挚的祝福传递到亲人的脚下，希望他们能够平平安安、脚步稳健。女子在鞋垫上绣上她们深信不疑的吉祥符图，或直截了当的

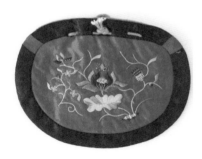

▲ 图5-4-1 荷包上的因合得偶纹

▲ 图5-4-2 同甘共苦鞋垫

文字表白送予自己的丈夫，传递自己的深情与谢意（图5-4-2）。

民间服饰图案在表现汉民族的"求美表爱情结"意涵的纹样主要以蝴蝶、凤凰、莲花、鸳鸯、孔雀等图案为主，与其他图案组合形成的一系列具有求美表爱意义的纹样。从古至今，将蝴蝶形象寄托爱情含义的故事数不胜数，最著名的有"梁祝化蝶""韩妻化蝶"等，在这些生动传神的故事的影响下，蝴蝶自然而然成为美丽爱情的象征，如组合纹样"蝶恋花"（图5-4-3）、"蝶探莲"（图5-4-4）、"蝶扑牡丹"（图5-4-5）、"花蝶弄竹""梁祝化蝶"等，既寓意春光美景，又象征美好爱情和婚姻美满；凤凰纹样多用于婚礼服上，歌颂爱情，如司马相如为追求卓文君所弹之曲《凤求凰》："凤兮凤兮归故乡，遨游四海求其凰"，《诗·大雅·卷阿》中也有"凤凰于飞，翙翙其羽"的诗句，寓意夫妻情投相随，其组合纹样有"凤戏牡丹""百鸟朝凤""麟凤呈样""龙凤呈样""双凤戏珠"（图5-4-6）、"凤求凰"（图5-4-7）等；汉乐府民歌《江南》："江南可采莲，莲叶何田田，鱼戏莲叶间，鱼戏莲叶东，鱼戏莲叶西，鱼戏莲叶南，鱼戏莲叶北。"民间也有言"莲代女下体，鸟戏莲生贵子"[12]，民间服

▲ 图5-4-3 山西马面裙上的蝶恋花纹

▲ 图5-4-4 山西腰包上的蝶探莲纹样

▲ 图5-4-5 荷包上的蝶恋花

▲ 图5-4-6 中原马面裙上的凤戏牡丹纹　　　　▲ 图5-4-7 山西围桌凤求凰纹样

▲ 图5-4-8 中原腰包上的鱼戏莲纹样

▲ 图5-4-9 鸳鸯戏水纹　　　　　　▲ 图5-4-10 喜鹊登梅纹

汉
族民间

服饰文化

饰中以莲花与各种动物或自身产物喻示爱情幸福、婚姻美满，组合纹样有"蜻蜓戏莲""双鱼戏莲"（图5-4-8）、"花蝶戏荷""鸳鸯戏莲""鹅鸭戏莲""鱼穿莲"等，而关于"鱼戏莲"这一题材，早在20世纪40年代，闻一多先生在《说鱼》中就提到"……'莲'谐'怜'声，这也是隐语的一种，这里是鱼喻男，莲喻女。说鱼与莲戏，实等于说男与女戏"[13]；另有，鸳鸯系列的组合纹样"鸳鸯戏莲""鸳鸯喜荷""鸳鸯戏水"（图5-4-9）等，象征爱情永恒；孔雀系列的组合纹样"孔雀开屏""双飞孔雀""孔雀戏牡丹"等纹样，寓意坚贞爱情与美好婚姻。此外还有"喜鹊登梅"（图5-4-10）、"喜鹊弄梅""并蒂莲""连理枝"等民俗图案，这些通过隐喻的表达手法，表达着民间对美好爱情、相濡以沫的幸福婚姻生活的真切期盼与执着追求，表达了人们质朴纯真的审美情趣。

第五节　　"祈子生殖"情结

　　生存与繁衍是我国古代民间生活和艺术的最高理想与追求，天地相合、阴阳相交，分四时、化五行，成八卦、生万物的基本符号，是民间古今不改、千里不变的主脉。[14]在原始社会的时候，先民就通过大量的纹样、绘画等作品表现生存与繁衍。民间流传："财也是宝，子也是宝，财子双全家更好，这般事难计较，算来都是天公造，有财无子富何归，有子无财贫莫恼，生也有靠死也有靠。"中国古代的思想家、教育家孟子在《离娄章句上》中讲过："不孝有三，无后为大"。闻一多先生也曾经说过："在原始人类的观念里，婚姻是人生的第一件大事，而传种是婚姻的唯一目的。"[12]可见，在中国传统思想中对于生育孩子观念的重视，在民间，唯一不可饶恕的便是膝下无子。早生贵子、多子多福的观念是几千年来普遍形成的一种价值取向，子嗣繁盛成为家庭美满生活的标志，这也是人们在日常生活中值得炫耀的内容。民间祈子的习俗历史久远，从根源来讲，这源于当时社会对劳动力的需求。祈子的方式很多，如"佑天赐子"表现为对神灵的祈求，民间传说中的"送子娘娘"或"送子观音菩萨"都是这类神灵的化身。此外，祈子的行为表现在日常的活动中，如在新婚之夜将枣子、花生、核桃、莲子、瓜子摆放在果盘中，以求"五子登科"等，也有将花生、枣子、栗子、粽子、石榴作为新房的陈设果品，取其生子、枣子、利子、中子、多子之意。[11]民间的祈子习俗因地域的差异而丰富多彩。

　　我国民间传统文化的"生殖崇拜"是"祈子情结"衍生的社会行为，二者相互交融。另外，自远古以来阴阳相合万物生的道理便被中国民众广泛熟知，因而将阴阳组合作为生命繁衍源头的图形十分常见。一般来说，蝴蝶、鸡、鱼（图5-5-1、图5-5-2）、猴、蛇、鸟、

▲ 图5-5-1　中原腰包上的鱼纹样

▲ 图5-5-2　寓意多子的鱼纹样

▲ 图5-5-3　肚兜上的葫芦纹

▲ 图5-5-4　江南葫芦形荷包

▲ 图5-5-5　瓜瓞绵绵围嘴儿

狮子多是阳性的代表，代表阴性的有葫芦、花卉、莲花、蛙、石榴、瓜、绣球、兔、桃等。其中，葫芦谐音"福禄"，加之葫芦自身多籽及繁殖力强的特征，在民间被视为是多子和多福的象征（图5-5-3、图5-5-4）。当然，在"同类相生"效应的作用下，因为葫芦的外形似女阴子宫，内含多籽的特点，进而被认为是象征生殖和繁衍的力量，这是形成葫芦生殖文化内蕴之所在。[15]民间图形往往是把指代阳性和指代阴性的象征物进行两两组合。民间认为"多子"才会世代绵延，才会香火不断，才会有真正意义的"福"气。表现在服饰上为两个方面，一种是对多子的企盼，另一种则表现出祈求"良儿"的情怀。

　　民间服饰中表现对多子企盼的组合纹样有："百子图"表示儿孙满堂，民间称为"百子迎福"；藤蔓与瓜果、蝴蝶组合的"瓜瓞绵绵"（图5-5-5）表达对子嗣世代繁荣的期望，《诗·大雅·绵》云："绵绵瓜瓞，民之初生，自土沮漆"，疏曰："大者曰瓜，小者曰瓞"[16]，后因蝶与瓞同音，往往用瓜与蝶来代表瓜瓞绵绵，旧时，在民间有一种"偷瓜送子"习俗，以及众所周知的将处女与男子交合后称妇人之身的"破瓜""开苞"则是例证；莲花与莲藕组合的"因合得偶"纹（图5-5-6～图5-5-8）；"鼠吃葡萄"或"松鼠葡萄"纹样，以繁殖能力强的鼠和多粒的葡萄组合而成，寓意多子多孙。表现祈求"良儿"的组合纹样有：童子手携莲花、如意，骑在麒麟上的"麒麟送子"（图5-5-9），意指圣明之世神兽麒麟送来的童

▲ 图5-5-6　因合得偶纹

▲ 图5-5-7　因合得偶纹腰包

▲ 图5-5-8　山西童帽上的因合得偶纹

▲ 图5-5-9　麒麟送子纹肚兜

▲ 图5-5-10　寓意多子的石榴纹

▲ 图5-5-11　腰包上的葡萄纹

子，长大后将成为圣贤有德之人，唐杜甫有《徐卿二子歌》："君不见徐卿二子多绝奇，感应吉梦相追随。孔子释氏亲抱送，并是天上麒麟儿。"[17]即用此典；折枝桂花与兰花的组合，意为"贵子蓝孙"；"苍龙教子"表达民众望子成龙的期望；此外"鸟站莲""五子夺莲""连生贵子""童子戏莲""榴开百子"（图5-5-10）、"蝴蝶扑金瓜""狮子滚绣球""葡萄多子"（图5-5-11）等等，通过这种组合暗示创造生命的基本道理。另外，在家用纺织品中，以紫色为主，这原因是因为紫色的"紫"与孩子的"子"谐音，所以在民间文化里，新娘的嫁妆里肯定会有一张紫花被面，有"子嗣兴旺"的寓意。

民间服饰为我们展示了一幅生命延绵不断与子嗣繁荣的美好画卷：鱼跃荷塘，莲花盛开，龙飞凤舞，彩蝶翩翩；生命之树长青，丰收瓜瓞绵绵……成为中华子孙延绵不绝的图腾。

[1] 梁惠娥，邢乐.民间服饰中的"五福"意向及民俗研究 [J].民俗研究，2012，6:15.

[2] 刘安，等辑撰.淮南子 [M].北京:北京燕山出版社，2009.

[3] 白庚胜.中国民间故事全书·上海嘉定卷 [M].北京:知识产权出版社，2011:337–338.

[4] 崔荣荣，张竞琼.近代汉族民间服饰全集 [M].北京:中国轻工业出版社，2009.

[5] 伊尔·赵荣璋.色彩与民族审美习惯 [J].民俗研究，1990(4):15–17.

[6] 脱脱，等撰.宋史 [M].北京:中华书局，1977:2843.

[7] 陈瑾渊.红色崇拜与红色禁忌 [D].成都:四川大学，2007.

[8] 蔡条，撰.铁围山丛谈 [M].北京:中华书局，1991:63.

[9] 王惕.中华美术民俗 [M].北京:中国人民大学出版社，1996:428.

[10] 骆崇骐.中国鞋文化史 [M].上海:上海科技出版社，1990:51.

[11] 陈注.礼记 [M].上海:上海古籍出版社，1987:284.

[12] 闻一多.说鱼 [M]// 闻一多全集（第 1 册）.北京:生活·读书·新知三联书店，1982:134–135.

[13] 闻一多.说鱼 [M]// 闻一多全集（第 2 册）.北京:生活·读书·新知三联书店，1982.

[14] 崔荣荣，牛梨.民间服饰中祈子主题纹饰 [J].民俗研究，2011，02:129–135.

[15] 扈庆学.葫芦民俗文化意义浅析 [J].民俗研究，2008:195–198.

[16] 左汉中.中国民间美术造型 [M].长沙:湖南美术出版社，1992:159.

[17] 杜甫.杜甫全集 [M].仇兆鳌，注.珠海:珠海出版社，1996:381.

第六章

独具特色的汉族服饰故事

中国传统民间服饰丰富多姿、绚烂精美，不同地域在民间艺术、工艺技巧、民间民俗文化和审美思想等方面都不尽相同，加之不同地域民间服饰在造型、色彩、材质、装饰等方面的区别，使得汉民族服饰具有鲜明的地域性特点。

第一节　中原汉族服饰风情

　　中原是一个地区概念，史料上所记载的中原，是指以洛邑地区为中心，方圆五百里的地区，中原地区几乎包括现在的河南省，以及和河南省周边与其接壤的一小部分地区。也可以说中原泛指中国中部地区。换句话说，古代人把黄河中下游及相近的地区统称为中原。但是，随着历史的变迁和文化的发展，现代人往往把中原、中州等同于现在的河南省。[1]另外，中华书局影印1936年版《辞海》中对中原地区的界定是："古称河南及其附近地区为中原。至东晋南宋亦有统指黄河下游为中原者。"中华民族最早的发源地就在中原，也是华夏文明的源头，中原地区的文化在汉民族文化上的特点，特别是服饰文化上的特点，很大一部分比重上能够代表汉民族传统服饰文化的基本特点。但由于汉民族传统服饰文化空间上占地面积广，时间上发展跨度大，加之有限的社会发展，又使得中原地区的服饰发展有着鲜明的地方特色。中原地区的服饰品是民众日常生活的真实写照，反映了我国中原地区特有的服饰文化。

　　中原地区历史文化的时间发展跨度非常长，它是我们华夏文明的发祥地。历史上最初的夏、商、周三代王朝便都是建立在中原地区，其中《史记·封禅书》记载道："昔三代之居，皆在河洛"。《史记·货殖列传》记述到："昔唐人都河东；殷人都河内，周人都河南"，以后中原地区的王朝相继出现更多。安阳、洛阳、西安、开封皆在中原地区建城，自古以来中原地区一直是我国古代政治、经济、文化的中心，强烈辐射着周边地区，它是我国传统文化的重要源泉。民间服饰文化由于受到当时传统农耕生产方式、严格的礼法制度，以及传统宗教思想等因素的制约，使得中原地区的服饰呈现出独特的文化体系和鲜明的着装特征。

最早出现在中原远古文化圈的服饰是极其简单的缠裹形式和垂挂形服饰，用于抵御严寒酷暑和美化自己，之后在古代中原服饰上形成了一套完备的服饰体系，其服饰典型特征为交领、右衽、宽袖、系带、上衣下裳。继"上衣下裳"后，中原远古服饰文化中出现了另一种形式——"深衣"，更为简洁，穿着方便，保暖性好。中原地区服饰造型为平面的二维结构，面料上以天然的植物纤维葛、麻为主，服饰装饰上追求丰富烦琐，视觉审美趋于含蓄、婉约、华贵。这些独特的结构特征和外观形式，使得我国中原服饰别具特色。中原古代服饰自周朝起就制定了一套完备而充分的服饰体系，其服装、鞋履、冠帽、发型装束的搭配，依据不同的等级、场合、时间、地点等都有所不同，以满足不同的社会生活需求，且对于服饰整体配套的要求也十分严谨。中原古代服饰体系传承到明末清初才被当时的满族统治阶级的服饰制度强行替代，但其服饰内涵仍深深地影响着社会下层的炎黄子孙，他们在衣着上仍承旧制，"交领、右衽"的典型中原远古服饰文化到处可见。

近代以来，中原地区的民间服饰品也是多种多样，服饰款式、色彩造型、风格较为丰富，制作精致美观。江南大学民间服饰传习馆馆藏清末和民国时期的中原地区各类服饰传世品达419件。其服饰种类有：袄、褂、衫、绑腿、斗笠、床帘、肚兜、荷包、大裆裤、领衣、马甲、帽、眉勒、暖耳、袍、披风、旗袍、云肩、枕顶、腰包等等，种类繁多，内容丰富，纵观其整体样式是与我国传统服饰相一致，服饰基本特征皆是宽衣博带，主要有上衣下裳和衣裳连属两种形制。中原地区的主要服饰风格给人以宽大、质朴笃实、沉着稳重、端庄、磅礴的视觉感受，同时透过服饰也反映出中原地区民众的朴实与勤劳。

中原地区男女袄、衫、袍有大襟右衽与大襟左衽两种服装形制。大襟右衽穿着时将左衣襟压于右衣襟之上，是汉族服饰中的普遍现象（图6-1-1）。大襟左衽是穿着时将右衣襟压于左衣襟之上（图6-1-2），关于中原地区的左衽现象，曾经有以下集中观点：其一，认为左衽是蛮夷的服饰，如《后汉书·西羌传》中记载："羌胡被发左衽，而与汉人杂处"；其二，认为左衽为逝者服饰，如孔颖达疏："衽，衣襟也：生乡（向）右，左手解抽带便也：死则襟乡（向）左，示不复解也"。[2]其三，宋丙玲女士在其《左衽与右衽：从图像资料看山东地区北朝服饰反映的问题》一文中提到：左衽服饰的盛行可能是由陶俑制作技术造成的。认为这一时期的陶俑多为模制，模具和成

品的样式应相反，才能做出想要的成品。由
于传统服饰的右衽习惯，在制作模具时便制
成右衽，但等成品出来以后，却成左衽"[3]；
其四，王统斌在其论文《中原地区汉族服装
左衽形制探究》中提到其在调研中得之："左
衽这一服装形制为普遍现象，汉人之所以穿
着左衽服装的唯一原因就是方便"。[4]但无论
是左衽还是右衽，中原地区女子衫、袄都喜
在领围、袖口、下摆等处进行镶绲刺绣装饰，
甚至有的将优美的图案布满全身，且制作工
艺精美而细致。服装色彩鲜艳丰富，色彩对
比强烈，常见的有红配绿、红配蓝、蓝配绿
等鲜艳色彩进行相互搭配。服装依然追求的
是平面式裁剪，讲究宽松、平整和舒适的
效果。

　　中原地区的男子服饰主要有袍、褂、衫
（图6-1-3）、大裆裤、袍等等。服饰整体宽
肥而平整，色彩是属于较为低调的暗色系服
饰，主要有深褐、黑色、暗绿、深蓝等。大
襟右衽褂搭配大裆裤，或是穿着衣裳连属的
袍服，这亦使得穿着者宽松、舒展，庄重而
大气。这与我国古人所尊崇的含蓄稳重、谦
虚礼让的儒家文化一脉相承，服饰整体形制
特征与古时相同，只是在袖子的宽肥、衣身
的大小上进行细微变化。中原男子服装的主
要款式是袍服（图6-1-4），袍服为直腰式，
立领宽身、右衽斜襟，下摆略圆，注重纵向
线条的自然美感，庄重、含蓄同时透射出雍
容大气、谦虚恭谨之心态。近代袍服的袖形
已由原来的宽肥舒展而渐渐转变为细长窄袖。
袍服面料为丝绸、棉麻面料，领口、斜襟和
侧缝处设有6～9个不等的盘扣，服装依然是

▲ 图6-1-1　右衽服装形制

▲ 图6-1-2　左衽服装形制

▲ 图6-1-3　近代中原衫

▲ 图6-1-4　近代中原袍

▲ 图6-1-5 近代中原女裤

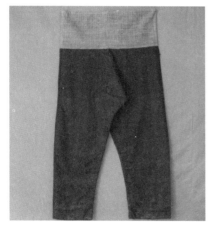

▲ 图6-1-6 近代中原男裤

平面的二维结构，肩、领、胸、腋等处都可以处在很自然的下垂或者是舒展状态，服装流畅舒适，收放自如，穿着在身上一点都没有束缚的感觉。这样鲜明的穿着感受展现了中原地区的古人的穿衣哲学：追求和谐统一。[5]

中原男女均穿大裆裤，有单、夹、棉三种，裤腰与裤腿异色，裤腿宽大，舒适透气。女裤色彩艳丽，有红、蓝、绿、黑等色，腰头为浅色系，或为深蓝色。通常在裤腿的下半截进行刺绣、镶缏装饰（图6-1-5）。男裤色彩较为深沉，且无任何装饰（图6-1-6）。

汉刘熙《释名·释衣服》："裙，群也。接群幅也"。[6]马面裙是中原地区女子常见的服饰品类，一般由5~6幅缎面拼合制作而成，是在我国传统"围裙"的基础上，加上裙门、折裥、阑干、镶缏、刺绣等工艺与装饰变化而成。展开时呈长方形或梯形，裙两侧有折裥，中间一条长方形是光面，被称为"马面"。裙两端缝细长带，穿着时以系之（图6-1-7）。

凤尾裙在中原民间俗称裙带，又有叫"十带裙"。[7]是一种做成条状围系于马面裙之外的女裙。凤尾裙的特色在于其在凤尾上的装饰十分华丽，凤尾狭长，常有6~12根不等，连缀与腰头（图6-1-8）。

▲ 图6-1-7 近代中原马面裙

▲ 图6-1-8 近代中原凤尾裙

中原服饰在整体追求大气风格的同时又不失细节上的精致。尤其对于中原地区的小件服饰品的制作极其讲究，如帽、眉勒、云肩、腰包等。

中原地区儿童帽的种类可分为虎头帽、罗汉帽、风帽、莲花帽等。童帽常采用精美的刺绣、镶缀、彩带、流苏等进行装饰（图6-1-9）。其中罗汉帽上缀有8个金属佛像，以祈佑诸神保佑孩子健康成长（图6-1-10）。

中原地区的眉勒可以分为带状形（图6-1-11）、月牙形（图6-1-12）、山形（图6-1-13）和如意形（图6-1-14）等。眉勒的材质大多用布帛、锦、缎、毡、裘皮，然后加上一条丝绳做成。眉勒上常装饰有各种形态逼真的金属饰物，如蝙蝠、凤凰等，有时会在眉勒的边缘和中间位置装饰上浅青色的玉，使人们在欣赏精致刺绣工艺的同时又具有立体动态的审美感受。妇女将眉勒围戴于额上，既可以系住头发又可以御寒。

▲ 图6-1-9　中原童帽

▲ 图6-1-10　中原罗汉帽

▲ 图6-1-11　带状形

▲ 图6-1-12　月牙形

▲ 图6-1-13　山形眉勒

▲ 图6-1-14　如意形眉勒

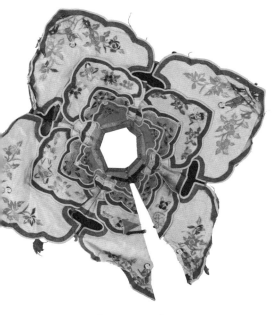

▲ 图6-1-15 四合如意形云肩

▲ 图6-1-16 中原腰袋

▲ 图6-1-17 荷包

中原地区云肩的造型有四合如意式、柳叶式、花瓣式、荷花式、蝙蝠式、葫芦式、披风式等,其中四合如意式为最常见的造型,由四片呈如意形的绣片连接而成(图6-1-15)。云肩上的装饰可谓是女工的精华表现,注重细节的刻画,具有极高的艺术审美效果。

腰袋,也称"腰圆荷包",由两层双面镶边拼合而成,下部封闭,上部开口,可装钱和其他小型物件(图6-1-16)。多用云纹、牡丹、佛手、莲花、宝瓶、蝴蝶等刺绣装饰,是男子出门时的主要装备,多由未婚妻或妻子赠送,是富有情意的物品。

其他还有荷包(图6-1-17)、鞋垫(图6-1-18)、袖口(图6-1-19)、围嘴儿(图6-1-20)等。

中原地区服饰中所展现的恢弘、大气的风格特征,或是追求服饰上的精美制作,以及丰富多样的服饰色彩,这些无不透露出中原地域的特殊人文情怀,反映出该地域民众

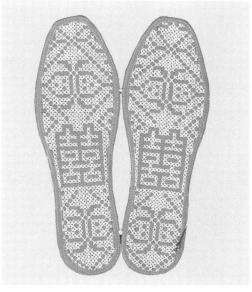

▲ 图6-1-18 鞋垫

▲ 图6-1-19　袖口

▲ 图6-1-20　围嘴儿

的特殊审美情操，如此异彩纷呈的中原服饰更值得我们用心地去学习和探究。

第二节　　江南水乡服饰风情

江南地区历史上为吴越之地，作为一个具有典型文化特征的地理区位，在《古代汉语大辞典》中，原意为江之南。古今中外的学者对"江南"的定义大体形成了以下两种界定方法：广义上指长江以南，南岭以北的广大地区；学术意义上指以苏州、杭州为代表的具有浓郁文化气息的江东地区。

江南地区的地理位置处于亚热带北部和我国东南沿海中段，受季风影响，降水充沛，是典型的亚热带湿润季风气候区，夏季高温多雨，冬季低温少雨，雨热同季，热量充足，降水充沛，河网交错。得天独厚的自然地理条件为江南地区创造了丰富的物质文化。有"雨多时靠它含蓄，雨少时靠它灌溉，不愁水灾，不愁旱灾，农业遂有所赖，稻麦蚕桑，即提供了美衣锦食；而水泽宜于养鸭，湖中饶有鱼虾，也正是肴馔的资源所在。再加上沿湖河道复杂，舟楫往还无阻，产物的交换自更便利。"[8]江南地区是典型的稻作文化的发源地，被称为"鱼米之乡"。《吴越春秋·勾践阴谋外传》载："春种八谷，夏长而养，秋成而聚，冬畜而藏"[9]，司马迁在《史记·货殖列传》里这样描述："楚越之地，地广人稀，饭稻羹鱼"。[10]费孝通先生指出："黄河以北是中国文化的一个重要发源地这不成问题，许多考古成果都证明了这一点。但长江以南作为中国文化的另一个重要发源地，却还没有得到更好的证明。7000多年以前的河姆渡文化就已经有了水稻，还发现了蚕丝，说明已经有了纺织。在太湖流域的良渚文化中还发掘出一个很完整的文化地带，这告诉我们在长江流域这么早就有发达的文化了。而且，长江流域的吴越文化水平也很高，据说中国的稻作文化的发展就是以吴越地区为中心的……这种稻作文化影响了几千年中国文化历史的发展。"[11]可见，水乡稻作文化是吴越文化的重要组成部分。

稻作文化作为江南地区文化习俗的中心，心灵手巧的劳动人民在长期的生产与生活中逐渐形成了具有该地区特有的行为习惯、礼仪风俗、价值观等，稻作文化也对人们的服饰提出了不同的要求，诠释着江南女性传统服饰的造型、结构与工艺，使得江南地区的服饰形成了鲜明的地域特色和符号标识性。可以说，江南地区女性传统服饰是女性生产生活、情感观念等方面的一面镜子。江南地区的人们用智慧和勤劳创造了独特的人文与社会文化意境，并随着历史的演变发展形成了一套具有地域文化、人文环境与民俗风情的具有典型特征的地域民俗服饰文化系统。

江南大学民间服饰传习馆内藏有近代江南地区的各类服饰传世品107件。最具有典型性、代表性的便是吴地"荆钗布裙"了，它不仅具有十分鲜明的地域特色、非常浓郁的乡土气息，同样也有着特别悠久的历史，在历史的发展中沉积了丰厚的文化内涵。尽管江南地区民间服饰的历史形成和演变已逾千年，但整体服饰依然符合中国传统服饰特征。如江南地区女子服饰由宽肥的袄、衫（当地俗称"小褂"或"小布衫"）、大裆裤以及褶裙构成；男子则多穿大襟或者对襟的服饰，下配短脚裤或长裤，夏天戴草帽、斗笠（图6-2-1），脚穿布鞋或打赤脚，冬天头戴毡帽、棉帽，脚穿棉鞋或者蒲窝（蒲窝，一种草编的鞋）（图6-2-2）。下雨天和雪天穿钉鞋，身披稻草或棕编的蓑衣。

近现代在吴东地区（江苏省苏州市东部）的胜浦、用直、唯亭、车坊等周围地区的妇女装束丰富而复杂，从头到脚依次为：包头、眉勒、大襟拼接衫、胸兜、作裙❶、穿腰束腰、大裆裤（下装）、卷膀、绣花鞋（足衣）。正如《苏州史志笔记》中所记述："苏州乡间妇女装饰，极似西南少数民族，若包头、若钗环、若褶裙，皆是也。"[12]这一整套服饰极具江南水乡的地域特色，它是稻作文化重要的外在表现形式，既有适宜水乡田间劳作的实用功能，又有美观大方的审美效果。

包头巾，江南水乡地区的包头样式独特，平展时形似等腰梯形，斜边略呈弧形。上边长约50厘米，下底约长100厘米，宽约25厘米。包头巾上端两角，缝有长约10厘米的绳带方便系缚。包头有两色拼角与三色拼角之分。两色拼角包头巾的"顶"一般采用黑布，"角"用蓝、白等异色相拼接，不常见绣花（图6-2-3）；三色拼角包头巾通常在下角两端再进行拼色，通常在拼角顶端进行绣花装饰（图6-2-4）。包头巾系缚在头上时，呈立体三

▲图6-2-1　斗笠

▲图6-2-2　江南草鞋

---

❶ 作裙，系扎在布衫外面的下装衣裳。作裙的形制是高度齐膝，制作比较简单，由两个裙片拼合组成，前后开叠交，以裙带围系于腰间，特别之处是在腰侧处各有一个10厘米左右见方的精致褶裥面。褶裥面以彩线绣以几何网格形，或同色布纳成几何网格形，边缘饰以色彩协调的细绲边。

253

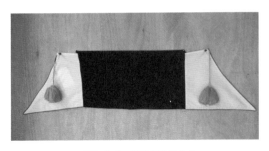

▲ 图6-2-3 江南水乡包头巾

▲ 图6-2-4 江南水乡包头巾

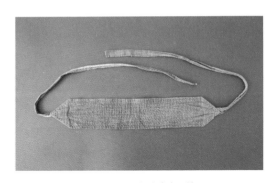

▲ 图6-2-5 江南水乡眉勒

▲ 图6-2-6 江南水乡眉勒

角形状,头后上方露出一个小空心三角形,露出发髻,余下部分形成两只又长又尖的尾部又开、互相交叠的三角形拖角垂于肩颈,又称之为"三角包头"。"三角包头巾"的三角形拖角形状因不同地区而有所变化,有的长而尖,有的短而粗。江南水乡妇女穿戴包头巾,一方面可以在夏日遮挡因弯腰低头劳作时而裸露的后脖,在梅雨季节与春秋季节时,还可以保护头部不受凉,起到保暖、防风防湿的作用;另一方面,包头巾具有束发作用,能够保持发型整洁,且包头巾上端两角的彩色流苏球,系扎在头上,又具有美观、装饰的效果。

　　眉勒,是由前额系扎于脑后的窄而狭长的条带,在江南水乡方言中,俗称"撑包",苏州地区则称"勒子"为"鬓角兜"。清李斗《扬州画舫录》:"春秋多短衣,如翡翠织绒之属。冬多貂覆额,苏州勒子之属。"明嘉靖年间眉勒尚宽,之后逐渐变窄,明末清初,是眉勒最为盛行的时候。今天江南水乡妇女所用的"撑包"与古时"额子"在形制上相差无几,一般由两种形制,一种呈长方形(图6-2-5),宽约4厘米;一种呈凹凸形,中间窄,两端宽,折叠后两端对齐(图6-2-6)。眉勒大多为黑色棉布所制,新娘所用眉勒用丝绸制作,内填棉絮,起到保暖作用。眉勒的正中位置有时用线、织物和小竹竿,扎起一个凸起的"宫",其目的是撑起即将遮住双眼的包头巾,有为了装饰,在包头巾的正中位置顶上一颗红色或彩色珠子。勒子戴在头上,前额压住发际,两侧护住耳朵、双鬓,干净利索,即可拢住头发,使其不脱散，防止在田间劳动时头发被风吹乱而遮挡视线，达到既整洁美观又提高生产效率的双重效果。

大襟拼接衫，是江南水乡妇女的特色服饰之一。吴山先生主编的《中国历代服装、染织、刺绣辞典》中这样解释到"大襟拼接衫"：苏州水乡妇女的一种俗服。亦称"拼接衣"。因用多块色布镶拼而成，故名。[13]其主要服饰特征是利用不同色彩的零碎布料进行组合拼接，青年妇女喜用花布缝制，中年妇女喜用深浅颜色的士林蓝布缝制，拼接缝制制作工艺主要出于实用功能的考虑，增加妇女肩部、袖口、衣身的耐磨牢度。大襟拼接衫的式样为大襟、右衽，多在衣领、胸襟、后背、袖子等处以两种或多种花色布拼接，其拼接的形式分为

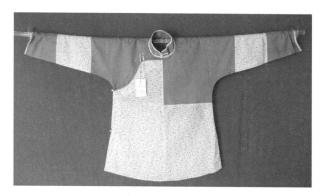

▲图6-2-7 大襟拼接衫

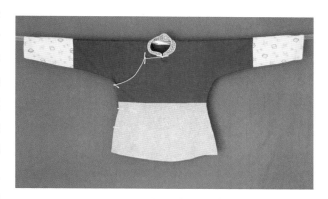

▲图6-2-8 上下两色相异拼接衫

"竖""横"两种。"竖"者，出手的二分之一处作垂直线破缝，左右襟两色相异，另左襟大致以腰节线为界仍然上下两色相异，当地称之为"掼肩头"；也可破缝后左右两襟仍用一色（图6-2-7）。"横"者，几乎在腰节线处作一水平线破缝，上下两色相异（图6-2-8）。[14]竖式拼接从审美角度来看使人体显得更加修长，因为备受江南妇女喜爱，较之横式拼接常见。这种拼接中袖子用两种以上的花色布拼接为一段、二段，也可以拼接多至三四段，同时领口、襟边和袖口，一般用相对比的颜色布绲边，绲边有细秀绲、一边绲、双边绲、宽边绲、线香绲和绿香绲等。纽襻亦用两种颜色的布缝制，有盘香、葫芦、团寿、梅花和蝴蝶等各种样式，钉在相对比颜色的领口、领圈上。镶拼布的配色依季节不同色彩而有所差异，一般春秋季色较明亮，夏季偏冷色，冬季则偏暖色；讲求深淡相间、追求典雅、别致的审美情趣。

大裆裤，是江南地区民间使用最广泛的裤子式样。俗称"一二三"裤子，因穿裤时，在裤腰处按照一二三顺序在腰间折叠，用带系住。可分为单、夹、棉三种，大裆裤腰围特别大，裤脚短而肥，腰与裤片异色。大裆裤裤裆宽大，其作用是在水稻田间劳作时便于起、蹲动作。裤裆与裤管之间的拼接可分为本色布拼裆（图6-2-9）与异色布拼裆两种，但由于

▲ 图6-2-9　大裆裤

▲ 图6-2-10　大裆裤

▲ 图6-2-11　蓝印花布大裆裤

裤裆部位的摩擦较大，常采用深色布料。女子大裆裤裤脚口位置时有上下拼接（图6-2-10），这种拼接可以增加脚口的耐磨性。拼接材料常饰有"多子多福""事事如意"等提花图案。此外，江南民间普通人家常见的大裆拼接裤为蓝印花布制作（图6-2-11），为短脚裤，长83厘米左右，裤口仅及膝下，习惯用蓝印花布缝制，裤裆用深浅蓝色布拼接直到裤脚，所以这种裤子还有一个很形象的名字"四角落地裤"。[15]

作裙，是江南水乡女性传统服饰中独有的着装形式，是系扎在布衫外面的下装衣裳。《人文江南关键词》中这样记述道："明代江南女子普遍流行的一种服饰为束腰短裙和自后向前的合欢裙……清初因为有'男从女不从'，江南女子的衣着式样还基本保持着显著的晚明风格。"[16]作裙在制作时，一般用两幅或多幅家庭自织土布拼接而成，裙两端缝有裙带，穿着时围系于腰间（图6-2-12）。作裙有时也用丝或麻制作。有长短两种，春秋季的作裙较短；长的作裙，一般长至膝盖，用于冬季，起到保暖御寒的作用。作裙的特色之处在于，裙子的两侧布有精致的、以彩线纳绣或捏皱成规则的、对称的几何网格形状的折裥面，边缘饰以绲边（图6-2-13）。江南水乡妇女穿着作裙，在田间弯腰劳动时，起到支撑的作用，为了防止弄脏作裙，人们在穿着时将作裙的一角拎起塞在腰间固定，或把前面两角撩起塞进裙腰而形成燕尾状，有民谣为证："莳秧娘娘屁股翘，糖蘸粽子无多少，作裙塞起燕尾稍，菜花头干烧肉兜底抄。"江南水乡地区还有一种实用性极强的作裙形式被人们称为"半爿头"，前短后长，呈弧形状，系在腰间，它适合夏季妇女在田间弯腰劳作时穿着，既凉快又不会使裙边沾上泥水，俗称"顺风吊栀子裀"。顺风吊栀子裀作裙可分为两种形式，一种是与作裙布料连成一个整体的"百裥作裙"，一种是用一块士林布绣好再拼接到作裙上"接裥作裙"。顺风吊栀子裥的制作工艺非常精细，针脚十分细密，既美观又能增加作裙的牢度。另外，作裙的里层一般会缝制一个长方形大口袋，便于江南水乡妇女盛放平时的针线活。

穿腰束腰，是一种围系于作裙外穿用的围腰，又称为腰裙。束腰，有花色布拼接与素色布拼接两种，较为常见的是花色布拼接。别具特色的是束腰板以密密麻麻的细致针法纳制，使得束腰板呈坚挺形，有的束腰板上还绣有一些传统的花卉图案进行装饰。穿腰、束腰可拆卸，由上下两层组成，下面一层较大，上层位于下层的中间位置，上下两层拼合后，再绱腰头，上层可翻盖，下层是束腰本体（图6-2-14）。束腰的上层与下层通常都会做竖式拼接，使束腰中间一色，两端一色（图6-2-15）。部分束腰在两层侧端安排了两处小小的拼接穿插（图6-2-16）。穿腰束腰做好以后，通常会在里层缝制一只口袋，可供平时劳作时装一些必需品，又可在春耕播种时，作为盛放种子的袋子使用。束腰可系于腰间，也可系扎在乳房下部，拖住乳房，方便劳作。

卷膀和"绑腿"很像，俗称"布袜"，是一种上宽下窄呈倒梯形裹在小脚上的径衣，一般由一块整布或多块零碎花布或色布拼接而成，因此，卷膀不仅有防寒保暖的作用，同时还可以方便行走、提升脚力。"卷膀"的形制分为长卷膀与短卷膀两种，短卷膀平摊开来就像一块布（图6-2-17），用于膝下，

▲图6-2-12 作裙1

▲图6-2-13 作裙2

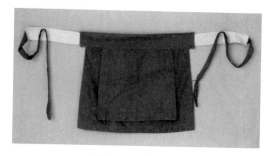

▲图6-2-14 穿腰束腰1

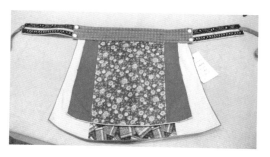

▲图6-2-15 穿腰束腰2

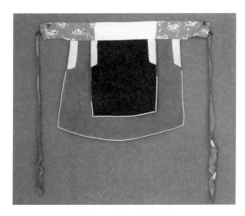

▲ 图6-2-16 穿腰束腰3

▲ 图6-2-17 平铺卷膀

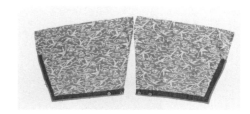

▲ 图6-2-18 卷膀

穿着时依据小腿体型，宽边在上，窄边在下，用系带扎紧或用纽扣扣劳，系带形制较自由。而长卷膀呈筒状，长度一般为60厘米左右，通达至股，是像裤子一样套上去的。同时，卷绑无论长短有单、夹，有的还填有棉絮，在整个窄边和斜边的大部分都有宽约1.5~2厘米的贴边（图6-2-18）。[17]

江南地区的绣花鞋极富特色，具有独特的水乡韵味，尤其是百纳绣花鞋，其左右脚结构一样，这种结构的制作或是出于制作的方便，或是出于当地民风民俗，或是出于便于穿着。鞋上多饰以刺绣，纹样多为写意的仿生造型形态，精美华丽、富含深邃的吉祥文化民俗意蕴。百纳绣花鞋的鞋后跟部位上钉有一块看上去呈 U 形的布片，它被用来当"鞋拔"使用。[18]较有特色的款式是"船形"绣花鞋与"猪拱"绣花鞋，"船形"绣花鞋，整个鞋型类似于船的流线外形，鞋头尖且上翘，形似带有小蓬的舢板船的船头部位造型（图6-2-19）。这种船形绣花鞋具有很好的穿着适用性，在鞋底的前面三分之一处采用拼接工艺，使鞋的样式具有"两段底"的特点，鞋底的前半部分有一块呈三角形状的薄鞋尖，其经过密

▲ 图6-2-19 绣花鞋1

▲ 图6-2-20 绣花鞋2

扎加工后十分厚实，鞋尖上翘，犹如弯弯的月牙，样式可爱，又称"扳趾头"鞋，由于鞋底较薄，人们为了防潮湿，又在鞋底钉上了两块皮。而"猪拱"绣花的鞋头呈扁圆形状且微微上仰，因形似猪鼻而被称为"猪拱"绣花鞋（图6-2-20）。无论是"船形"鞋还是"猪拱"鞋都喜在鞋头进行刺绣装饰，看上去十分精巧。

江南水乡地区的服饰因受独特的自然环境、人文环境的影响，使其服饰特征鲜明而文化寓意深厚，它是江南水乡民众长时间劳作时积累的经验体现，又反映了人们在服饰制作方面的心灵手巧，展现了民间服饰所特有的朴素情怀，以及对生活的热爱。它使得我们在领略其优美服饰外观时，又被它深厚的服饰文化内涵所吸引。江南水乡的民间服饰从视觉表层的实用性到审美性，再到其所诠释的水乡稻作文化内涵和功能性都可以折射出纯朴的认知观，不仅在形式上、在色彩上，而且融合在整个地域环境里所散发的浓郁的人文气息和文化内涵上都是独树一帜的，具有典型的地域文化符号性价值和意义。[19]

第三节　福建闽南汉族惠安女服饰风情

"惠安女"不是惠安县所有的女性群体，而是福建泉州惠安县东南部崇武半岛一代的女性群体，[20]包括惠安县崇武郊区、大岞、小岞、山霞、净峰等地。这些地区地处东南沿海突出部位，地贫人稠、海域面积广阔、温高、光热丰富，地理位置相对闭塞。惠安女便是生活在该地域并经过长时间各族群不断地交流融合后形成的汉族女性，她们的服饰源于闽越文化，又融会了中原文化和海洋文化的精华，经过一千多年的演变和传承顽强地保留下来。[21]惠安女服饰定型于唐朝，宋代渐趋成熟，明朝时期就有文字记载，在张岳的《惠安县志》中曾记有："衣服稍美者，别藏之，有嘉事递服以出……"在明清这两个朝代惠安女服饰在样式上没有很多变化，只是在纹样上丰富了许多。总之，现在人们所见的惠安女的独特服饰，是经历了长时间的变更和数代人的努力才逐渐形成的，其服饰随着人们的生活与视野的开阔不断地发展完善，从而形成了一种极具区域特色的服饰文化现象。

闽南惠安女所生存的地区因具有独特的历史、地理等文化背景，其谋求生存的方式大多是男子下海打鱼或外出谋生，而女子则是家中的主心骨，承担着家中的一切劳作，她们善家务，无论是下海打鱼、耕田、锯木头、修水利，还是做衣服、做买卖都能做得十分出色。也因而成了美丽、勤劳、贤惠的代名词，为人折服，她们在劳动中创造出来的服饰更是别具一格，成为了一道独特的民俗景观。关于惠安女服饰民间有一个传说，相传南宋末年有一男子名李文会，抢黎人贵族美女康小姐为妻。婚后育有两男两女，但康小姐被抢之怨气未消，因而在女儿出嫁时，为女儿梳起蝴蝶发髻，重二十余斤，将一百支牛骨簪扠在发髻上，并请银匠打了重达半斤左右的银镯和银裤链，以诉说自己被抢时的辛酸、沉重与不乐意。将女儿的嫁衣剪出几个小洞，并在洞上绣上花纹，将嫁衣裁短，长仅遮胸部，把裤头放宽，不过胯部，以重现自己被抢时的挣扎。并在临终前立下遗嘱：不得改此服饰。因而，这种奇装异服母承女效，成为一种风俗而沿袭至今。

惠安女有其自身的一套服饰，其常年的打扮是湖蓝色斜襟短衫配宽大黑裤，头披花头巾配黄色斗笠。在民间流传着一首打油诗形象的描绘了惠安女的传统服饰特征："封建头，民主肚，节约衣，浪费裤"。"封建头"之称是因惠安女所处之地位沿海地区，那里山风海风大，因而方巾和斗笠的使用能够起到蔽护作用，保护身体免受风沙与骄阳之摧残，因为包裹得很严，只露出一张脸，故被称为"封建头"。"民主肚"，是因为上衣长及胸下，露出肚脐，因此被称为"民主肚"。"节约衣"是由于上衣紧窄，露出腰、腹，袖长未及下手臂一半，连袖管都紧绑着手臂，因此人们戏称为"节约衣"。"浪费裤"则是指惠安女的裤管特别的宽，裤长及脚踝，在用料上裤子的宽大于上衣的紧窄形成了鲜明的对比，因而被称为"浪费裤"。整体上，惠安女的服饰类别如下：

▲图6-3-1 崇武黄斗笠

▲图6-3-2 崇武花头巾

头饰类：梳大头髻、贝只髻、圆头髻、螺棕头、目镜头是惠安女特色头饰的几种。平时惠安女在发髻上插少许饰品和绒花，头顶套一块黑帛做面，里缝一层黑粗布拼凑的长方形罩，用三根竹子撑着，一半伸出前额，同时用黑帛做成羊角三角形竖于其上，尖端缝一道红色织带。[22]惠安女婚后常年住在娘家，每年回夫家的次数一般不超过十次，每次只住三两天。惠安女住娘家或守寡时发饰、装饰都比较简洁，一般不梳髻，也不佩戴任何饰品，只用用一块黑头巾将卷起的头髻尾部一半包起，一般露在巾外，此种样式的发髻俗称"褶折"。黄斗笠和花头巾亦是惠安女重要的头部装饰品，黄斗笠又称"黄笠仔"，由竹篾编织而成，并涂以黄漆，笠身呈圆盘状，尖顶，具有挡雨遮阳的作用。小岞斗笠无任何装饰，只在斗笠的顶端用竹篾编织而成的球结装饰；崇武地区的黄斗笠顶尖呈菱形状，在菱形的四边各有一个漆上红漆的等腰三角形，整个斗笠如花状（图6-3-1）。旧时，惠安女穿戴的头巾多为黑色，现今的花头巾由单层花布经过包缝毛边制成，呈四方形，小岞与崇武地区的方巾相似，只在色彩上有所区分。崇武地区头巾通常有蓝底白花（图6-3-2）、蓝底黄花、绿底白花、绿底红花、白底绿花等，而小岞地区的头巾多为以橘色和橙色为底的碎花纹布。穿戴时延着对角线折成三角形包裹在头上，在脸颊至下颔处交叠，只露眉眼和嘴鼻，突出了惠安女含蓄和恬静之美，同时也使惠安女的脸型呈现出优美的瓜子型，另外包头巾的四周有稍大的绣花饰品挂缀，起到装饰美的作用。惠安一带因多风沙，惠安女又多在海边劳作，斗笠与花头巾能够将面部包裹得严严实实，可防风吹、雨淋，又可御寒、保暖，还可阻挡炎热骄阳和保护皮肤，因此惠安女用头巾和斗笠逐渐成为习惯，也成为勤劳、美丽的印记。

▲ 图6-3-3　接袖衫

上衣类："接袖衫"，又名"卷袖衫"，是在袖口处接上一段交宽的长袖，用意在于，结婚入洞房时新娘能够以袖掩面，新婚之后可从袖子的一半处挽起固定，以方便劳作，为满足生活中穿着美观的需要，一般是将袖子的背面（翻挽后成正面）用一条约一寸宽左右的黑布与两块三角蓝布拼合缝制成为长方形。这种"接袖衫"穿着较宽松，衣身也较长，服装下摆呈弧形（图6-3-3）。"缀做

▲ 图6-3-4　缀作衫

▲ 图6-3-5　节约衫

衫"则是在"接袖衫"的基础上，将各部分缩短，衣服下摆的圆弧角度加大，臂围宽度加阔并向外弯展，腰围处一般缝纫上三至四个中式纽襻，袖口绕蓝布边或在袖口处拼接上不同的色布，并在领根下缝缀一块三角形的色布。胸、背中线两侧各缀一块同色的黑色或深褐色绸布，使整体呈长方形状，并在长方形四角各镶上一块三角形的色布（图6-3-4）。如今的"节约衣"，是由"接袖衫"和"缀做衫"两种逐渐改变创新而来的。其衣服整体均比之前紧小，衣长仅及肚脐，下摆呈椭圆形，袖身紧窄，长度仅至小臂的一半，服装在腰线处呈现上下两段不同花色布料缝接的效果（图6-3-5）。这样设计的目的是主要考虑到惠安女平时弯腰在水中劳作时，若衣服较松或较长，都会妨碍工作，也和那时的社会氛围相关，这样的服装样式在客观上也能够较好的展现惠安女的身体曲线之美。"贴背"是惠安女常服中的一种对襟马甲。无袖、长度及腰部，圆立领，领高约3厘米，左右下摆开衩（图6-3-6）。小岞

惠安女常常将贴背穿于衫外，领为小立领，衣上一般为五粒纽扣，衣身多为蓝色、绿色与黑色，通常在衣服边缘处施以镶绲装饰。崇武惠安女将贴背穿于衫内，衣身艳丽。

下衣类：惠安女服饰中的"宽筒裤"，俗称"汉装裤"，大多为四五十岁以上妇女所穿着，裤子肥大，宽裆宽腿，长至脚踝，裤管的宽度一般为四五十厘米左右（图6-3-7）。一般传统的裤子颜色采用土黑色，面料选用丝绸，选此色是为了展现热爱和崇敬养育她们的滩涂。裤子多为黑色裤身缀接绿色或蓝色腰头。不同的是，小岞惠安女的裤子通常在一条裤筒外侧缝贴一块长宽约5厘米左右的方形彩花布（图6-3-8）。这种宽大的裤子便于她们在下海劳动时挽起裤脚，不用担心被海水、汗水所浸湿，即使裤腿被浸湿，也因丝绸质地而易吹干。另外，惠安女常年在海边的劳作经验和聪慧使他们选用既具有装饰美观作用又具有实用功能的银腰链，且逐渐构成了蓝色短上衣、黑色宽筒裤配银腰链的和谐搭配。这种具有惠安女典型特色的银腰链一般为婆家赠送，银腰链的大小、重量在一定程度上反映的是婆家的富裕程度。因此，佩戴银腰链在某种程度上体现的是惠安女的炫富心理。

鞋类：惠安女虽对服饰很讲究，但其平日里均不穿鞋，赤脚奔忙，被人们称为"大脚婆"。究其原因，必是由于身为一个家庭主力的惠安女，若是裹小脚、穿鞋袜，就无法劳作，挑起整个家的重担。但惠安女在结婚与节日时是穿鞋的，鞋多用红呢布或者棉布缝制，并且鞋头卷曲上翘，呈现鸡冠状造型，两旁各绣上凤凰、花卉等纹样，俗称踏轿鞋，又称"凤冠鞋"或"鸡公鞋"（图6-3-9、图6-3-10）。

袖套：通常与节约衫与贴背配套使用，长至接袖破缝处，如手臂一样呈上宽下窄形状（图6-3-11）。袖套颜色多于衣身颜色一致，以蓝、绿居多，色配套穿着时，若不仔细，并不能察觉。袖套主要目的是防止服装袖口弄脏，同时袖套的袖口处一般会镶拼多条彩色花边，精美繁复，花边在选择上也与服装装饰相协调，是实用品与装饰品的集合。

▲ 图6-3-6 贴背

▲ 图6-3-7 宽筒裤

▲ 图6-3-8 小岞宽筒裤

银腰链：是惠安女衣饰精华的重要构成部分，用于脐下与臀部上方之间。由纯银打造的宽由一股至数股不等的锁链，再用银片将两端并排固定（图6-3-12）。银腰链是婚嫁时夫家必赠的聘礼之一，是婚后女子所戴之物，它对于惠安女来说极具吸引力。正如《泉州文学》编辑部主编、泉州市文联副主席陈志泽写道："肚腰上缠挂的细细的很多条银链子，我知道这是惠安女长年的习惯了，也许银链子是缆绳的象征——她们的男人大都是渔民，长年在海上捕鱼，腰肚上缠挂着这种像是缆绳的银链子，寄托着对她们的男人的思念和祝福"。[23]

惠安女的服饰在民族服饰文化中别具一格，服饰组合的造型美观大方、色彩协调得当，风格奇而不俗、艳而有韵，是汉民族传统服饰中最有视觉表现力的个性服饰。[24]身着传统服饰的惠安女居住的地区，在所处地理环境上与外界有一定的阻断性，从而此区域受外来文化的影响较小，相对处于较封闭的地区。也正因为如此闭塞的林地里人文环境，使得这里的传统服饰较为完好地保存下来。可以说惠安女服饰是古代百越遗俗与中原文化、海洋文化碰撞交融的服饰民俗文化遗产，它融合了民族、民间、地方和环境特征于一体，既有少数民族特点又有地方特色，它在服饰文化的民族性中独树一帜，是中国传统服饰精华的一部分，有着较高的实用艺术价值和民俗文化研究价值，非常值得服饰研究者去研究和挖掘。

▲图6-3-9 鸡公鞋1

▲图6-3-10 鸡公鞋2

▲图6-3-11 袖套

▲图6-3-12 银腰链

我国地域广阔，人口众多，汉族更是这些人口中的所占数量最多、分布地域最广的一个民族。高山汉，即居住在高山上的汉族人，他们被人们称为"多民族聚居地区里的少数民族"是因为他们基本上在石山区生活，被生活在平坝地区的少数民族包围。[25]

高山汉不是当地的原住民，其祖籍大多归属川、黔、鲁、湘、滇、鄂等地。现主要分布于滇黔桂三省的交界处的桂西北地区的乐业、凌云、凤山、田林、隆林，以及东兰、巴马、南丹等民族地区，以隆林的汉族为代表。最早一批迁居至此的汉族人口可追溯至明末清初时期，因高山汉聚居区山高林密、交通闭塞，是逃避战乱、灾祸等的绝佳地点，在乾隆年间迎来了高山汉迁入的一个高峰时期。由于高山汉人大多是清代迁居而来，其服饰也保留了清代的传统。但长期与其他少数民族相联系，使得服饰也受到了影响，呈现出汉族与壮族、苗族、彝族等少数民族的服饰相融合的特征，因此产生了属于自己的独特的服饰面貌，并在当代文明的冲击中，依然保留着原有的服饰风貌。

高山汉人生活的区域四面环山，形成了天然的屏障，所以冬夏并无严寒与酷热，一年四季气候并无明显的变化，年平均气温为16.5℃。因此，服装款式变化不大，几乎一件衣服一年四季皆可穿着。所以当地汉族男女春夏秋三季长袖单衣、单裤，只有在冬天里面穿上一层薄棉衣或毛衣，而外面的罩衫则与其他三季相同。高山汉族女性特别勤劳能干，她们认为"天不整勤的，不爱懒的，专打不长眼的"，在过去，由于没有其他经济来源，只能农耕，但石山上的庄稼产量极低，想要吃饱饭，必须要付出更大的努力。山歌里唱："三月说起去望娘，婆婆说是活路忙。我问婆婆忙哪样，婆婆说是下种忙。夜半三更催下地，不见星星不回房。四月说起去望娘，婆婆说是活路忙。我问婆婆忙哪样，婆婆说是插秧忙。太阳一背雨一背，头昏眼花体累伤……"几乎一年从头忙到尾。因此，高山汉族女性的服装风格也以简朴、实用为主，并展现出低调内敛的艺术氛围。其款式大体保存了传统汉族的上衣下裤形制和平面化的造型。

高山汉女性上衣的发展一般来说有四个阶段，第一阶段：民国时期的外托肩，第二阶段：民国中晚期至"文革"时期的园衣，第三阶段：新中国成立后至20世纪90年代流行的大匾衣，以及第四阶段：20世纪90年代开始流行的小匾衣。外托肩与园衣的形制几乎一致，均为七分倒大袖，圆口领，在领口、袖口、大襟边缘一般镶有一道极粗和一道极细的黑色阑干，两者的主要差别是外托肩在服装领口镶有一圈与粗阑干宽度一样的饰边（图6-4-1），而园衣则无（图6-4-2）。服装色彩以蓝、黑色为多，黑色多为年长者所穿，一些富裕的家庭的服装往往采用银制，以双球口形式较为常见。"文革"时期外托肩与园衣被大匾衣所取代。大匾衣多为未婚女子所穿，其形制为大襟右衽、立领，袖为紧身长袖，服装上相对较为质朴没有镶缏饰边，多为棉质。

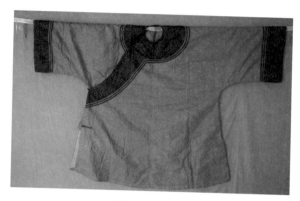

▲ 图6-4-1 外托肩

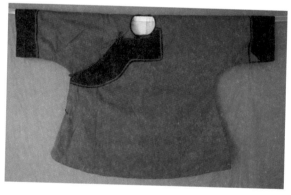

▲ 图6-4-2 圆衣

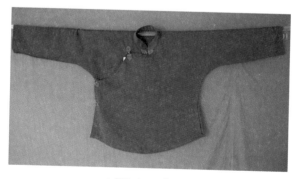

▲ 图6-4-3 小匾衣

20世纪90年代中期以来，高山汉人设计了衣身较短的"小匾衣"[26]。其相对于大匾衣，服装更加收身，袖子也较细长，服装面料也被化纤面料所替代，但服装依然没有任何镶边装饰，颜色也以蓝色为主，扣子五顺（图6-4-3）。

男子上衣款式主要是对襟马褂，并数十年来一成不变，但当地对于服装上纽扣的数量有着不成文的约定，纽扣是用布打结顶编而成，必须为单数，成人服9颗，少年服5颗，幼儿服3颗，并代代相传，而成为当地的习俗。褂上有口袋，通常为2个或4个，为了增加领口的厚度，通常采用2～3层布折叠缝制而成（图6-4-4）。近年来男子服饰受到外来风气的影响才有所改变。

高山汉地区无论男女都穿大筒裤（图6-4-5），其特点是裤子肥大，裤管呈桶状，每只宽约60厘米，长及脚踝，裤腰约100厘米左右，穿着时需用绳子做腰带系扎，当地把男性与女性大筒裤分开称为"大匾裤脚"与"小匾裤脚"。目前，"大匾裤脚"已经消失，取而代之的是合体的西裤，而"小匾裤脚"则仍然流行。

高山汉的配饰形式多样、特色鲜明，有一字簪、环形簪、头巾、童帽、

▲ 图6-4-4　褂 　　　　　　　　　　　　　▲ 图6-4-5　大筒裤

鞋、背带等。其中既有与传统汉族服饰品在造型、技法方面相同的一字簪、童帽、鞋又有传统汉族中没有的饰物，如环形簪、背带、头巾等。这些饰品在装饰方面将汉族与少数民族两者的文化相融合，从而形成了自己的独有特点，特别是她们的头饰、背带以及银饰也成为当地服饰独有的特点。服饰的主要面料为棉、麻和化纤，金属配饰主要是苗银，而服装纹饰则与这里民众的生活密切相关，其中鲜花纹较为普遍。

隆林高山汉女性常有头簪有"一"字发簪和环形簪，"一"字发簪为清代传统发簪，呈"一"字形，环形簪为一种结合了传统与现代而形成的头部装饰，它由十个半连续的圆环和一个发簪相互连接而成，这种发饰更为方便，且能依据头发的稀疏而改变环数的多少（图6-4-6）。

高山汉的男女喜戴头帕，无论春夏秋冬均戴头帕，夏季遮阳，冬季避寒，也成为高山汉地区男女服饰区别于其他地方服饰的一个标志。这种头帕一般长200～264厘米，宽17～20厘米。男女头帕几乎无异，唯一的区别是女子头帕的末端留有流苏（图6-4-7）。头帕为成年男女所戴之物，孩童多戴圆帽，其形制与传统的瓜皮帽相似，但又具有一定的异域风格，其做工精细，纹样装饰丰富，帽上一般有帽缨，帽顶绣鲜花纹样，帽前沿缀上银制佛像或吉祥文字，以祈求神灵庇佑，保佑孩子健康成长，远离邪魔恶病。有时在帽顶两侧修饰两只小耳朵，所以也叫狗头帽或帽头帽（图6-4-8）。

高山汉地区妇女围腰形状与肚兜相似，是穿在大襟上衣之外的，不仅能够增加服装的层次感，同时又具有防污防尘的作用。多以黑色的布料为底布，用红、黄、蓝、白等颜色的布料来修边。围腰的颈带和腰带较为讲究，富裕的人家多用银腰链进行搭配固定，多采用梅花的造型进行装饰，并在围腰的连接部位以蝴蝶等动物形象进行连接装饰，颈带和腰带的运用对于服饰的整体造型有画龙点睛的效果。普通人家的围腰也有采用刺绣花边作腰带装饰，使得整个黑色的围腰又有了色彩。

背扇有"人背上的摇篮"的美誉，每当隆林汉族的姑娘出嫁生子后，外婆便把背带送给女儿。[27]它的主要作用是背小孩，但背带面上美丽的装饰又是母亲背上靓丽风景。背带由背带手、背带领、背带心、背带柱、背带尾巴五个部分构成，平面展开时呈倒梯形，总长度约为三米，背扇面上的图案呈中轴对称式。高山汉地区采用背带是受到壮、苗、瑶等少数民族的影响，他们迁往桂西之后发现背带不单实用而且美观，便也模仿他们制作并使用。正因为如此，背带也是高山汉族群与其他地区的汉族族群相比最具辨识度的服饰品（图6-4-9）。

在足服上，高山汉地区最为常见的鞋式为千层底的布鞋。男鞋样式较为单一，圆头、尖口、黑面、有鞋襻是其主要的样式。女鞋的样式相对男鞋较多，有旧时穿着的尖尖鞋（图6-4-10），其特点为尖口、无鞋襻，形似鸡公鞋（图6-4-11）；近二三十年流行圆口、有鞋襻的圆头布鞋样式（右图6-4-12）。女鞋好绣花，且纹样多为花朵纹，牡丹、石榴花、莲花、桂花、茶花等等，按照绣花的面积大小可分为满花鞋、半花鞋以及平头花鞋。满花鞋多为出嫁后的新婚女子所穿，是在鞋面上满满的绣上花草图案，制作周期较长。半花鞋基本是富裕家庭的中年妇女所穿，在节庆时中小户人家也有穿此鞋，这种鞋将鞋面的前半部分绣上各种花样，从前方看也是十分精致的。而平头花鞋是各个年龄段女性都穿的鞋样，鞋面的部分刺绣简单花草，款式较为普遍。但无论什么鞋，高山汉地区都喜绣花朵纹，其原因主要有两个方面，一方面是因为当地人与大自然极为亲密，男女都要到山上砍柴、耕种，于是山上的花草很自然地成为他们服饰上的图案；另一方面，则是受到了壮族花神崇拜的影响，传说壮族创世女神米洛甲是从花朵中出生的，因此壮人祈求生

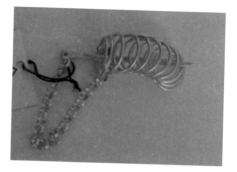

▲ 图6-4-6　发簪

▲ 图6-4-7　女子头帕

▲ 图6-4-8　童帽

▲ 图6-4-9　背扇

▲ 图6-4-10　尖尖鞋　　　　　▲ 图6-4-11　尖口鞋　　　　　▲ 图6-4-12　圆口鞋

育的方式就是祭祀花神，或是在床头插花，背带绣花也是这种精神表达的方式之一。[28]

　　郭沫若在《中国古代服饰研究》的序言中说："服饰可以考见民族文化发展的轨迹和各兄弟民族之间的相互影响，历代生产方式、阶级关系、风俗习惯、文物制度等，大可一目了然，是绝好的史料。"[29]高山汉人民从全国的四面八方汇集而来生活在群山环抱的独特生活环境之中，长期的寄居生活和汉族的文化传统，形成了高山汉独特的着装习惯，可以说，服饰的着装是社会历史风貌最直接最真实的反映。他们既在服装形制上继承了汉族的传统，又是配饰和纹饰上汲取了少数民族的服饰特点；朴素的服装造型和颜色既是对吃苦耐劳性格的体现，又在纹饰和搭配中饱含了对生命的崇拜，使高山汉服装呈现出多姿多彩的艺术特色，积淀了丰富的文化内涵，表现出高山汉地区人们特有的艺术审美与精神风貌。

第五节　　贵州屯堡汉族服饰风情

　　贵州是典型的高原山地地貌，山地丘陵占地面积达到92.5%。安顺位于贵州省中西部，地处长江与珠江水系的分水岭，又被誉为"鱼背"。《安顺府志》记载：安顺实乃"襟带楚粤，控制滇黔，地踞省城上游，为滇南孔道，真腹地中之雄郡也。"它是西进云南的咽喉要地，气候舒适，冬夏无严寒与酷暑，也是在此形成了特有的历史遗迹——贵州安顺屯堡。据说是在明朝初年，政府调北征南，曾在这里推行屯田之举，士兵屯驻的地方一些叫屯，还有一些称堡，因此被统称为"屯堡"。

　　贵州屯堡服饰历经600多年的风雨，依然保留着古文化服饰意蕴，在那里人们依旧是传统装束，有着独特鲜明的地域风格，保留着年代久远的汉民族服饰遗迹，被人们称作明代的"活化石"。一些历史文献中记载了屯堡妇女的服饰独具特色，如《百苗图咏》卷五中所记，

"女子燕尾梳于额前，袄若鸡冠，……头披青带，腰系大带，足缠百布，善织带子"[30]；民国《平坝县志·民生志》中也有相关屯堡人服饰的记述："女子穿绲边衣衫，尚青、蓝、红、绿等色，亦有长及足跟者，袄也绲边，腰带宽二寸许，织带青色垂须，绑腿尚红色，绑作螺旋式，袜尚白色，多旧色；鞋尚饰花，袜与鞋恒相联缀；屯堡人妇女不着裙，即袜鞋之著时亦少，多着草鞋。"徐雯在《贵州安顺屯堡汉族传统服饰》中又这样描述贵州安顺屯堡妇女的整体服饰装束："身穿宽袖、大襟长衫，下穿裤；黑色长围腰及黑色棉质宽腰带系于腰间，腰带尾端垂下长长的丝质流苏，系时打方结垂于后；脚穿刺绣精美的翘头绣花鞋"。虽在时代的变迁中，屯堡服饰已在潜移默化中产生了变化，但依然遗留着明显的明代服饰特征。

如今的屯堡已婚妇女大多头裹白帕或青帕、身穿宽袖、大襟长衫，下穿裤、腰系青布围腰和"丝头腰带"，腰后垂下长长的丝质流苏，脚穿翘头绣花鞋，并佩戴发簪、手镯、耳环等银饰，如屯堡人所说："头上一个要要，脑后一个泡泡，耳上两个吊吊，手上两个道道，袖上两个套套，腰上两个扫扫（shao），脚下两个翘翘"[31]。屯堡女子服饰无季节之别，亦无节日盛装的特殊服饰，只是结婚时在发饰上有所变化。屯堡女子不裹脚，被称作"大脚妹"。屯堡女性服饰被称为"大袖衫"或"凤阳汉装"。

屯堡服饰以淡雅为美，服装色彩多是冷色。年长者持重、端庄，年轻者柔和、素雅，服饰整体透露出一种内敛、含蓄、沉静之气。当然，屯堡服饰细腻美丽之处，就像专家所说"屯堡服饰是屯堡风情中一道独具特色的风景"[32]，它的独特造型、工艺与装饰，已被朴实勤劳的屯堡妇女接受，并成了族群的标识，具有族徽的功能，蕴藏着深厚的文化内涵与历史积淀。

一、贵州屯堡女性服饰

从屯堡女子的发饰能够区分未婚和已婚。未婚女子只在脑后梳一根辫子，以红色头绳系扎，待到结婚时用以传统的形式，"改头换面"，即修面、剪眉、扯发，并变更发饰做已婚装扮。扯发前通常在发根处抹灰，然后再拔去前额的细发，并用剃眉刀将眉毛修剪成柳叶形，以减少疼痛。扯发时须露出白发茬，来象征夫妻间白头偕老。

已婚屯堡妇女的发饰被谓之"明安徽的凤阳头式，称为'凤头戏'，讹为'凤头籍'，更讹为'凤头鸡'"。[33]又称为"三绺头"，《安顺府志》记载："妇人以银索绾发髻分三绺。"[34]即将头发分为三股，脑后一股盘为圆形发髻并用玉簪子固定，两侧两股顺着耳朵往后塞在中间发髻内固定，形成"两耳盖发"式，再围上帕子，并以卡子或别针加以固定（图6-5-1）。因前额头发被扯去，围上帕子后露出的额头既光洁又饱满，别具一番风味。帕子有黑、白两色，黑色多为女子结婚时或老年妇女所围，在屯堡地区，黑色帕子象征吉祥，白色帕子则有思恋与祈福之意，之前女性若在婚后围上白帕子，则代表"提前戴孝"，后来就不存在这些

▲ 图6-5-1　屯堡妇女发饰

▲ 图6-5-2　大袖衫1

讲究了，反而觉得"白色更为俊俏一些"。

已婚屯堡妇女的服饰特征展现的更为明显，主要由大袖长衫、长裤、头帕、发簪、发网、青布围腰、"丝头腰带"及翘头绣花鞋八个元素组成，并佩戴手镯、耳环等装饰物。

屯堡女子服饰最主要的组成部分是她们的大袖长衫，也称"大袖子"。[35] 其形制为：大襟右衽、矮立领、宽袖、两侧开衩，长度达膝下，领高约1.5～2厘米，有镶绲装饰，通常在领上镶以细的花边，在领口处用黑布做绲边。沿着大襟通常有两道黑色镶边，一道彩条镶边，并嵌以极窄的白色细边，在大襟内钉上一块布条作衬底，俗称"压条"。长衫前襟处系纽扣，纽扣是由形如疙瘩状的布纽扣和布扣襻构成，俗称"棒头纽子"。袖长不及腕，大致到肘下10～15厘米处。劳作时卷起袖口（图6-5-2）。也有无任何镶嵌装饰的"大袖衫"，多为老年人穿用，与之相配的丝头腰带也以黑布叠成的宽布带代替，宽布带外再系围腰（图6-5-3）。屯堡女子的长衫颜色有青、深绿、淡紫、瓦黑、淡粉、蓝、浅绿、浅黄、白色等，尤以蓝色为最爱，包括藏蓝、深蓝、天蓝、淡蓝色长衫，其中浅蓝色长衫为女子最爱，俗称"水月蓝"。但一般来讲，年纪较轻的屯堡女子多穿颜色浅而亮丽的服装，年纪较长的妇女多穿青、蓝等暗色系长衫，沉稳耐脏。

屯堡妇女女长袍内着大裆裤，大裆裤多为深色，时有在裤脚口装饰花边，穿上大裆裤后还需在裤口系上绑腿，绑腿以蓝色为多，有时在绑腿上绣一些简单的图案（图6-5-4）。如今的屯堡妇女大多穿着西裤，鞋有皮鞋、翘头绣花鞋、成品布鞋多种。

屯堡女性的配饰丰富多样，涵盖女子头饰、首饰、丝质腰带、围腰、绣花鞋等。配饰的使用不仅点缀着屯堡地区的女性服饰，为素雅、质朴的服装添上了一些色彩，同时，还具有独特的文化符号。

头饰有玉簪子、发网、银插针、帕子、丝头腰带。玉簪一般分为两种，一种是直插于发根处从而固定住整个发髻，中间略细，整体呈一字形的发簪，一种是两端各异，一端为短簪，一端为插针的"环簪"。发网用于固定发髻，多用黑色马尾编制而成，硬挺度好。银插针插于发髻上有装饰效果，多为蝴蝶型。帕子为黑、白两色长条状，宽度大约一寸半。

屯堡妇女的首饰主要有戒指、手镯、耳坠，材质为金、银和玉。佩戴者尤以上了年纪的老妇为多。手镯和耳坠为日常必备首饰，首饰上的纹样以蝴蝶与梅花最为常见。

▲ 图6-5-3　大袖衫2　　　　　　　　　　　　　　　　▲ 图6-5-4　屯堡服饰

屯堡妇女的腰带很特别，其长度约一丈二至一丈四、宽约两寸，寓意着一年到头平平安安。腰带中部用白色麻线和棉线编成后再染成黑色，两端编结着数十根长约一尺的黑色丝质穗子，也被称"丝头系腰"。丝头腰带一般织饰花纹，纹样多有各式菱形、回文、万字纹与寿纹，纹样多表达多子多福、发子发孙的寓意，寄托着屯堡人的祝福与期望。但因系于围腰内，因此常常不为外人所知。在系腰带时，一般先在带尾处打上方结，用黑绳来固定，围系时用带子相互系结固定。丝头腰带是组成女性服饰形象不可或缺的重要元素，也是屯堡男女的定情物，是男女定亲时，男方必要送于女方的物品，凝聚着厚重的人文情节。

围腰系于丝头细腰外，与袍同长，大多为青布彩带蓝围腰，呈长方形，腰头两边各有长10厘米的带套，常饰较为简单的刺绣装饰，或缀上花边。围时将特制的、长长的布带穿入带套之中，在后打结固定。围腰是屯堡妇女生活普通服饰物之一，它既能挡污，又起到装饰的作用。年长者的围腰一般为素色，无异色拼布或绣花、彩条装饰，多是黑色围裙配黑色系带（图6-5-5）。

屯堡因自古就有在田地劳作的习惯，女性不缠足。如《平坝县志》记载："凡住居屯堡者，工作农业，妇女皆不缠足"。屯堡女性的绣花鞋极具特色，鞋头翘起呈锐角状，名为"翘头绣花鞋"，也称为"凤头鞋""尖头鞋"。另外还有称谓是"刀片鞋"，相传是因为屯堡妇女把刀片藏于鞋翘以防身，以此得名。"翘头鞋"大多用蓝青布做帮，还有其他颜色。春夏季的"翘头鞋"，多采用白、蓝色等素色布制作鞋身，鞋帮短浅、两侧挖洞以通风，穿时以盘扣系之。鞋头依旧上翘，但为了驱散热气，相对于秋冬季的翘头鞋来说，鞋面裸露面积更大，方便散热。秋冬季"翘头鞋"内缝有双层白布高筒，穿着是不露袜子，保暖柔软（图

▲ 图6-5-5　素色围腰

▲ 图6-5-6　翘头鞋

6-5-6）。与屯堡妇女服装相比，屯堡女鞋装饰繁、色彩丰富、造型精美，特别是鞋头的装饰，大部分装饰纹样均绣于此，有屯堡人喜爱的鹊纹、小蝴蝶纹等其他象征吉祥的纹样，另外，屯堡妇女也喜爱在鞋垫上刺绣，做自绣自用，或赠与他人，纹样也多表达内心的愿望与期许，这些都展现了屯堡女性心灵手巧与精湛的女工技艺，给素雅的屯堡女性服饰添上了一道亮丽的色彩。

二、贵州屯堡男性服饰

如今的屯堡男子的服饰几乎与现代汉族服饰无异。民国《平坝县志·民生志》中记述："屯堡人，男子衣著同汉人"。传统的屯堡男子主要穿长衫与对襟短褂。长衫是右衽，无任何装饰，两侧有开衩。对襟短褂多短褂前襟处缝有三只口袋，一只位于胸前，另两只分别缝于两个下摆处，在当地俗称"三个荷包"。无论是长衫还是短褂，多用蓝色或白色棉布缝制，门襟钉上五颗至七颗纽扣，穿长衫与短褂，下面都配长裤，头围青布头帕、腰系青布带（图6-5-7）。男子的裤子十分宽大，腰头一般要上宽约五寸的白布裤腰，据说若将两只裤脚口和裤腰用绳带扎上，内可盛放百余斤粮食，可见裤腿之宽大。

屯堡男子夏季多穿草鞋、布鞋配布袜，多为自家所做，冬季则穿皮底布帮子得钉子鞋，这种钉子鞋大多是以皮为底、以布为帮，长筒，穿着时约至小腿中部，并用盘扣固定，形如战靴，俗称"战腰鞋"，既具有保暖又防滑的作用，同时穿上"战腰鞋"的男子就如同进入战场的军人一样，威武雄壮，正如一首山歌所唱："战要皮鞋穿脚上，行走如风稳当当；走南闯北脚有劲，妖魔鬼怪也避让。"如今，战靴已被人们所遗弃，而进入了历史博物馆。旧时男子爱戴毡窝帽，但戴上后一般都不会洗，因此帽子被汗水渍染的油光光的。而无论富贵贫穷，男子都喜戴金戒指，有些老人手上爱持根竹制烟杆，长约1.2米，竹节多且密，烟杆后多挂有金属链缀饰物，相传是因为当地人觉得在大街上手提烟杆被视为有福气。而经常外出的男子则喜戴麦草帽，草帽多是女子编织送予男子，寄托了女子深深的爱恋与期盼，如同山歌所唱："身披草帽去赶场，就像喝了蜜蜂糖。"麦草帽现今也已很少见了，替代它的是各种成品帽。

▲ 图6-5-7 屯堡男子服饰

三、贵州屯堡其他服饰

屯堡地区的跳地戏、花灯以及儿童服饰同样是屯堡服饰的重要构成部分。地戏又称为"跳绳",每到春节和农历七月中旬稻谷扬花时表演,是祭祀、戏曲、娱乐三者相融合的民俗活动。表演地戏者的服饰不同于人们平时所穿的服饰,其装饰十分华丽、色彩丰富,各式各样的穗子、花边、珠子、刺绣等均装饰在地戏服装上,成为女子展现手工的重要载体,多由表演者的妻子缝制。表演者头蒙黑纱、佩戴饰雉尾装饰的面具,身穿右衽长衫或对襟短褂,胸配护心镜,背部背着插有四五只彩色战旗的木质背板,腰系施以褶裥的战裙,围系腰带,并配有扇套、荷包等,脚穿布鞋。若表演者为女性,则会配上饰有花边与流苏的云肩。

每年一月与七月中旬,屯堡人都会跳花灯。跳花灯与地戏不同,它是一项娱乐活动,主要以民间传说与爱情故事为主体。一般由两名男人分别饰演唐二和幺妹。"幺妹"着传统女子服饰,手拿帕子。"唐二"着长衫,手持扇。

儿童服饰亦是屯堡服饰的重要组成部分,儿童服饰形制为大襟或对襟,下配长裤,较为有特色的是儿童的风帽与围涎。风帽的品种有很多,依其形来分,包括木鱼帽、鱼尾帽和大风帽。木鱼帽整体形如木鱼;金鱼帽的后部披风似金鱼尾巴,因此而取名;而大风帽的后面则似鹅形。围涎主要用来保护衣服不被弄脏的,同时在上面饰以刺绣装饰,既实用又美观。儿童服饰多饰以刺绣,是母亲表达对孩子的期许与愿望的载体,纹样多以螃蟹、寿字、桃、石榴、蝴蝶等纹样。

[1] 刘乃和. 中原文化与传统文化 [M]. 北京:高等教育出版社,1996:42.

[2] 十三经注疏·礼记正义 [M]. 阮元,校刻. 北京:中华书局,1980:1580.

[3] 宋丙玲. 左衽与右衽:从图像资料看山东地区北朝服饰反映的问题 [J]. 山东艺术学院学报,2009,4:21-25.

[4] 王统斌,梁惠娥. 中原地区汉族服装做人形制探究 [J]. 新闻爱好者,2011,6:113-114.

[5] 黄智高. 中原传统男装文化的传承与创新 [J]. 纺织学报,2009,6:108.

[6] 刘熙. 释名·卷五 [M]. 北京：商务印书馆，1939：80.

[7] 崔荣荣，张竞琼. 近代汉族民间服饰全集 [M]. 北京：中国轻工业出版社，2009.

[8] 小田. 江南场景：社会史的跨学科对话 [M]. 上海：上海人民出版社，2007.

[9] 赵晔. 吴越春秋 [M]. 张觉，译注. 北京：北京联合出版公司，2015.

[10] 司马迁. 史记·货殖列传 [M]. 北京：华文出版社，2009.

[11] 费孝通. 更高层次的文化走向 [J]. 民族艺术，1999：9–10.

[12] 顾颉刚. 苏州史志笔记 [M]. 南京：江苏古籍出版社，1987：99.

[13] 吴山. 中国历代服装、染织、刺绣辞典 [M]. 南京：江苏美术出版社，2011：66.

[14] 崔荣荣，张竞琼. 近代汉族民间服饰全集 [M]. 北京：中国轻工业出版社，2009：52.

[15] 潘鲁生. 锦绣衣裳 [M]. 济南：山东美术出版社，2005：41.

[16] 刘士林. 人文江南关键词 [M]. 上海：上海音乐学院出版社，2003：96.

[17] 崔荣荣. 近代齐鲁与江南汉族民间衣装文化 [M]. 北京：高等教育出版社，2011.

[18] 石磷硖，钱元龙. 江南水乡妇女传统配饰研究 [J]. 南京艺术学院学报，2011：164.

[19] 崔荣荣，高卫东. 江南水乡民间服饰符号化元素研究 [J]. 纺织学报，2007(02)：104–107.

[20] 耿馨. 惠安女服装结构及其面料舒适性研究 [D]. 上海：东华大学，2014.

[21] 周仕平，林联华. 大柞村惠安女服饰探源 [J]. 黎明职业大学学报，2006，4：65–68.

[22] 唐宏英. 福建惠安女服文化特色研究 [J]. 绵阳师范学院学报，2008，10：118–120.

[23] 罗静. 惠安女服饰的结构与记忆研究 [D]. 无锡：江南大学，2012，6.

[24] 吴建华. 福建崇武半岛惠安女奇特民俗考略 [J]. 浙江海洋学院学报(人文科学版)，2005，22(3)：31–35.

[25] 丛叶，陆辉. "高山汉族" 多民族聚居地区里的少数民族 [J]. 广西民族研究，1994(1)：92.

[26] 隆林各族自治县地方志编纂委员会. 隆林各族自治县志 [M]. 南宁：广西人民出版社，2002：863.

[27] 李桐. 广西民族背带装饰艺术及其文化特征 [J]. 民族艺术，1991(2)：200–204.

[28] 罗起联. 广西壮族背带工艺的民族文化与艺术特征 [J]. 艺海，2009(3)：102–103.

[29] 沈从文. 中国古代服饰研究 [M]. 上海：上海书店出版社，2004.

[30] 翁家烈. 屯堡文化研究 [J]. 贵州民族研究，2001，4：70.

[31] 严奇岩. 屯堡女性的丝头系腰 [J]. 寻根，2008：75.

[32] 安顺市文化局. 图像人类学视野中的贵州安顺屯堡 [M]. 贵阳：贵州人民出版社，2002：78.

[33] 宋蜀华，白振声. 民族学理论与方法 [M]. 北京：中央民族大学出版社，1998.

[34] 常恩，总撰. 安顺府志 [M]. 安顺市地方志编纂委员会，点校. 贵州：贵州人民出版社，2007：301.

[35] 徐雯，等. 贵州安顺屯堡汉族传统服饰 [M]. 北京：光明日报出版社，2011.

第七章 汉族服饰文化保护与传承创新

汉族服饰文化遗产是我国优秀传统文化的重要组成部分，保护和传承传统服饰文化物质形态及其非物质文化精髓，不仅是保存一种形式，更重要的是要在全球化进程中留下我国独特的审美情趣、民族个性以及美好的情感与精神。然而，随着"衣随人葬""人亡艺绝"等现实状况的发生，保护和传承服饰文化遗产显得尤为紧迫。

第一节　　汉族服饰传统技艺的现状

一、汉族传统服饰技艺的传承危机

　　著名民艺学家张道一先生认为：凡是装饰性的、陈设性的、欣赏性的民间工艺，如剪纸、年画之类，其留住的可能性较大，但实用性较强的反而难以存留，因为其用途已被更方便的新东西所替代。[1]这句话道出了汉族服饰的现实生存状况。传统服饰曾经在人们的生活中发挥了重要的作用，然而，由于工业化进程的发展，原有农耕文明建构下庞大的传统服饰文化体系在逐渐散失，传统非物质文化遗产的生存空间已基本被挤占，这就带来服饰类非物质文化遗产传承的断层。[2]在这样的趋势下，如今能够穿着汉族传统服饰的人群已经越来越少。

　　汉族传统服饰原本具有较为稳定的传承特征，但面对现代化发展与经济全球化的冲击，传统服饰及其手工技艺正在濒临失传。传统服饰不仅失去了其本来所具有的功能性，而且随着现代民众审美标准的变化，其审美价值也随之变弱。由于交通运输业的发展，大量本地人口外出经商、求学、打工，接收到了新的文化生活信息，并受到西式简约多变的服饰风格影响，使得服饰审美观发生变化，待到他们再重新审视被祖辈一直穿着的传统服饰时便会产生抵触情绪。

　　作者去惠安做田野调查时发现，在崇武、小岞、大岞等地惠安女的服饰已经出现了消亡的迹象，基本上三四十岁以内的年轻人在日常生活中已不穿传统服饰，其服饰与普通汉族人无异[3]。而四五十岁的中年人平时也不再穿着整套的传统服装，比较流行的装束是：头上梳辫子，有些妇女还佩戴方巾；上衣仍穿"节约衫"；裤子是20世纪80～90年代在大陆地区流行的裤管宽大的西装裤，用黑色线布或尼龙布制成，只在婚礼、葬礼、回夫家或外出做客时，才穿传统的宽绸裤；腰上像男性一样别着手机；鞋仍是塑料拖鞋。只有上了年纪的老人家的服装还保留着新中国成立以来惠安女服饰的原貌。

从地域上说，崇武的传统服饰保留较小岞完整，在崇武仍可以看到穿全套传统服装的惠安女，但是小岞惠安女的服装大多出现了"变形"[4]。作者在小岞采访到了一位同学的母亲（50岁上下），她本来是一位裁缝，但是现在已经很少帮别人做衣服了，只做来自己穿。我们本想请她做一件"节约衫"并录制下制作的过程，可是她家里在装修，没有时间，于是送给作者一件她自己的衣服。这件衣服已对"节约衫"做了全方位的简化，衣长较"节约衫"长，不必穿内身束胸衣，袖子已与现在穿的长袖衬衫无异，袖口全无绲边。这种款式与我们在小岞街上看到中年女性的穿着相类似。而这种变异似乎预示着惠安女服饰的传承将要断层。

惠安女传统服饰在惠安的年轻人中已少有市场，而这种服饰的制作技艺更令人担忧。作者在调查中了解到，不同区域的惠安女服饰制作工艺袭承有较大的差异，亦即传说中所说的"大岞无师傅，小岞请师傅"。在崇武城外的大岞和山霞等惠安女服饰流行区，每个惠安女到了待嫁的年龄，都必须学会制作服饰和刺绣手艺，否则就嫁不出去。因此，她们一般在12～14岁时，开始向母亲或周围的姐妹、亲戚学习缝制服饰和刺绣手艺，这些地方的服饰制作技艺传承属于母女传袭形态。而小岞、净峰等惠安女服饰流行区则有专门的裁缝店制作服饰，一般女子出嫁之前，父母都会到裁缝店为其定做待嫁服饰，这些地方的服饰制作技艺传承属于师徒传袭形态。

随着传统惠安服饰的女人数的逐渐减少，会做传统服装的人也越来越少，甚至专司缝制此类服饰的裁缝师傅及传承人或消失或改行。小岞中年裁缝已经基本不营业了，而且做的也是改良后的"节约衫"。在小岞，作者几经周折找到一位年近八旬的老裁缝，他的工作环境相当恶劣，缝纫铺仅是一个两三平方米、光线极暗的老房子，裁剪、缝纫全凭多年的经验和手感。由于他是小岞仅存的几位能做正宗惠安女服装的老裁缝之一，尚能勉强糊口。据他介绍，他的徒弟早已转行，已无人愿意从事这份收入不高的工作。惠安女服饰的技艺传承已岌岌可危。

而作为江南水乡服饰发源地的胜浦农村如今已被"改造"成为一个没有农民、没有农田、没有农业的"苏州—新加坡工业园区",其境内掌握水乡服饰手工技艺的仅存数十人,且年龄最大的已步入耄耋之年,年纪最轻的也已近不惑。

　　从多次田野考察来看,传统民间服饰在生活中几乎无人穿着,不过大多数人认为传统民间服饰是民族文化遗产,应得到重视和保护传承;认为传统服饰代表了历史和民族文化,应在博物馆供学者研究和教育后代使用;只有少数人认为对保护传统服饰的投资不值得,认为传统服饰具有的传承意义不大,只是一种形制,应任其自然存留消失;也有相当一部分人特别是城市居民和年轻人认为传统服饰与现代生活无关,不予关心[5]。

　　传统服饰及其工艺的减少与消失首先从服饰面料开始。在"男耕女织"的农耕社会里,服饰面料大多是当地女子自种棉、麻,自己纺纱、织布制成。新中国成立后,随着当地民众生活水平的提高与购买力的增强,机织布逐渐进入民众家庭,取代自种、自纺、自织的土布和麻布,成为服饰的主要面料。与此同时,以耐磨、光滑、透气、易洗、快干为特点的人造纤维也在市场上大量出现,成为服饰面料的重要组成部分。于是,人们开始逐渐减少棉花与麻的种植,纺纱、织布等传统服饰工艺逐渐消失,相当多的家庭已将纺车、织布机等传统工艺的制作工具置于干栏楼下或劈作柴薪。当地的年轻女性不再掌握传统的服饰制作技艺,体现农耕文明的以户为单位进行单件织造的传统服饰制作方式已大为衰退。

　　同时,掌握传统服饰工艺的当地人日益减少。外来思想和生活习惯的冲击改变了人们原先的生活习惯和服饰穿着,而年轻一代受到的影响最为明显。审美观念的变化使青年人不再愿意花时间去绣织衣裙,也不再愿意像长辈一样花费情感、精力从事民间工艺的学习与制作,因为丰富的成衣商品更能满足他们的心理需求。越来越多的年轻人逐渐抛弃在他们看来费时费力的传统服饰制作工艺,这就加大了服饰传承的难度与危机。

　　由于穿着者的大量减少、购买力量的削弱以及在文化遗产保护过程中的一些疏漏,导致现已为数不多的服饰手工技艺传承人也在减少。作者在调研过程中发现,年轻的裁缝由于顾客少、收入低大多已经转行,几经周折下才找到一位掌握完整的传统缝制技艺的老裁缝,然而这位老人已经80高龄。手工制作服装已经基本在城乡消失,在一个乡级行政区域只有为数很少的(1~3家)裁缝店,情形也每况愈下;其他的手工技艺如刺绣、编织、印染等也更是少得可怜。可想而知，传统服饰制作技艺的传承线一旦断裂，服饰传统的脉络也面临着终结的危险。

我国传统染织非物质文化遗产最发达地区的长三角，其传统染织也面临着严峻的发展困境，多数传统染织非物质文化遗产品种已经或濒临失传，众多传统染织技艺由于高成本手工制作而导致经营与传人培养困难等原因遭遇传承问题，加之自我传承原动力的消失，都给民间服饰类非物质文化遗产传承带来了严重危机。

在对传统服饰的认知度上，青年人的认识程度不容乐观。现代年轻人对于传统服饰大多反应漠然，却对具有传统元素的时尚设计作品情有独钟；中年人对于传统的服饰具有较高的热情，但是大多表示不会再穿传统服饰；老年人最是留念传统服饰，大约70%以上的80岁以上的老人特别是老妪都保留有一套甚至更多结婚时期的服装作为纪念。

在传统服饰资源的分布上，呈现出流散于民间的现状。近年来，一些国家和地区的有关机构和个人，通过各种渠道私下收购、倒卖民间服饰珍品，使这些资源大量流失，目前世界上最好的旗袍服饰博物馆居然是在加拿大（阿尔伯特博物馆）就是典型例证。作者在各地考察收集过程中也多次遇到类似情况。因此，抢救我国民间服饰文化遗产刻不容缓。

二、汉族服饰传承危机的原因分析

汉族传统服饰在漫长的发展过程中，形成了自身独特的传承体系。这种传承体系保证了传统服饰文化的传承得以正常运作，而且它内部的输出输入机制还能使传统服饰文化随着社会的发展不断地吐故纳新和置换变形。在正常的情况下，传统服饰文化的传承体系与传统的农耕社会相适应，保证了传统服饰的延续与发展。

然而，在异常的情况下，传统服饰的传承体系就会显现出它的脆弱性，导致服饰文化传承的中止与断裂。随着现代化进程的加快、现代传媒的发展与普及，我国社会正处于转型时期。社会发展的快速变幻使传统服饰文化及其传承体系受到前所未有的冲击，而传承体系的中止的主要原因就是文化传承空间的改变。

文化传承空间包括有形的传承空间与无形的传承空间，可以概括为三种类型：自然传承空间、社会传承空间和思维传承空间。[6]也就是说，传承空间是传统文化传承的中介实体，是传统文化传承和发展的平台和通道，是自然场、社会场和思维场整合的结果。

自然环境与社会空间是传统服饰传承的重要条件，汉族传统服饰就是汉族人民扎根于自然、社会中创造出来的文化。汉族传统服饰的衰落首先在于周围环境的变化。以江南水乡服饰为例，水乡妇女原本世代以田间耕种作为生活工作的主体，然而在城市扩大化的进程中，农田变成了高楼林立的现代化小区，农民失去了土地，不能以耕种作为生活的来源，外来务工成为他们的出路。大量农民不再以土地为生，水乡服饰原本的实用性渐渐消失，功能性不断降低，也就失去了它在农耕生活中发挥的强大生命力，穿着者越来越少[7]。

作为海洋文化衍生的惠安女服饰，起初也是为了方便捕鱼、采石等生产劳作而诞生。在久远的海洋环境中，当地民众受到其他民族服饰的冲击较弱，社会主流服饰的流行色彩及样式对它的影响也比较小，因而服饰的原创意识得到了良好地保护与传承。随着沿海地区的对外开放，惠安女服饰传承的自然和社会空间都在发生着改变。自改革开放以来，随着第三产业的发展，传统的捕鱼业已不再是惠安女的主要工作，惠安女服饰赖以生存的环境和土壤发生了较大改变，越来越多的惠安女从事着新兴行业。她们不再需要竹笠头巾来防御风沙，也不需要紧缩的短衣短袖来方便劳动，因此传统惠安女服饰的功能性开始弱化，其审美价值也随着现代女性审美标准的转化而变弱。惠安女服饰传承环境已经失去了原有单一的海洋文化的氛围，随之产生的是传统与现代、渔业与商业混杂的半现代化生活氛围，在这种文化氛围之下大部分人都会为潮流所推动，导致传统服饰的衰落与消逝。

自然空间与社会空间的改变又影响了人们思维空间的变化。思维空间具有的诸多动力可以保证所获取各种材料的记忆、存取、加工、传递和反馈，也就是说它具有操作能力，是一个能动的空间。传统服饰文化便是当时思维空间的产物。汉族传统服饰文化中的基本内容大都产生于原始时代，在当时的社会环境中，个体思维比较微弱，群体思维占据绝对优势。群体思维作为一种程式化的思维，是当时的人们在长期生产生活实践的基础上形成的"共识"。这些共识进入集体意识之中，形成古老的观念、原始意象、心理情结、民俗事象、行为规范、礼仪制度等等，构成了群体共有的思维空间，传统服饰文化也孕育其中。

随着现代社会的发展与交通系统的建立与完善，原本穿着传统服饰的人群与外界的交流日益增加。古老的思维模式受到冲击，传统的生产、生活消费习俗产生了很大的变化，原有的婚俗、礼俗等传统民俗也随着现代意识的加强而渐渐消失。人们的着装观念开始改变，更愿意追逐现代的生活方式。如今大多数惠安女都不能坦然地穿着传统服装进城，35岁以下的惠安女已经几乎不穿传统服饰，外出打工、学习的女性更是如此。有人甚至不愿主动提起自己是惠安女，他们认为惠安女服饰是落后的象征、封建陋习的产物。对传统文化观念的弱化甚至排斥强烈地冲击着传统服饰的延续与发展。

第二节　传统汉族服饰文化传承

抢救和发扬汉族服饰文化是发展汉民族文化独立性的重要组成部分。古老纯朴、绚烂精美的传统服饰是具有典型东方韵味的民俗文化代表，具有很高的文化和艺术价值：对传统服饰的制作技艺而言，它可以揭示服饰遗存相关的工艺、技术、思想体系，它可以记录、阐释该遗产的现状、历史、价值。对未来而言，它可以让那些富有生命力和创造性的传统技艺因子造福于未来的社会与生活。文化传承是文化具有民族性的基本机制，也是文化维系民族共同体的内在动因。[8]汉族传统服饰文化遗产的传承和延续是保护民族文化之根的重要举措，是发展我国民族文化独立性的重要途径。

一、传统汉族服饰文化传承的必要性

汉族文化源远流长，其中服饰文化的起源、沿革与发展，始终占据着重要地位。服饰是人类生存的条件之一，与人们的社会生活息息相关，伴随着环境的改变而发展与变化。汉族服饰的独特形制构成民族的要素与标识，是汉族特有文化的反应，是与人民心理结构对应的艺术品。它是人民大众祖祖辈辈长期传续下来的历史记忆和情感追求，凝聚了汉民族数千年的智慧结晶。因此，汉族传统服饰文化遗产是祖先留给后人宝贵的精神财富，也是中华文化的真正源泉。

保护民族传统文化，是世界各国的共识。不少发达国家在19世纪末20世纪初便开始立法保护本国的文化遗产。美国于1906年通过《古迹法》，授

权总统以文告形式设立国家遗址，其后又制定多部法律。其他西方发达国家也很早就开始立法保护。对其进行保护的现实意义在于：

第一，传统汉族服饰中包含着汉族文化的重要内涵，是汉民族社会经济、思想观念、文化艺术、历史传统的重要载体，也是研究汉族历史文化的重要物证。传统汉族服饰的发展与汉族人民的生存环境、生产方式、生活习惯、审美情趣密切相关，它通过形制展示了汉民族的文化传统和社会历史，具有丰富的文化内涵。这是从民族学角度研究和保护传统汉族服饰的价值所在。

第二，民族服饰文化研究学科是一门经世致用的科学，它可应用于艺术设计高级研究型人才的培养，尤其是现代服装设计高级人才的培养，并以此推动中国服装业的发展，将文化价值转化为经济价值[9]。

传统汉族服饰无论是款式、色彩或是图案都具有艺术的表现形式，其中蕴含的工艺技术是宝贵的服饰文化资源，可以被现代服装时尚借鉴和弘扬，并成为我国服装走向国际流行的文化基础。传统服饰是一种既传统又开放的文化，应该从远古迈向未来。只有在保护下传承，传统服饰才可能成为富有生命力的、活生生的文化，能够古为今用并造福社会。

"如果人类要了解自己，就必须研究文化，必须研究自己为自我培养而作的努力。"从一定意义上说，服饰是没有文字的历史文献，是了解和认识一个民族的途径，也是解读民族文化的重要手段。因此，传统汉族服饰应该得到保存、研究和发展，以发挥它永恒的文化价值。

二、传统汉族服饰文化传承的策略与建议

在现代中国，与传统文化相关的民间艺术、技术、民俗风情等正在逐渐消失，而与之相对应的标准化和程式化已经占据着我们生活每一个角落，二者在文明的进程中形成了直观的冲撞：整齐划一的混凝土楼宇与别院小筑的对比，机械化的工业产品与传统手工艺制品，笔挺的制服与唐装汉服的回归。工业文明的发展以及其对大自然和生态环境的破坏促使社会文化心理结构发生了改变，多元化和个性化审美取向在现代社会发展中已经成为精神向往，手工艺的复兴之路看似越来越阔。人们已经意识到抢救传统文化的紧迫性，要保护、传承、弘扬汉族优秀的传统文化，必须采取各种措施，切实做好传统汉族服饰文化的传承工作。对于传统汉族服饰文化的保护与传承，结

合其他国家的经验与策略，我们有如下几点建议：

（1）加大宣传力度，普及文化内涵，激发保护意识。传统服饰文化遗产是全社会共同享有的文化资源，是全人类共同拥有的精神财富，民众是服饰文化遗产得以保护与传承的主力军。倘若这些原本扎根于民间基层的服饰文化脱离了人民群众，其生命力与传承功能就会大大减弱。

而我国民众对传统服饰文化的精髓、意蕴了解较少，现代年轻人甚至从小就没见过传统服饰，就连民间服饰传承地区的公众对本该属于自己的服饰都知之甚少。比如我们在调查中发现，不管是政府部门人员还是当地惠安人，不了解或一般了解惠安女服饰文化内涵的人数占了相当大的比例。大多数人并不能很好地诠释清楚惠安女服饰的文化内涵，甚至有些误解，他们认为惠安女服饰是落后的象征、封建陋习的产物。

因此，国家应加大宣传力度，在相关学者、专家的支持和帮助下，让广大群众进一步认识到保护传统服饰及其制作工艺等文化遗产的重要性，使其产生自觉保护的情感与意识，从而提高遗产保护效果，扩大遗产保护范围。其他国家对于文化遗产保护的成功案例可以为我们提供参考与借鉴，如韩国在对文化遗产的宣传与保护方面取得的巨大成功。

1910~1945年期间，韩国处于日本殖民统治和文化同化政策下，许多传统文化和民间信仰都被禁止。第二次世界大战结束后，美军长期驻军韩国，西方文化渗透到韩国社会的方方面面，就在韩国文化被外来文化一步步吞噬的背景下，20世纪60年代，一批韩国民俗文化学者积极倡导文化遗产及非物质文化遗产的保护工作，于1962年1月出台了《文化财保护法》。这一举措使韩国的文化遗产保护工作广泛展开，同期民族文化保护运动在高校内兴起。20世纪80年代，传统民族文化遗产学习班走出校园，遍布韩国各地。

至今，韩国每年都举行各种节庆活动。例如，民间代代相传的村俗，或者第二次世界大战后韩国政府提倡的各种民俗节、民俗文化节等。这些活动通过节日的形式，有意识地保存、继承正在消失的传统文化。

韩国政府确立了国家级无形文化财100多种，地方级无形文化财200多种，并且通过文化节等以演出的形式使它们避免成为博物馆中僵死的标本，而成为构成韩国人精神生活的重要内容。[10]除此之外，韩国政府还注重在日常生活中进行文化遗产保护理念的传播：在韩国地铁站的告栏中、外国游客服务中心里、韩国飞机的座背上……随处可见韩国对其非物质文化遗产的各种宣传。经过40多年的努力，韩国对非物质文化遗产的保护从已经少数专家的呼吁和关注，演变成全体民众共同参与的保护体系。也正因这些举措，韩国大众对非物质文化遗产的热情高涨，文化保护意识被完全激发。

我国可以吸取韩国对文化遗产保护的成功经验，在学校开办服饰技艺培训班，培养青年人和孩童对传统服饰工艺的学习热情；政府可以组织当地群众穿着民间服饰举行各类文化节，促进民俗的延续与传播；同时，注意在日常生活与公共场合中进行汉族传统服饰的宣传。

（2）保护传承艺人，提高传承待遇，延续工艺传承。以传承人为核心的文化传承是文化遗产的重要属性之一，保护传承人是建立文化遗产传承机制的重要内容。民间艺人是传统服饰及其工艺的重要传承人与保持者，对传统服饰技艺类非物质文化遗产的传承具有举足轻重的作用。

当前，在现代化进程浪潮的冲击下，传承人与传承群体人数急剧减少，后继无人将极大地危及汉族传统服饰的传承。因此，必须做好服饰艺人的培养、保护和传承工作。日本、泰国在保护非遗传承人的制度与措施上有着丰富的经验，值得我们学习与借鉴。

日本于1955年首次公布经认定的"重要无形文化财产"，其中"人间国宝"是文化财产的重要组成部分。"人间国宝"经过严格审议后批准并颁发认定书。他们需要在传承"绝技"时进行记录、保存并公开，以证明他们"实现艺术价值"。并且政府发放200万日元补助金用于培养与传承"技艺"的"人间国宝"。这一制度对于日本非物质文化遗产的传承和保存产生了深远影响，并得到了联合国教科文组织的大力推广。到目前为止，这个体制已在日本之外的韩国（1964年）、泰国（1985年）、菲律宾（1994年）和法国（1994年）得到了推广和建立。与此同时，泰国把保护传承人作为非物质文化遗产传承的首要任务。泰国文化部每年要求各省文化中心对要保护的艺术家提名，然后由国家文化委员会进行选定。对于选定的受保护艺术家每月发给薪水，终生享受医疗保健，死后由国家负责殡葬。这不仅保证了传承人的生活待遇，也激发了民众争当传承人的热情。

汲取日本、泰国的经验，各级政府可以在调查、筛选的基础上，评定出一批优秀的传统服饰工艺艺人。借鉴有关国家的做法，由政府每年拨出相应的经费用于民间艺人改善生活、从事服饰工艺活动及培养传承人。凡享受国家资助的民间艺人必须肩负保护、传承、弘扬民间传统服饰工艺的责任，认真做好保护、传承、弘扬民间传统服饰的工作，整理并公开传统服饰工艺的

"绝技""绝活"，并进行传承人的培养。让掌握传统技艺的传承人在保护和传承的过程中得到实实在在的利益，激发他们传承民族传统技艺的愿望和热情，并吸引更多的人投身其中，是服饰技艺类非物质文化遗产保护和传承的一种非常重要的途径。

（3）引进创新人才，激活传统文化，融入现代生活。一定的社会物质生产条件以及生活条件是传统服饰产生与发展的基础。随着社会文化环境的变化，汉族传统服饰必然也要发生新的改变。正如人类学家所说，"社会文化环境和自然环境的改变促发新的反应，因为个体要适应变化了的环境"，而创新能产生适应[11]。传统服饰文化的传承应以服务于现代社会为目的，以市场经济利益的实现和合理分配为内驱动力，创新能调适传统服饰与现代化进程的矛盾。因此，汉族服饰文化的传承必须与时俱进，在强调保护的同时，引进创新设计人才，对其进行创新式开发，使之跟上时代前进的步伐。

在传承传统汉族服饰及其制作工艺的过程中，既要注意保护它的原生态风貌，又应改革创新，赋予它新的活力。首先在设计上，要利用现代的审美观引导它的形式创新，同时又要注意与它本身的文化内涵相得益彰，让人们从中感受到质朴而独特的艺术灵魂。这就需要引进专业设计人才，用现代的设计理念与审美意识推出符合现代大众品位与审美情趣的新产品，以带动传承。如对于江南水乡服饰的传承，可以开发绣花土布名片夹、在束腰基础上设计装饰腰带、以江南绣花鞋为参照的布鞋，等等。

在创新形式上的挖掘与拓展可以提高现代人对传统文化的认可度与接受度。在技艺上，可以尊重传统手工技艺的文化形态，保持其"原汁"味道，如依然运用土布、麻布作为产品材料，运用手工工艺实现装饰效果。

将传统服饰中的经典设计元素提取出来，应用于现代文化产品的设计，既有利于保留文化遗产的特色，又可以为其传承提供途径。要开发具有活力与市场的文化产品，需要对民族元素进行深度的理解与发掘。传统汉族服饰文化具有很大的发展与开发空间，应该在产品开发上请相关的设计人士或专家进行设计创新，使"旧艺"焕发"新颜"。

三、传统汉族服饰文化的传承原则

在传统汉族服饰文化传承过程中，我们认为，可以注意以下三个原则[12]：

其一，整体性与活态性的结合。作为一个历史悠久的文明古国，我国拥有世界上最丰富的非物质文化遗产。这些文化遗产包含着多样的内容与形式，与特定的生态环境相依存，仅仅依靠某些"代表作"或"文化碎片"的留存不可能涵盖文化遗产的全部。服饰文化也是由多个方面组成，是一个生态整体和文化整体，保护必须是一个系统工程。[13]

所谓整体性传承，就是要传承文化遗产所拥有的全部内容和形式，以全方位、多层次的方式进行非物质文化遗产的综合保护。活态性传承就是要让文化遗产在发挥作用的过程中进行自然地延续，增强其"可持续发展"的能力，维护和强化非物质文化遗产的内在生命。

汉族传统服饰的整体性传承不仅需要传承服饰本身，还包括其依存的生态环境、文化传统、生活习俗、传承人与传承主体等等。而活态性传承也只有具备这些基本要素，传统服饰才可能进行动态的、符合生态规律的演变，避免畸形、变异的突变或断层。

从非物质文化遗产的传承人来看，有时表现为个体性，但从总体上来说，非物质文化遗产不是单个人的行为，而是集体智慧和集体创造的产物，通常以一定的居住地、社区、民族或国家为单位，并在这样的范围内流传、延续和传播。在不断变幻的时空背景中，想把江南民间服饰保持在初始的农耕环境下使之不发生改变是不可能的，但是若将其置于一个局部的特殊环境中，采取措施使原生态服饰遗产存活较长时间，并扩大其影响，是完全可能的。建立文化生态保护区不仅可以保留悠久绵长的江南稻作文化，同时为江南民间服饰的群众传承提供了土壤与空间，民间服饰将在其特殊的文化空间内得到真实的保护，成为延续着的活态文化。

其二，本真性与创新性的结合。20世纪60年代"本真性"被引入遗产保护领域，并逐渐在世界范围内达成理解和共识。1964年《威尼斯宪章》提出将文化遗产真实地、完整地流传下去，意味着"本真性"即保护原生的、本来的、真实的历史原物，因为只有真实的遗产本体才具有真实的历史见证意义。然而，本真性不代表民间服饰只能一成不变。在首届"非物质文化遗产·东吴论坛"会议上，苏州大学非物质文化遗产保护研究中心主任诸葛铠先生指出："手工艺的'原生态'不是一成不变的，今天的'新生态'才是'活态'的。'推陈出新'是在保持传统手工艺的技艺、材料、表现技法极度完整的前提下，只是在题材上进行切换，做了局部的改良。事实证明，在现代社会，传统手工艺或者以既定的样式显示历史的深远；或者使技艺和风格分离，经过与现代元素的重新组合，才能融入工业化社会的环境中，从而获得'再生'"。[14]也就是说，只有将"本真性"与"创新性"相结合，文化遗产才可能获得持续地发展。

诸葛凯先生的观点赋予"本真性"新的时代意义与实现途径，我们可以从两个方面进行汉族传统服饰手工艺的传承：一方面，保持传统服饰原有的手工技艺，如面料工艺、裁剪工艺、装饰工艺的原生形态，以求保留作品中地域性风格的原汁原味与文化价值，即保留服饰遗产的"本真性"；另一方面，运用现代设计理论指导传统手工技艺，在面料、纹样题材上有所拓展与创新，设计出既体现地域特色又符合时代审美的民间服饰。使当地百姓引以为豪，广大群众愿意购买的服饰艺术品必将得到更好的传承。

其三，传统性与现代性的结合。这里的"传统性"主要指以展示服饰文化遗产实物为核心的传统展陈方式，如展览馆与博物馆。传统的实物展示方式给予观者真切、具体的感官印象与真实体验，但同时具有客观限定性，如空间大小、地理位置、传播范围、存储安全等。"现代性"即利用现代数字技术与网络技术，以多媒体方式实现服饰的多载体展示并呈现于网络，拓宽实体博物馆的职能，实现资源的共建与共享。将"传统性"与"现代性"结合可以克服实体博物馆的弱点，扩大其作用范围。

现代性展示手段多彩多样，如图像、视频、三维空间、超文本链接等。从传承内容来看，多媒体方式不仅可以保存民间服饰的实物图像，避免实物的损坏或丢失，还可以记录其非物质性特征，如视频形式可以记载民间服饰的纺织、裁剪、缝纫、刺绣等手工艺制作程序及完成过程，使服饰工艺得以完整地展现与传承；从传承范围来看，网上博物馆通过互联网这一便利途径，使实体博物馆突破时间与空间的限制，为更多潜在观众提供丰富信息，使实体博物馆与广大公众联系更加密切，深化或扩大了博物馆文化的影响力度与传播范围，减轻或避免了一些博物馆"养在深山人未识"的境遇。从传承效果来看，非物质文化遗产是先人传统文化的遗存，而展示对象是生活在当代的观众群体，因此，符合现代人心理的展示方式更能激发他们的兴趣与热情。展示形式上的多样性、创意性、突破性更能吸引年轻一代的关注与目光，使服饰文化得以更广泛地弘扬与传承。

随着全球化进程的加快，汉族服饰在趋向国际化、时尚化的同时，传统文化的元素也在流失。为了承扬传统文化精髓，满足国人对服饰民族化、个性化的需求，突出我国在国际竞争中的文化特色，我们需要对民族传统服饰文化进行传承。在传承过程中，创新与发展共同构成传统服饰文化的传承脉络。我们应当认清服饰文化的变迁趋势，在全球化发展进程中，紧密联系社会经济、政治、思想文化潮流，在全球化视角下分析汉族服饰的创新与发展思路。

一、全球化对汉族传统服饰的影响

全球化作为一种社会一体化的过程与趋势，其本质是在世界范围内，将各国、各地区的资源相互连接，从而构成一种互动与影响的关系。文化全球化是各方面资源一体化的重要表现，就民族文化而言，全球化既指全球范围内的文化流动现象，也表明不同的民族文化在全球层面上的互动关系和相互影响[15]。

全球文化互动使不同的文化要素进入同一系统，展现出交叠融合的状态，也使民族文化从功能到传承都发生了巨大的变化，汉族服饰文化也包含其中。文化全球化一方面促使汉族民众主体意识觉醒，激发了他们保护传统服饰的意识；另一方面，强势文化的不断冲击破坏了传统服饰的生存环境，使汉族传统服饰保护的过程日益艰难。因此，全球化对于汉族传统服饰的保护与发展具有双面影响。

全球化过程使世界范围内的文化资源相互交融，使更多的人意识到汉族服饰的特殊美感与寓意。汉族服饰包含着汉族人民在生活中积累的智慧与审美情趣，具有民族特殊性。全球化过程中的文化互动与交融，促使人们对民族文化的体验与认识发生改变。因为一个民族的在与另一个民族的互动与交流中，更容易发现自己的不同与特点。而在与本民族同类进行交流时，由于文化的一致性，自己的特色容易被自我及同类群体所忽视。在全球下环境下，各个民族、不同国家的文化交流更加频繁，这就使本民族更易于发现自身文化的不同与宝贵，更加知晓与珍惜民族的传统文化。

全球化促进文化的全球发展，为不同民族服饰文化的交流与合作提供了更为广阔的空间和平台。特别是有了新的载体互联网以后，文化全球化的影响更加深刻。同时，文化全球化打破了国人固有的思维模式，促进人们自我更新的实现，使民族文化与外来文化更易融合，使传统服饰的对外传播更加迅速与便捷。

全球化改变了传统服饰的生长环境，促使汉族传统服饰进行创造性转换。汉族服饰文化从萌芽、兴起到发展，继承了以往的服饰文化成果，具有传承的一贯性特征。随着全球化的发展，文化需要在吸收时代成果的基础上进行创造性的转换，因为只有转换与创新才能更好地传承与发展。创造性转换是一个淘汰、吸纳的过程，需要对民族传统文化要素进行选择，同时对现代的文化元素进行吸纳。这是既是保留的过程，也是重塑的开始。

全球化为汉族服饰的传播提供了一定的平台与机遇，同时也使传统服饰面临挑战与冲突。汉族服饰在汉民族的文化环境中创造发展，具有符合汉族个性的服饰特征，代表了当时的生存与文化状态。这种个性是适应于当时的环境，在现代经济文化的飞速发展下，大多会被削弱甚至消失。文化的全球化改变了传统服饰的生存环境，在一定程度上消弭了地方性文化和民族文化的个性、特色，进而导致弱势文化的消失。

西方文化的影响使传统服饰文化在全球化发展中面临挑战，因为文化全球化在引进外来资源的同时，使本地资源的存活环境受到影响。想要实现汉族传统服饰文化的传承与发展，必须对其进行更新，在提升"民族性"的同时体现"世界性"。这就需要我们在全球化的环境下，以民族文化的本真性为基础，以文化创新为导向，力求在文化全球化的体系下，创新发展本民族的传统服饰文化[16]。

二、汉族传统服饰文化的创新与应用

汉族传统服饰是人们记录生活经历和传达审美经验的特殊语言，也是千百年民间艺术和民俗文化的结晶，具有鲜明的民族特色，是传承国家历史与文化的重要载体。随着全球化进程的加快，现代服饰在趋向国际化、时尚化的同时，传统服饰开始出现衰落失传的局面，保护与传承的任务已经迫在眉睫。在全球化的浪潮下，保护汉民族服饰最有效的措施便是在发展的过程中进行传承。

服饰文化具有连续性和稳定性，因此传承与创新共同构成服饰文化发展的脉络。[17] 服饰传承的根源来自自然环境、民族环境和社会制度等多方面的积淀，如何利用传统文化有效支持现代服饰发展，使其紧密联系社会经济、政治、思想文化，在现代化建设中发挥作用，成为发展传统服饰文化的着力点。只有密切联系民众的现代生活，才能建立社会对传统服饰文化的心理认同。

对文化心理的把握是寻求传统服饰文化与现代时尚结合点的重要依据。这要求我们必须解决好服饰文化表层结构的多个方面，以表层样式深入观念构成，在"质、形、色、饰"方面进行创新设计，达到个性发展要求。

"质"指传统服饰的面料材质。面料是服装构成的重要基础，一定程度上决定了服装设计的款式和表现风格。汉族传统服饰面料包括丝绸、麻布、蓝印花布等，这些独特的传统面料都带有浓郁的中国特色。虽然随着纺织业的发展，市场上以现代服饰面料居多，但传统服饰面料在现代化服装设计中仍然占据着重要的位置，为现代化服装设计平添了独特的传统特色和浓厚的文化底蕴。例如在国际服装界舞台上，丝绸作为一种中国独特的服饰面料，深受服装设计师的喜爱。丝绸面料细腻、柔软、飘逸，用丝绸制作的女装穿着舒适，轻盈飘逸，可以充分体现出女性娇柔与温婉。

"形"是传统服饰的造型。汉族传统服饰主要有两种形制，衣裳连属和上衣下裳，这两种形制在中国历史的不断变迁中相互交融，相互交叉。传统服饰廓形宽大，袍裙呈筒形，意在掩饰人体形态，便于活动，同时突出穿着者的精神气质。在门襟设计上，汉族传统服饰门襟主要包括对襟式与大襟式两种形式。

"色"指传统服饰的色彩。汉族视青、红、皂、白、黄等五种颜色为"正色"。不同朝代也各有崇尚，一般是夏黑、商白、周赤、秦黑、汉赤，唐服色黄，旗帜赤，到了明代，定以赤色为宜。但从唐代以后，黄色曾长期被视为尊贵的颜色，往往天子权贵才能穿用。

"饰"是传统服饰图案形成的装饰。传统服饰中的图案纹样丰富多彩，花鸟虫鱼、飞禽走兽、几何元素都曾出现在传统服饰中，形成了独特的图案风格。梅兰竹菊、富贵牡丹、吉祥文字、龙凤纹样等中国传统服饰图案，为国际时尚界注入生机。传统服饰的图案纹样经过改良后可以运用于现代化服装设计，成为一件服装的点睛之笔。

近年来，我国设计领域对传统服饰进行了关注与运用，公众人物穿着的服装常采用传统服饰造型及纹样。2008年北京奥运会将中国红、青花瓷等颇具中国特色的艺术元素运用到运动服、礼服等款式设计中，向世界展现了我国博大精深的传统文化魅力和兼收并蓄的包容能力。2014年APEC会议"新中装"更是将我国传统服饰文化推向世界。

三、汉族传统服饰文化的发展

要在全球化进程中坚持民族根本，使汉族传统文化的精髓与意蕴得以延续，就必须积极参与文化实践，增强汉族服饰文化的世界性价值和影响。传统可以完全以一种非传统的方式而受到保护，而且这种非传统的方式可能就是它的未来。[18]

对于传统服饰来说，非传统的传承方式便是将传统服饰中的民族元素融入现代服装设计，通过营造意境的手法留住中国的魂，呈现多样的表现形式。因此，找到传统服饰与社会需求的契合点，将服饰文化的精髓用现代的方式进行演绎并且延续下去，是摆在我们面前的任务。这是一项承前启后、继往开来的民族使命，要完成这一使命，我们必须探索传统服饰承扬的原则与条件，有的放矢地开展工作。在实现目标的过程中，我们可以遵循以下四条原则：

（1）适时，即适应时尚与时代的发展。就传统服饰图案而言，传统服饰图案构成形式复杂，装饰性强且具有浓厚的象征意味，而现代人不需要也不愿意借助过多的雕琢来装饰自己，更钟情于"寥寥几笔"或"漫不经心"的简约设计。这就需要设计师删繁就简，以精炼的手法传达传统服饰图案的丰富内涵，使之与现代构成设计和审美时尚相结合。不变通的照搬传统，只能制造出呆板的文化印象。只有在现代时尚环境中对传统服饰图案造型进行归纳、提炼，把握其整体精神，简化其细节，借鉴传统服饰图案的某些元素，提取便于装饰的因素加以变形、夸张、运用，才能更概括、更典型、更本质地使传统服饰图案在现代人的生活中活跃起来。

就图案的色彩而言，传统服饰图案绚丽、浓郁的古典色彩风格与高对比度的色彩效果运用，反映了人们在礼乐文化氛围中的色彩审美倾向，与现代人高节奏的生活方式、意欲缓解焦虑情绪而倾向于柔软的调和色彩的心理需要相冲突。这就需要服装设计师根据服装设计的整体风格特点，在借鉴传统服饰图案色彩的基础上，加入现代的调和色彩，利用色彩的明度、纯度、色相之间的关系进行组合与搭配，使它既可以传承民族色彩元素，又能在和谐的基础上生发出具有时尚感、符合时代特征的视觉效果，从而达到传递传统服饰图案思想、承扬传统服饰文化的目的。

（2）适地，即适应现代生活场景。市场广泛需要的不是古老传统的翻版和粗糙的旅游纪念品，而是能在现实生活中穿戴的服装。因此，消费者着装的目的决定了设计师的设计方向，消费者愿意购买的商品一定是满足特定场合、时间等需要的产品。传统服饰元素的运用既要与服装的款式造型及主题构思融为一体，成为服装的有机组成部分，又要与着装场合、着装地点、参与活动相协调，成为特定场合着装者、着装环境的有机组成部分。设计师可以选择传统服饰色彩、款式与装饰效果的任一亮点与现代设计语言相结合，依其实际的穿着情况和具体的服装品牌，对传统服饰元素进行恰到好处的使用，寻求人、环境、服装高度统一的协调。如将传统服饰图案运用在运动装设计中，一方面要与参赛项目、运动配乐等相协调，使具有传统文化意义的服饰与环境一起营造出整体感和系列感上的韵律与节奏；另一方面，又要考虑到参赛国家的审美习惯，避免与其他民族风俗、民情的冲突。

（3）适意，即适应现代审美的写意化、符号化以及随意性。以传统服饰图案为例，象征是传统民族服饰图案的重要特征，我国传统服饰题材多带有浓厚的象征意味，表达了人们对美好、吉祥的向往。随着民族设计风的回归，这些图案又常常出现在现代设计中，但题材多为动物、植物等吉祥纹样，缺乏多样性与现代感。要想将传统服饰图案与现代时尚相融合，可以在收集、整理传统素材的基础上，结合现代审美写意化、符号化以及随意性的特点，注重轻松、自然的题材与表现方式，以再创造的手法巧妙地运用于现代服装设计上。这样不仅可以扩大其使用时间和范围，也更符合人们的审美倾向与生活方式。

（4）适艺，即适应现代工艺技术的快捷实施。传统服饰手工艺在发展民族服饰文化中具有极其重要的意义，然而传统工艺又成了发展民族服饰文化产品的羁绊。传统服饰装饰技艺往往复杂精湛，追求奢华效果，但在工业化批量生产过程中不易实施。为了使之更多地融入现代人的生活，更好地进行传承创新，必须对其复杂的工艺表现手法等进行简化与创新，方便现代工艺的批量生产。

全球化将各民族文化置于一个相互比较、竞争的世界舞台上。从此，民族文化的发展不仅取决于其对民族群体需要的满足程度，更取决于其对世界文化的影响和作用。因此，传承民族服饰文化既要保留服饰的民族特征，又要不脱离整体的全球性文化。只有在保留民族性、体现时代性的双重指导下，才能在全球文化的侵染下实现民族服饰的传承。只有既保持民族特色，又积极参与全球文化实践，才可能在世界范围内创造具有影响的文化。

文化是促进国民经济增长、体现国家实力的重要组成。我们在发展文化的过程中认可"民族的就是世界的"理念，就要真正地将传统服饰文化与现代艺术、现代技术相结合；在发展"中为洋用"的模式下，应该好好反思如何提升民族对于传统文化的情感认可；在进行文化传承的社会使命时，应将现代社会文化环境基础和目前人们的主流消费心理考虑在内。对照汉族传统服饰文化的传承现状与传承原则，我们需要进一步加强对服饰文化的研究，不断推进传统服饰的应用创新，在全球化视野下增加民族服饰文化的影响力，从而实现传统服饰文化的有效传承。

[1] 苏州非物质文化遗产研究中心. 东吴文化遗产(第1辑)[M]. 上海:上海三联书店,2007:5.

[2] 崔荣荣,梁惠娥,牛犁. 文化圈视野下汉族民间服饰类文化遗产保护与传承 [J]. 创意与设计,2012(3):21.

[3] 牛犁,崔荣荣,高卫东. 惠安女服饰文化的保护与传承研究 [J]. 广西民族大学学报(哲学社会科学版),2013,35(1):88–93.

[4] 牛犁,崔荣荣. 惠安女服饰传承现状的考察 [J]. 2011年中国艺术人类学论坛暨国际学术会议——艺术活态传承与文化共享论文集,2011:109.

[5] 崔荣荣,牛犁. 民间服饰文化遗产的保护与传承体系建构 [J]. 内蒙古大学艺术学院学报,2012(3):328–331.

[6] 张福三. 论民间文化传承场 [J]. 民族艺术研究,2004(2):28.

[7] 王缘. 苏州水乡服饰现状与可持续发展探究 [D]. 苏州:苏州大学,2011:45–65.

[8] 赵世林. 论民族文化传承的本质 [J]. 北京大学学报(哲学社会科学版),2002,39(3):10.

[9] 杨源. 博物馆与无形文化遗产保护 [C]// 民族服饰与文化遗产研究——中国民族学学会2004年年会论文集. 昆明:云南大学出版社,2004.

[10] 王文章. 非物质文化遗产概论 [M]. 北京:教育科学出版社,2008:305.

[11] 克莱德·M.伍兹. 文化变迁 [M]. 施惟达,胡华生,译. 昆明:云南教育出版社,1989:29.

[12] 梁惠娥,周小溪. 江南水乡民间服饰手工技艺的审美特征及传承原则 [J]. 民族艺术研究,2013(6):127–131.

[13] 冯敏,张利.论民族服饰与非物质文化遗产保护 [J]. 四川民族学院学报,2011(5):18.

[14] 孔德明.试论赫哲族鱼皮服饰审美与手工技艺的传承和保护 [J]. 北方民族大学学报,2010(1):74.

[15] 鲍宗豪.文化全球化与民族文化 [J]. 上海交通大学学报(哲学社会科学版),2002,10(3):13−21.

[16] 刘若飞.文化全球化间的矛盾与中国的文化选择 [J]. 美丽中国,2014(25):35.

[17] 张岸芬,张彤,谭雯雯.传统服饰文化的保护及发展创新研究 [J]. 职业,2014(18):184.

[18] 安东尼·吉登斯.失控的世界——全球化如何重塑我们的生活 [M]. 周云红,译.南昌:江西人民出版社,2001:42.

后记

本书撰写前后历经三年，几经易稿，待到结稿付梓，感慨万千。思绪常常将我带回研究团队对传统汉族民间服饰文化研究，从磕磕碰碰、零零散散的探索，到如今逐步系统性、完整性所经历的这十五年岁月中的点点滴滴……

2012年获批国家社科基金项目"汉族民间服饰文化遗产保护及数字化传承创新研究"不仅是对我们前期工作的认可，也为后续研究工作的开展指明了方向；我们请来国内外专家帮忙找问题、把方向；2013年在江南大学校领导的关心和指导下，成立校级社科研究基地；2014年获批"江苏省非物质文化遗产研究基地"。传统服饰文化遗产保护与研究的迫切性，以及业内专家学者的认可与鼓励，促使我们脚踏实地、兢兢业业、投身学术研究，陆续发表了系列研究成果。其中，有传世服饰品图集，也有民间服饰史论，还包含代表性汉族地域服饰、典型性服饰品类研究，以及不同地域服饰比较性研究。研究内容不断深入，研究方向逐步拓展。通过前期研究工作的积累，以及国家社科基金项目的顺利推进与支持，终于完成专著《汉族民间服饰文化》。

专著力争从大处着眼，小处入手，从汉民族民间服饰起源出发，本着以物证史，以史论物的理念，向读者细述汉族民间服饰形制、装饰、民俗、地域特色及当代的传承与创新途径探索，是对我国汉民族民间服饰的记述，更是对汉民族服饰文化这一非物质文化遗产的挽留与保护。在写作风格上，力求通俗易懂，期望通过服饰这种与百姓生活最切肤相关的艺术形式，以物质为媒介，层层剥离，使读者了解服饰背后的社会功能与文化属性。从而衔接服饰与社会、文化、宗教、民俗等各要素间的相互关系，全面构建汉族民间服饰文化知识与价值体系。另外，研究团队在对汉族民间服饰整理、形制与技艺分析基础上，利用现代纺织、数码印花、染整等技术尝试对民间服饰工艺进行创新实验，有效地将理论研究成果与企业、行业发展及社会、政府需求相结合，将传统服饰文化遗产创新应用于企业与政府咨询的众多项目中，获得了经济与社会效益的双赢。

书籍涉及的服饰品主要依托于江南大学民间服饰传习馆自2003年以来从全国各地，小到乡野农村、街边集市，大到古玩市场、拍卖行、电商平台等多渠道收集服饰藏品2000余件。数十年的积累，服饰品种、数量越来多，覆盖地域范围越来越广。研究团队通过收藏、保管、拍照、归档，并多次展览、出版，与这些藏品朝夕相处，有了感情，在此基础上详尽介绍，希望能为读者提供汉族民间服饰翔实可靠的一手资料。

本书是笔者近二十年对汉族民间服饰研究的点滴汇集，更得益于团队多年服饰文化研究工作的积累，我们在科研工作中能够相互配合、取长补短，形成了一支热爱传统服饰、醉心服饰遗产研究、团结高效的研究团队。感谢团队崔荣荣教授、张竞琼教授等资深学术工作者不计得失的辛勤付出，感谢青年教师牛犁、邢乐在国家社科基金项目推进中的辅助工作，感谢博士和硕士研究生周小溪、贾蕾蕾、陈潇潇、董稚雅、刘杨桦、刘姣姣为文稿编辑所作出的贡献。同时，还要感谢在成书与项目推进过程中给予我们诸多指导意见和学术帮助的南京大学徐艺乙教授、苏州大学李超德教授、深圳大学吴洪教授、中南民族大学周少华教授、中国艺术研究院李宏复教授等，感谢江南大学社科处、纺织服装学院领导与同事对本书出版给予的支持，感谢我新任工作单位无锡工艺职业技术学院的同仁们对我从事学术工作的支持！感谢中国纺织出版社编辑在本书出版编审过程中付出的辛勤工作。

在党和国家大力弘扬传统文化建设、民族文化独立与自信的时代，我们的团队也正沐浴着最优厚的研究环境与学术氛围，如今我们的研究方向更加开阔。费孝通先生曾说过："我们一方面要承认我们中国文化里有好东西，进一步用现代科学的方法研究我们的历史……另一方面，要了解和认识这个世界上其他人的文化，学会解决处理文化接触的问题，为全人类明天作出贡献。"在完善传统服饰文化遗产保护以及用现代技术开发研究的同时，我们也思考着我国传统服饰文化在当下多元文化背景下，文化传播与再生的方法与途径。2015年团队获批国家社科基金艺术学重点项目"中国汉族纺织服饰文化遗产价值谱系及特色研究"、2018年又获批国家艺术基金传播项目"中国传统服饰文化与创新设计作品美国巡展"，相信以我等服饰文化研究工作者对中华文化那份永恒的敬意，未来我们的成果会更加丰厚，为传承与传播汉民族服饰文化尽微薄之力！

然人所共知，我国汉民族地域与人口诸多，汉民族中特殊群体星罗棋布，服饰文化与内涵广如穹隆，书稿中还有不够周全之处，望读者与业内同仁不吝赐教。

梁惠娥

2018年1月